KB185332

어린것들의 거대한 세계

NURSERY EARTH

어린것들의 거대한 세계

지구를 완성하는 어린 동물의 놀라운 생존에 관하여

대나 스타프 지음 · 주민아 옮김
최재천 감수

위즈덤하우스

차례

추천의 글 7

시작하는 글 새끼 동물의, 새끼 동물에 의한, 새끼 동물을 위한 세상 11

1부 기쁨을 주는 소중한 새끼들

1장 **알** 세상에 새알만 있는 건 아니야 41

2장 **자원 공급** 동족 포식부터 바다 조류까지 70

3장 **포란과 부화** 데리고 다니거나, 앉아서 품거나, 통째로 삼키거나 96

4장 **임신** 포유류만의 일이 아니야 124

2부 철부지 어린 시절

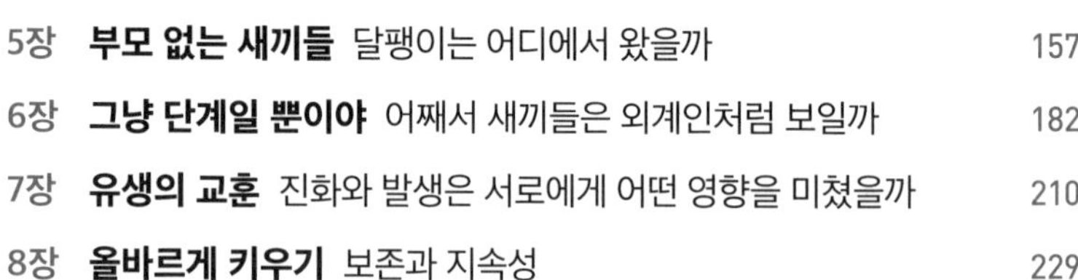

5장 **부모 없는 새끼들** 달팽이는 어디에서 왔을까 157

6장 **그냥 단계일 뿐이야** 어째서 새끼들은 외계인처럼 보일까 182

7장 **유생의 교훈** 진화와 발생은 서로에게 어떤 영향을 미쳤을까 210

8장 **올바르게 키우기** 보존과 지속성 229

3부 성년이 되는 중

9장 **변태** 변신, 하지만 카프카보다 더 행복한 257

10장 **유치자** 아이도 어른도 아닌 280

11장 **우화** 17년을 기다리는 매미 302

맺는 글 새끼들에게 은근히 의지하는 우리 326

감사의 말 339

주 342

찾아보기 361

이미지 출처 366

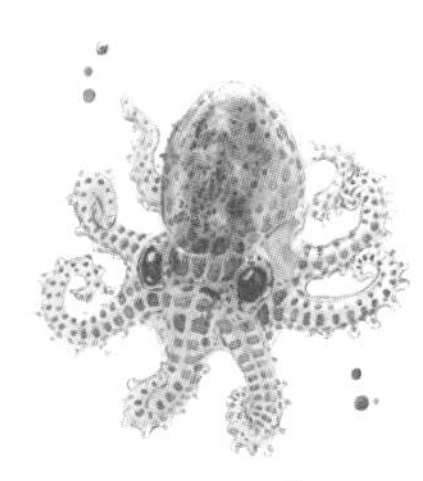

일러두기

- 본문 안의 주는 모두 옮긴이의 주다.
- 외래어 인명과 지명은 국립국어원 표준국어대사전의 외래어 표기법 및 용례를 따랐다. 단 표기가 불분명한 일부는 실제 발음을 따라 썼다.
- 본문에서 언급된 도서 중 국내에 번역 출간된 것은 한국어판 제목을, 그 외의 경우는 가제와 원제를 병기했다.
- 원서에서 기울임체로 강조한 단어는 고딕체로 표기했다.
- 생물의 라틴어 학명을 병기할 경우, 기울임체로 표기했다.
- 본문의 'juvenile'은 '유치자'로 번역했다.

추천의 글

옛이야기를 보면, 젊은이들이 스스로 삶을 꾸려나가기 위한 그들만의 인생을 시작한다. 여기서 우리가 눈길을 주고 마음을 기울이는 것은 다름 아닌 그들이 부딪히고 이겨내는 여러 가지 도전이다. 지구에 살고 있는 새끼 동물들의 모험도 마찬가지다. 오히려 전설과 설화에 등장하는 청년 영웅들의 이야기보다 더 다양하고, 이상하고, 놀라운 이야기가 펼쳐진다.

어떤 새끼들은 아무리 성체와 달라 보여도 우리에게 친숙하다. 개구리의 유생 올챙이와 나비 애벌레 같은 경우다. 하지만 생물학자들이 새로 발견된 동물로 기록하고 설명한 성체 형태와 너무 다른 새끼들이 세상에는 더 많다. 성게의 유생 플루테우스와 따개비의 유생 노플리우스가 그런 예에 해당한다. 순수 아마추어 자연 애호가든 전문가든 새끼 동물의 다양성을 잘 아는 사람은 거의 없다.

저자 대나 스타프는 대중에게 선보이는 해양생물학 책의 형태로는 처음으로 땅과 바다, 호수와 강물로 흩어진 생물학자의 연구 범위를 모두 합쳐서 한데 묶었다. 어린 생명이 세상의 위협과 장애물을 만나는 다양한 방법은 놀라움과 즐거움을 동시에 안겨준다.

이 책《어린것들의 거대한 세계》는 우리에게 새끼 동물을 그 존재 자체로 중요한 생명체로서 보여주고 알려준다. 그저 성체가 되어가는 과정의 단계가 아니라 그들만의 고유한 이유와 권리를 가지고 존재하는 놀라운 생명체로 그려낸다는 뜻이다.

우리 인간을 포함해 다세포로 구성된 모든 생명체는 생명 주기의 한 부분인 단일세포로 되돌아가 보면 유용한 정보를 얻게 된다. 이 단일세포라는 더딘 병목현상을 통과하면, 해로운 돌연변이 미래 세대와 병원균을 깨끗이 몰아내고 생식 번식을 해내는 등 여러 혜택이 찾아온다. 물론 어려운 과제는 남는다. 그것은 바로 세상의 온갖 위험 속에서 작은 알로 시작해 겨우 살아남아 완전한 다세포 능력을 가진 개체로 성장하는 방법이다.

미래 세대는 위태롭고 불안정한 단일세포로 출발하는 이 도전에 과감히 응하는 동물들의 담대함에 그 존폐가 달려 있다. 제대로 준비하지 못한 상태로 출발하기 때문에 발생을 진행하는 각 동물에게는 영양분, 방어기제, 산소, 배설물 처리, 그리고 종종 주변을 떠돌아다닐 줄 아는 방법이 꼭 필요하다. 이 책은 이런 기본적 요구사항과 다른 여러 가지가 충족되는 놀랍고도 다양한 방법을 천천히 순회하며 보여준다.

대나 스타프는 실험실에서 작은 구체에 불과한 알이 온갖 기능을 다 하는 동물로 변해가는 모습을 보며 느낀 경이로움을 전해준다. 그리고 더 나아가 실험실 바깥, 더 험한 세상 속에서 새끼들이 얼마나 살아남는지 알게 되면서 그 경이로운 감정은 더욱더 커진다. 알다시피 그중에 포식자, 기생충, 병원균, 건조, 질식 등의 위험 요소는 오래 함께한 것들이다. 게다가 특별한 번식 방법 때문에 발생하는 위험도 있다. 이를테면 형제자매들끼리 잡아먹는 동족포식, 익숙한 서식 환경을 벗어나 해류를 타고 이동하는 일, 심지어 자기 몸 안에 다른 동물의 알이 주입되어 안에서 함께 자라다가 잡아먹히는 일까지 낯선 위험 요소도 있다.

또한 저자는 지금보다 미래가 더욱 걱정되는 상황에 대해서도 제대로 짚어준다. 일부 제조 화학물질은 새로운 위험 요소다. 인간이 탄소를 배출하고 과도한 수확을 하는 등 지구의 환경을 변화시키면서 예전부터 있어왔던 위험 요소도 변화를 거친다. 그 위험성은 어마어마하다.

하지만 대나 스타프의 이야기 속에 스며든 특유의 유머는 그 비통한 현실도 거뜬히 이겨낸다. 아, 물론 앞으로 읽어보면 알겠지만, 기생 말벌은 도저히 용서되지 않는 예외가 될 것 같다.

또한 이 책이 담고 있는 이야기 속에서 우리 인간이 그 일원으로 살아가는 다양한 방식을 새롭게 발견할 수 있다. 우리 인간이 아이들을 기르고 보살필 때 하는 일들이 알고 보면 인간과 가까운 친족인 포유류에게만 한정된 전략이 아님을 알게 된다. 포유류 외에도 많은 동물이 몸 안의 피나 몸 밖의 젖을 통해 새끼에게 영양분을 제공한다.

그러나 저자에 따르면 다른 동물을 사랑하고 존중하기 위해 동물에게서 인간과의 유사성을 찾느라 매달릴 필요가 없다. 오히려 별나게 다른 형태와 습성을 가진 동물이 우리 인간의 관심과 공감을 얻는다. 예를 들어 보호와 영양 기능을 다 하는 쇠똥 경단 안에 새끼를 격리시키는 쇠똥구리에게는 그것만의 매력을 느낀다. 일부 말벌 유충과 불가사리의 유생이 스스로 증식하는 다재다능함에 감탄하기도 한다.

독자로서 우리 모두는 알에서 성체까지 도달하는 동물의 광범위한 여정 안에서 생각할 것도, 즐거워할 것도 많이 찾아낼 것이다. 인간과 인간이 살아가는 세상의 현재와 미래가 동물이 살아서 생명을 계속 유지하는 방식에 좌우되기 때문이다.

리처드 스트라스만Richard Strathmann, Ph.D

리처드 스트라스만 박사는 동물 발생의 다양한 형태와 양상에 관한 전문가로서 특히 해양생물에 중점을 두고 연구했다. 그는 알, 유생, 변태를 거치는 변화의 아름다움과 다양함이 끊임없이 즐거운 세상이라고 생각한다. 1973년부터 워싱턴대학교에서 후학을 양성했으며 현재 명예교수로 있다.

시작하는 글

새끼 동물의, 새끼 동물에 의한, 새끼 동물을 위한 세상

아이는 날마다 한 발자국 앞으로 나가
그러다 가장 먼저 올려다본 바로 그 대상이 되었지,
그리하여 그 대상은 그 하루 동안이나 그 하루의 어느 순간엔 아이의 일부가 된다는 거야.
어쩌면 그 후로 수년 동안, 그러니까 삶의 순간을 넘나드는 모든 세월을 거치며 그리 되기도 해.

- 월트 휘트먼, 〈풀잎〉 중에서

새끼 동물은 정말이지 귀여움 그 자체다. 서로 뒤엉켜 노는 강아지들, 어미 캥거루 주머니에서 고개를 삐죽 내민 새끼 캥거루, 뒤뚱거리며 첨벙대는 새끼 오리들의 귀여움은 거부할 수가 없다. 하지만 새끼들의 겉모습은 참으로 괴상하다. 가령 나방 애벌레는 언뜻 뱀인가, 배설물 찌끼인가 싶을 정도로 이상야릇하다. 아직 깃털이 나지 않은 되새 새끼는 몬드리안 그림 같은 부리로 먹이를 찾는다. 갓 태어난 인간의 아기도 비슷하다. 두개골은 아직 흐물흐물하고 크게 울어 젖힐 땐 편도선 위로 봉긋 솟은 미뢰만 도드라져 보인다.

새끼 동물은 환경에 매우 민감하다. DDT 살충제를 맞으면 껍질이 약해지고, 유출된 기름에 빠지면 조류 배아는 죽고 만다. 점점 더 불안정한 서식지로 가득 찬 바다에서 조개와 갑각류의 유생은 완벽한 집을 찾을 때까지는 인간의 먹거리가 될 만큼 완전한 성체로 자라지 못한다. 그러면서도 새끼 동물은 그런 환경을 바꿀 수 있을 만큼 강한 존재다. 이는 인간의 관점에서 보자면 좋기도 하고 나쁘기도 하다. 식물 뿌리를 먹는 선충과 천공충(나무좀) 같은 농업 해충은 사실상 새끼 곤충에 불과하지만 전 세계 대륙에서 온갖 농작물을 파괴한다. 반면 수많은 딱정벌레 유충은 실제로 플라스틱을 소화시키기 때문에 인간과 자연 세계의 오염 상태를 정화할 수 있겠다는 희망을 주기도 한다.

하물며 이렇게 탐욕과 취약성이 결합된 양상은 갓난아기의 뚜렷한 특성이다. 인간은 태어날 때 말 한마디 모른 채 순전히 양육하는 사람의 손에 내맡겨진다. 그러나 점점 사람의 언어에 노출되면서 개감스럽게 말 배우기를 하게 되고, 점점 더 많은 언어를 익힌다. 사실 이런 언어 습득력은 보통의 성인은 거의 다 오래전에 잃어버린 능력이다. 반면 갓난아기는 아직 불완전한 면역체계 때문에 성인은 거의 영향을 받지 않는 감염의 위험에 놓인다. 하지만 이런 불완전한 면역체계는 앞으로 인간으로 살아가는 내내 이로운 박테리아와 관계를 형성하는 데 도움이 될 것이다. 물론 이렇듯 인간의 취약하고 민감한 특성이 지나치게 많은 위험에 노출되거나 생존 필수 자원을 빼앗긴다면 약점이겠지만, 적합한 환경이 갖추어지면 일종의 초능력으로 활짝 피어날 것이다.

생명체 초기 단계를 연구하는 과학자를 가리켜 '발생생물학자'라고 부른다. 이를테면 그들은 올챙이에게 화학물질을 떨어뜨리거나, 병아리에게 실험용 음식을 주거나, 파리의 알에 유전자를 주입한다. 그들은 어떻게 동물이 몸을 만들어나가는지를 연구하는데, 수정부터 성숙 사이 모든 단계를 살펴본다. 연구의 한 분야로서 이 학문은 그 자체로 흥미로운, 하지만 이따금 격변하는 발달 단계를 겪었다. 19세기에는 그 연구를 가리켜 '발생학embryology'이라고 불렀다. 현장의 배아 연구자들은 현미경으로 난세포가 두 개, 네 개, 여덟 개, 그리고 더 많은 세포로 갈라졌다가, 마침내 내부 장기와 뇌로 자라는 모습을 자세히 들여다보았다. 발생학자의 연구는 점차 확대되어 21세기에 들어와 유전학 전 분야를 싹틔웠다. 그리고 현재 발생생물학은 동물 성장의 미세한 단계를 지구 환경 및 생태계와 다시 연결시키는 방향으로 확장되고 있다.

동물 발생 단계와 다른 분야와의 예상치 못한 연관성은 발생생물학의 강점이다. 가령 이제는 암과 당뇨 같은 '성인 발병' 질환도 초기 단계, 심지어 배태 단계부터 비롯된다고 이해하는 시각이 점점 늘어나는 중이다. 인간뿐 아니라 여타 수많은 동물도 신체 건강, 기대 수명, 생존에 대한 도전에 직면한다. 그 도전의 근본 원인을 따져보면 유아 시절에 화학물질에 노출되었다거나 한정된 자원을 공급받았던 문제 등으로 나타난다. 하지만 이런 도전 과제들이 어린 시절의 취약성을 강조하는 동시에 그 시기 특유의 유연한 적응 능력을 밝혀주기도 한다. 예를 들어 발달 단계의 태아가 충분한 영양을 받지 못할 경우, 한정된 영양분은 심장과 두뇌 같은 중요한 기관을 성장시키는 데 우선 할애되면서 상대적으로 불필요한 신장 등의 기관은 타격을 입고 영양 결핍이 된다. 이런 상황으로 야기될 문제적 징후들은 곧바로 나타나지 않으며 생애 후반기까지 미루어지고, 우선 그 동물에게는 재생산의 가능성을 남겨준다. 따라서 어떤 면에서 성장을 거듭해 어느 날 신장 질환이 드러나는 시기까지 생존한다는 것은 초기 단계 유연성의 승리라고 할 만하다.

바로 이때가 우리 생애 단계 중 주어진 환경 안에서 변화를 가장 잘 인지하고 대응할 수 있는 시기다. 그 밖의 다른 단계에서는 불가능하다. 우리는 이 지구에서 함께 살아가는 다른 생명체 동료뿐 아니라 비생물 환경과도 긴밀하게 소통하면서 우리 몸을 세상에 맞추어 만들어 나간다. 환경이라는 거푸집에 꼭 맞게 내 몸을 주조해가는 것이다. 변화할 수 있는 이 능력 안에 우리가 익히 알고 있는 생명체의 미래가 펼쳐져 있는 셈이다.

⊙ 발달 형태의 다양성

세상의 다양한 동물 생명체를 생각하면 보통 동물의 성체를 떠올리곤 한다. 이를테면 개구리, 나비, 해파리, 가시두더지를 생각하지, 그 새끼들인 올챙이, 애벌레, 에피라ephyra, 가시두더지의 알을 선뜻 떠올리지 않는다는 뜻이다(새끼를 지칭하는 고유명사는 대부분 그 부모를 가리키는 이름과 아주 비슷하거나 관련이 높다). 일부러 새끼 동물에게 초점을 맞추고 생각하려고 애쓸 때에도 새끼와 부모의 외모가 항상 똑같지 않다는 사실을 종종 잊어버린다. 이런 연유로 이따금 아동 도서에서는 '아빠 애벌레'나 '새끼 벌' 같은 재미있지만 모순된 상황이 등장한다. 엄격히 따지자면 아빠 애벌레는 나방이나 나비이며, 새끼 벌은 날개 없는 흰색 유충이다.

무척추 동물의 유생, 그리고 곤충의 유충이나 애벌레는 대체 무엇일까? 영어로 그것을 뜻하는 단어 larva(라바)는 단수형이고 복수형은 끝에 철자 e를 붙여 larvae(라비)라고 한다. 라바는 뚜렷한 변태를 거쳐 성체가 되는 유충이나 유생을 말한다. 대부분의 동물은 한두 번의 유생 단계를 거친다. 대개 유생과 성체는 외양이 너무 다르기 때문에 끊임없이 생물학자들을 당황스럽게 한다. 어떤 종은 성체에 유생의 모습이 전혀 남아 있지 않으며, 또 어떤 종은 도저히 서로 연관성을 떠올릴 수 없다. 그러니 서로 전혀 다른 여러 형태를 하나의 단일한 생명 주기로 모아야 하는 생물학자에겐 당황스러울 만도 하다.

유생이라고 해서 다들 크기가 작아야 하는 것은 아니며, 모든 작은 새끼가 반드시 유생의 형태일 필요도 없다. 참다랑어와 캥거루는 둘 다 1미터가 훨씬 넘는 성체로 자랄 수 있지만, 세상에 태어난 새끼는 약 2.5센티미터에 불과하다. 갓 부화한 참다랑어는 유생이지만 캥거루 새끼는 유생이 아니다. 이와 정반대의 사례로 키위새 새끼는 유생이 아닌데 체체파리의 구더기는 유충이다. 게다가 둘 다 처음부터 성체와 거의 같은 크기로 태어난다.

이러한 크기의 변화나 차이는 각 동물이 번식하는 데 무한정 에너지

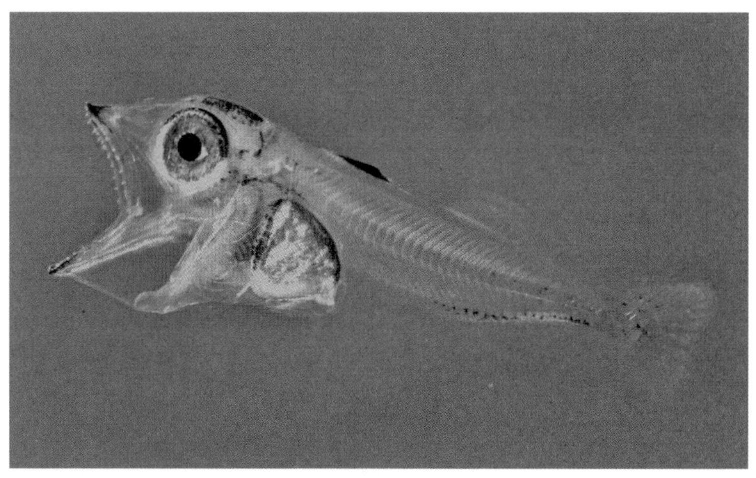

이 참치 유생처럼 새끼 물고기는 포식자에게 잡아먹히는 것과 굶어 죽는 것, 두 가지 커다란 위험을 마주한다. 그들은 포식자를 피하기 위해 투명한 몸체를 진화시키고, 다양한 종류의 먹잇감과 맞붙으려고 크게 벌어진 입과 목구멍을 발달시켰다.

를 투자할 수 없기 때문이다. 말하자면 크기와 숫자, 이 두 가지 사이의 협정이자 균형이다. 키위새는 한 번에 거대한 알 하나를 낳지만, 참치는 수백만 개의 아주 작은 알을 낳는다. 그리고 흥미롭게도 둘 다 알에서 부화한 새끼들은 혼자 힘으로 곧바로 독립할 수 있다. 부모 키위새는 번식을 위한 모든 노력을 거대한 형태에 다 쏟아부어 홀로 생존할 가능성이 높은 대형 새끼를 생산한다. 반면 부모 참치는 절대 수량에 재생산 에너지를 할당해 혹시 몇 마리만 생존하더라도 아무 상관없을 만큼 많은 알을 낳는 것이다.

캥거루는 제3의 길을 따른다. 모든 자원과 에너지를 양육에 쏟아붓는 것이다. 새끼 한 마리 한 마리는 아주 작지만, 태어나서 거의 일 년 동안 육아낭에서 따뜻한 보호를 받으며 꾸준히 젖을 먹는다. 그 결과 갓 태어난 캥거루는 갓 태어난 참치만큼 아주 작지만, 혼자 힘으로 독립한 캥거루는 크기 면에서 성체에 훨씬 더 가깝다.

새끼가 성장하는 데 꼭 필요한 것을 공급받기 위해 자기 부모에게 의지하든 아니면 야생의 자연 세계에 의존하든, 어느 쪽이나 각자의 방식대로 정교하게 잘 갖추어져 있다. 어떤 면에선 아름다운 방식으로 준비를 잘하는 것이다. 예를 들면 새끼 캥거루는 산도産道에서 육아

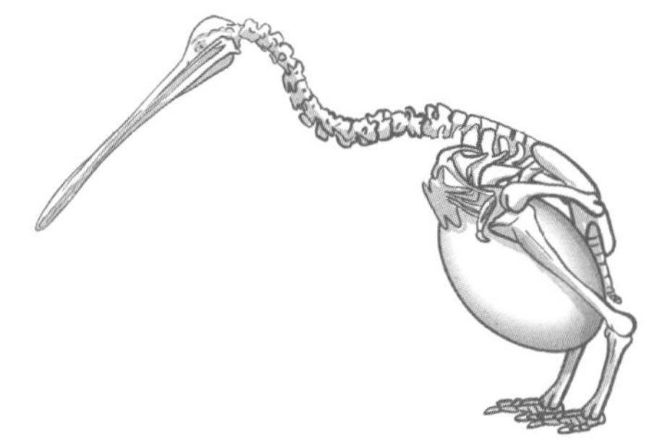

어미 키위새를 엑스레이 관점으로 그린 이 삽화는 몸집 크기와 비교했을 때 새 중에서 가장 큰 알을 낳는다는 사실을 확실히 보여준다. 배에 가득 찬 난황은 새끼가 먹이 찾는 법을 배울 때까지 생명을 유지해준다.

낭까지 올라갈 수 있도록 튼튼한 팔다리를 갖고 태어난다. 참치 유생은 거의 자기 몸통만 한 먹이를 삼킬 수 있도록 비교적 거대한 턱을 지녔다. 기생충 애벌레는 자연 세계에서 가장 전문화된 새끼들이라고 할 수 있다. 그들 생애의 여러 다른 형태들 사이에 연결고리를 스스로 만들어낼 정도다. 장대한 나무의 작디작은 씨앗은 동물 매개체에 매달리거나 바람에 실려가는 등 새로운 집을 찾는 데 잘 적응한다. 이를테면 촌충 새끼는 스스로 새로운 숙주를 찾아 이동한다. 한데 이런 식의 '벌레 씨앗'은 덜 익힌 돼지고기를 섭취한 인간에게 침투해 감염시킬 수 있다. 발생학자이자 시인인 월터 가스탱Walter Garstang은 이 상황을 다음과 같이 절묘하게 묘사했다.

> 그건 너무 작아, 옷핀 머리만큼이나 작지만 여섯 개의 작은 고리가 욱여넣은 듯 다 있지.
> 때론 바람에, 때론 물웅덩이나 벌판이나 개울에 떨어지는 빗방울에 빙그르르 실려가지.
> 하지만 식용 돼지들이 늘 그러하듯 어떤 돼지가 불쑥 그것을 잡아먹기라도 한다면
> 단언컨대 그건 이미 출발한 거야. 바로 너한테로 곧장 가는 길 말이야.[1]

새끼 촌충은 전형적인 기생충의 특질인 자체 생명 주기를 완성하려면 무엇인가에게 잡아먹혀야 한다. 단 하나의 기생충이 이 숙주에서 저 숙주로 옮겨가면서 방대한 범위의 서식지에 사는 방대한 범위의 동물을 감염시킬 수 있다. 그리하여 달팽이와 새, 습지와 숲을 연결한다. 이와 비슷한 연결 상황은 동물 새끼가 무엇인가에게 잡아먹혀 죽으면서

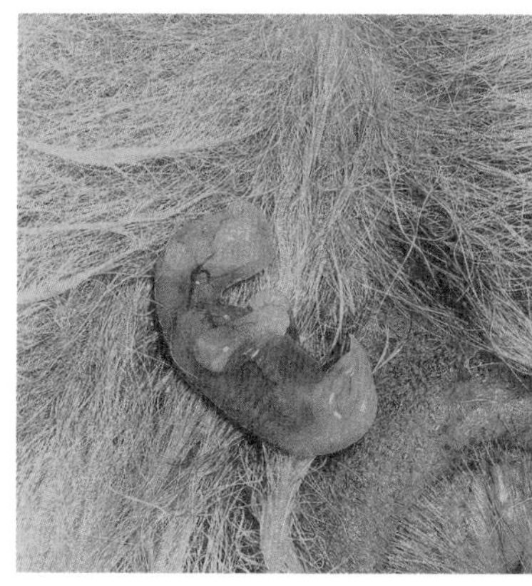

갓 태어난 캥거루는 초기 배아와 비슷해 보이지만 기어갈 수 있는 능력은 신생아보다 낫다. 그래서 새끼 캥거루는 육아낭까지 잘 찾아간다. 육아낭에서 부모 키의 절반이 넘을 시점까지 보살핌을 받고 자란다.

도 일어난다. 어린 생명 형태들은 성체보다 손쉬운 먹잇감이 되어 더 많은 포식자가 접근할 수 있다. 심지어 굶주린 동물들은 다른 동료 동물들이 생산한 수많은 자손을 먹이로 삼아 배고픔을 채운다.

⊙ 새끼 동물의 숨겨진 풍요

새끼나 유충 시절이 생애 주기의 대다수를 차지하는 종이 의외로 꽤 많다. 사실 지구상에 사는 대부분의 동물은 새끼들이다.[2]

이 점을 가장 쉽게 이해하려면 이슬처럼, 하루살이mayfly처럼 스쳐 지나가는 봄이라는 계절의 속성 때문이라고 생각하는 게 좋을 것 같다. 수컷인지 암컷인지 모를 오리 한 마리 뒤로 연이어 솜털 보송한 새끼 오리 열두어 마리가 느릿하게 따라가는 모습은 너무나 익숙한 광경이다. 어른 오리 하나에 새끼 오리 열두 마리! 1941년에 발간된 미국의 고전 어린이 그림책《아기 오리들한테 길을 비켜 주세요》를 보면 성체는 엄마 오리, 아빠 오리 둘뿐인데 새끼 오리는 네 배나 많은 여덟 마리가 등장한다. 3월이 되면 노스캐롤라이나의 어느 연못에는 1제곱미터에 1만 5000마리의 올챙이가 사는데, 이는 불과 몇백 마리의 개구리가 낳은 것이다.[3] 새끼 오리와 올챙이는 몇 주 지나면 어른처럼 성장해버리기 때문에 연중 남은 계절에는 새끼 오리나 올챙이를 좀처럼 찾을 수가 없다. 따라서 연중 특정 기간 동안만 놓고 보면 새끼의 개체 수가 성체보다 더 많다고 판단할지도 모른다. 하지만 기후변화로 봄 날씨가 점점 더 일찍 찾아오면서 많은 동물 종의 번식 시기가 연장되고, 그만큼 새끼들이 무리 사이에서 수적으로 지배권을 쥐는 시간의 길이도 늘어난 것이다.[4,5]

한술 더 떠, 어린 시절과 청년기에 훨씬 더 오래 머무는 동물도 있다. 연어는 민물에서 태어나 치어로 최대 2년까지 시냇물에 살다가 성숙하면 큰 바다로 나간다. 연어 유형 중에는 바다를 항해하는 어른 연어로서 많은 시간을 보내지 못하는 경우가 많다. 이는 강에 서식하는 새끼 연어도 마찬가지다. 연어가 포식자에게 잡아먹히거나 기생충 때문에 변을 입는 등 시간 흐름에 따라 이루어지는 자연 개체군 소모를 감안한다면, 일반적으로 연중 치어의 총수는 성체 수보다 많다.[6]

새끼 연어는 강물만 고수하지만, 바다는 셀 수 없이 많은 다른 종에게 거대한 육아방 역할을 한다. 지표수에는 새끼 물고기, 새끼 오징어, 새끼 게와 기타 등등 수십억 종이 한데 모여 있다. 겉으로 보면 마치 각각의 종이 삶의 또 다른 새로운 요람을 찾아 심해로 내려가는 탐사대처럼 보인다. 2021년 남극의 웨들해에서 수백 미터 깊이까지 함께 내려간 카메라를 통해 대략 6000만 개의 둥지로 꽉 찬 240제곱킬로미터 넓이의 별빙어 군집이 드러났다. 둥지 하나당 평균 알의 수는 1735개였고,

이 집단 육아방에 사는 새끼의 총합은 1000억을 훨씬 넘어섰다.[7] 그제야 세상에 알려진 이 노다지 새끼 물고기의 존재는 남극 생태계에 대한 전반적인 이해를 전부 바꿔놓았다.

그렇다면 인간 사회는 어떠할까? 현재 전 세계 호모 사피엔스 인구의 약 22퍼센트는 18세 이하이며, 이는 역사상 가장 낮은 수치일 것이다. 100년이 채 되지 않는 과거만 해도 31퍼센트였다.[8] 아동과 청소년의 상대적 비율은 지역에 따라 다르다. 20세 이하를 기준으로 일본은 전체 인구의 17퍼센트에 불과하지만, 아프리카의 니제르는 60퍼센트나 된다.[9] 전 세계 평균으로는 성인이 아동보다 훨씬 많지만, 니제르의 시골과 학교 운동장 등 수많은 곳에서는 그 반대로 나타난다.

인간을 다른 동물에 포함시키는 것은 민감한 주제가 될 수 있다. 미리엄 웹스터 사전에 따르면 '동물'이라는 단어의 의미는 여러 가지다. 첫째는 생물 분류상 동물계를, 둘째는 인간과 구별되는 하위 동물을 뜻한다. 둘 다 자기만의 활용법이 있다. 호모 사피엔스 종은 명백히 동물계, 척삭동물문, 영장목에 속하며, 이는 첫 번째 정의를 포괄하는 사실이다. 동시에 호모 사피엔스는 지구 환경 변화의 기술을 꾀하고 (다른 여러 화제 중에서도 단연) 지구 환경 변화에 대한 도덕적 논쟁에 참여하는 유일한 종이다. 두 번째 정의 때문에 이렇게 행동하지 않는 모든 동물을 단 하나의 단어로 총칭해서 언급할 수 있게 된다.

하지만 인간 발달의 생물학은 나머지 동물계와 우리의 친족 관계를 분명히 밝혀준다. 가령 나는 태아 시절 잠시 동안 작은 물고기처럼 보였다. 이따금 파충류와 병아리를 닮기도 했다. 그 유사성은 단번에 눈길을 끄는 점이었다. 그래서 초기 생물학자들은 그것을 법칙으로 표현하고, 개별 동물은 각자의 발달 과정을 따라 자기 종의 진화적 역사를 보여준다고 주장할 정도였다. 8장에서 더 자세히 탐색하겠지만, 이제 우리는 표면적으로 강력해 보였던 이 '친족 관계'가 오히려 발달과 진화의 진짜 교차점을 포착하지 못한다는 사실을 잘 알고 있다. 하지만 그럼에도 여전히 배아의 특성은 인간을 포함한 동물 사이의 관계를 이해하는 데 기본 정보와 지식을 제공한다. 이 책은 인간 발달에 관한 책(이 주제에 대해서는 여러 뛰어난 저서가 많다)은 아니지만, 인간 종에 대한 이야기도 가끔씩 튀어나올 것이다.

결국 나는 인간이고 아마 여러분도 그럴 것이다. 여러분처럼 나도 갓난아기로 삶을 시작했다. 그리고 어쩌면 여러분처럼 나 역시 그 점을 기억하지 못한다. 하지만 우리 부모와 보살펴준 사람들에게 의존했다는 사실을 잘 알고 있으며, 이렇게 나를 생생하게 살아 있게 해준 그분들에게 늘 감사할 따름이다. 그 과정에서 내가 필요로 하는 관심을 얻으려고 울기도 하고, 보살핌을 받으려고 어여쁜 표정을 짓고 몸짓도 하면서 함께했다는 사실도 익히 알고 있다. 나를 둘러싼 환경이 주는 이런저런 정보도 스펀지처럼 흡수했다. 20세기 말 로스앤젤레스에서 모래를 입안에 집어넣을 때는 아무도 못 말릴 만큼 적극적이었으며, 뜨거운 여름과 나쁜 공기와 연중 최소한도의 강우량을 겪을 때는 마지못해 수동적인 태도를 보이곤 했다. 나는 운 좋은 아이였다. 꾸준한 사랑과 영양분을 받았으며, 때가 되면 해변으로 데리고 가주는 부모님 덕분에 모래먼지와 바닷물과 모래가 섞인 마른 풀 표본을 풍성하게 늘릴 수 있었다.

그렇다면 어머니의 난자와 아버지의 정자 속 유전자, 그리고 자궁 속에서의 경험은 지금의 내 모습을 어느 정도까지 형성했을까? 자연 대 영양이라는 아주 오래된 이 질문은 발생생물학의 핵심이다.

◎ 현장에서 실험실로, 그리고 다시 현장으로

우리는 유전자의 산물이자 환경의 산물이다. 어느 한쪽에 기울지 않는다. 면역체계, 소화계, 심지어 두뇌와 골격조차 모두 환경적 투입으로 발달한다. 박테리아, 운동, 식습관이 환경적 투입에 해당한다.[10] 인간이 아닌 나머지 동물계에서는 박테리아 때문에 곤충 배아가 성장하며, 양서류의 알이 부화하고, 오징어가 성숙한다. 온도는 특정 거북이의 성별을 결정한다. 장소는 특정 벌레의 성별을 결정한다. 식습관은 벌의 계급을 좌우하며, 포식자들은 물벼룩의 척추를 자라게 한다. 조류와 포유류는 중력과 스트레스에 대응해 뼈와 근육을 성장시킨다. 변태를 거치는 모든 종류의 유충은 온도, 빛, 질감, 또는 냄새에 대응한다.

발달과 환경 간의 이렇듯 밀접한 연결 관계는 최근이 아니라 이미 100여 년 전부터 많은 부분이 알려졌다. 하지만 21세기 중반, DNA의 발견으로 과학자들이 유전자 부호를 읽고 조작할 수 있게 되면서 발달 연구는 자연환경에서 벗어나 조심스럽게 통제된 실험실 환경으로 이동했다. 발생생물학자들은 환경적 영향을 무시할 뿐 아니라 회피하기 시작했으며, 결국엔 유전자 변형의 결과에만 초점을 맞출 수 있었다.

생물학은 일종의 종파 분립을 겪었다. 한쪽에는 생태학자가 있었다. 그들은 자연 서식지의 유기체와 유기체의 네트워크를 연구했다. 다른 한쪽에는 유전학자가 있었다. 그들은 생명을 구성하고 창조하는 분자에 중점을 두었다. 양쪽 모두 해당 연구가 중요하다는 데는 이견이 없었지만, 서로 대화하고 협의하는 데는 큰 어려움이 있었다. 어느 정도였느냐면, 많은 4년제 대학에서 생물학부가 둘로 갈라져 서로 다른 학과를 만들고 주변 여기저기에 수많은 깃털을 떨어뜨렸다.

바로 내가 솜털이 보송한 17세 새내기 대학생으로 이제 막 고향 로

스앤젤레스 둥지를 벗어나 샌타바버라에 있는 캘리포니아대학교 해양생물학과에 새롭게 정착하려던 시기에 일어난 일이었다. 말하자면 연구학파의 학문적 이혼 상황을 지켜본 것이다. 개인적인 관심과 수업은 대부분 생태 진화 해양생물학과 거의 일치했다. 하지만 혹시라도 배아에 대해 배우고 싶으면 반대파인 분자 세포 발생생물학과 수업을 들어야 했다. 해양생물학과 발생생물학의 분리는 특히 모순투성이였다. 성게 같은 해양동물의 배아는 발생생물학에서 수많은 근본적 변화와 발견을 촉진시켰기 때문이다.

그러나 이런 해양생물 종 중에서 진정한 모델 생물이 될 만한 유기체는 없었다. 너무 까다로워 실험실에서 키울 수 없었기 때문이다. 그래서 대신 비해양생물인 초파리, 회충, 쥐, 닭, 개구리, 그리고 줄무늬열대어 여섯 종에 대한 유전 및 돌연변이 실험 연구를 위해 거대한 연구조직을 구축했다. 그 동물들은 실험실에서 키우기 쉽고 환경적 투입을 최소한으로 제어할 수 있기 때문에 선택되었다. 그리하여 해당 연구를 통해 전체 동물계의 발달을 조정하는 '툴킷 유전자tool kit gene'부터 인간이 걸리는 암의 원인으로 작용하는 발달 유전자까지 여러 굵직한 과학적 발견을 거두기도 했다.

하지만 인간을 비롯해 대부분의 동물은 모델 생물이 아니다. 대다수는 살균 소독된 실험실 환경에서 성체가 될 때까지 성공적으로 발달할 수가 없다. 모델 생물이라 할지라도 언제든 문제는 발생할 수 있다. 과학자들은 박테리아가 완전히 부재한 환경에서 '무균' 쥐를 키우면서 일련의 신진대사, 신경학, 그리고 행동학적 기형 내지는 이상을 발견했다. 온도와 식이 등의 요인에 대해서라면 모델 생물은 현실 세상에서는 실험실에서만큼 일관성을 결코 유지하지 못할 것이다. 그와 똑같이 정확하게 최적화된 영양분은 지구상 수많은 대학에서 병아리를 키우기 위해 사용된다.[11] 만약 좀 더 현실과 가까운 조건이나 환경에서 이 동물을 키운다면 무슨 일이 벌어질까?

1994년 전 세계적으로 존경받는 발생생물학자 루이스 월퍼트Lewis Wolpert는 이런 질문을 던졌다. "그 알은 측정 가능한 것일까?" 수정란 속 모든 분자에 관해 완벽하게 다 알고 있다고 고려해볼 때, 과연 그 수정란이 성체로까지 발달하는 것을 예측할 수 있을까? 2006년 월퍼트는 "향후 50년 안에"그런 일이 일어날 것이라고 주장했다. 하지만 이후로 우리가 발생생물학에 대해서 배워온 거의 모든 것은 완벽히 그 반대 방향을 가리킨다.

흔히 우리는 유기체의 발달을 일종의 컴퓨터 프로그램이라고 생각하곤 한다. 결론적으로 유기체 발달은 그 자체로 공동 협력이자 상호 참여형의 지속적 실행 과업으로 드러난다.[12] 발달은 우리가 우리 자신을 만들어나가는 방식이 아니라 세상이 우리를 만들어가는 방식이다. 그러니까 발달은 단순히 유전자가 규정한 일련의 엄격한 지시사항이 아니라, 오히려 환경의 영향을 받고 적응해가는 이런저런 일련의 가능성이다.

서서히, 환경적 관심사가 발달에 대한 이해와 분석 과정으로 다시 들어오게 되었다. 1982년 일군의 과학자들이 다음과 같은 사실을 깨달았다. 멸종 위기에 처한 바다거북의 수정란을 잘 통제된 온도에서 배양시켜 도움을 주고자 했던 과학적 시도 때문에 암수 중 한쪽 성을 가진 새끼들만 생산되었다. 이로써 사실상 바다거북 집단에 해로운 영향을 끼치고 말았다.[13] 당초 그런 경우는 예외사항처럼 보였다. 하지만 점차 증거가 쌓이면서 모든 유기체의 발달은 그들이 처한 환경에 의해 규정된다는 사실을 이해하게 되었다.

훨씬 더 다양한 조건에서 훨씬 더 다양한 유기체를 연구하는 일이 점점 중요해졌다. 2003년 여러 연구자는 올챙이가 천적이 공존하는 환경에서 살충제 피해에 더욱 취약하다는 사실을 발견했다. 솔직히 말하면 이 세상 거의 모든 올챙이들이 이런 환경에서 살아간다. 연구의 주 저자는 이렇게 말했다. "가장 큰 관심사는 자연환경에서 벌어지는 살충제의 치명성이다."[14] 이와 비슷하게 올챙이는 직접적으로 해를 끼치지 않는 것처럼 보일 수 있는 다양한 살충제에도 노출되었다. 이런 환경 때문에 올챙이는 살충제에 노출되지 않았을 때보다 면역체계가 약해지면서 기생충에 더욱더 취약해진다.[15] 실험실이라면? 기생충은 아예 존재하지 않는다. 진짜 현실 세상이라면? 기생충과 같이 기어다녀야 한다.

위험이든 기회든, 진짜 현실에서는 어마어마하게 많지만 실험실에서는 절대로 발생하지 않는다. 실제로 인도 북부에서는 움푹 팬 코끼리 발자국에 빗물이 차 작은 '웅덩이'처럼 변한 곳에서 두꺼비의 알이 자라고 있는 모습이 발견되곤 한다.[16] 그런 특정한 연관성을 목격하기 전에는 어느 누구도 두꺼비와 코끼리 사이의 관계성을 예상하지 못했을 것이다. 다른 한쪽에게 먹이가 되는 것도 아니고 둘이 자원을 놓고 경쟁하지도 않기 때문이다. 하지만 각 유기체의 생애 전체 주기를 고려할 때, 종 사이의 관련성은 빠르게 증가한다. 그렇다면 코끼리의 개체 수가 하락하면서 두꺼비의 육아 장소가 한정된다면 과연 두꺼비의 개체 수에 피해를 줄까? 아직 아무도 이 점에 대해서, 혹은 여타 가능성 있는 수많은 발달상의 의존성 사례에 관해서 데이터를 수집하지 못했다.

생물학이 여러 학과로 분리되긴 했지만, 발달과 환경 간의 관련성은 오래 지속되어온 생물학의 통합성을 분명히 밝혀준다. 현미경을 이용해야 볼 수 있는 미세한 분자는 동물이 환경과 만날 때의 그 환경에 관한 정보를 기록하고 저장한다. 그리고 그 동물은 이 정보를 활용해 몸을 키우고 자기들 세상에 가장 잘 맞는 행동을 만들어낸다. 세포는 유충과 성체의 몸을 만들기 위해 한데 합해지고, 곧 이들이 다 같이 모여 생태계를 채운다. 개별 유기체와 전체 먹이그물은 둘 다 계절의 순환에 따라 계속해서 변한다. 우리는 계절을 습하거나 건조하거나 덥거나 춥거나 정도로 생각하지만, 동물은 그들만의 번식기, 산란기, 성장기, 사망기를 구성한다. 애벌레 안의 분자는 나비가 되는 적절한 시점을 결정한다. 그때는 조류들에게 먹이가 풍부한 시기가 되는데, 이 사실은 한참 자라고 있는 새끼 조류 안의 분자 속에 기록된다. 유기체의 발달은 그런 연관성이 그 어디에서도 절대 깨지지 않는다는 사실을 보여준다. 그 범위를 분자에서 생태계로 이동할 때도 마찬가지다. 새끼 동물에 관한 연구는 그런 범위 전체에 널린 협력을 촉진하고 있다. 이제 그런 협력은 우리 세상을 이해하고 돌보는 데 아주 중요한 요소가 되었다.

⊙ 엄청나게 많은 오징어의 알

세상 대부분의 아이들처럼 나도 어릴 적부터 새끼 동물을 귀여워했다. 그중에서도 반려 새끼 고양이와 깊은 유대감을 쌓았고, 강아지를 기르게 해달라고 끈질기게 시위하곤 했다. 하지만 한 번도 성공하지 못했다. 그저 학교 다닐 때 쓰던 공책 가장자리에 큰 머리와 눈이 달리고 솜털이 보송보송한 자그마한 새끼들을 끄적거리곤 했다. 심지어 대학 시절 생물학 수업에서 유생의 형태가 어마어마하게 많다는 사실을 알게 되었을 때도 '새끼 동물'을 다룬 책 한 권을 고른다면 그 책이 순전히 새끼 오리와 새끼 토끼 같은 귀여운 생물에 초점을 맞추었을 거라고 기대했을 것이다.

물론 이 책에서도 (어떤 건 기생충같이 생긴!) 오리와 (어미의 똥을 먹고 자라는!) 토끼를 만날 테지만, 그 밖의 아주 낯설고 이상한 새끼도 많이 발견할 것이다. 모든 유형의 애벌레와 유충, 이들 새끼가 귀여움은 덜하지만, 그렇다고 중요도가 떨어지는 것은 전혀 아니다. 눈에 바로 들어오는 순간의 매력은 부족하지만, 오히려 깜짝 놀랄 만한 해부학적 몸 구조, 행동, 그리고 변형으로 그 결점을 충분히 보상한다. 이들의 형태는 현재의 생태계를 연결하며 미래의 생물학을 개발한다.

나는 오히려 대학 졸업 후 새끼 동물의 참다운 다양성에 완전히 매료되었다. 대학원 연구 작업 초기에 훔볼트오징어(아메리카대왕오징어) *Dosidicus gigas*의 생물학에 초점을 맞추면서 한 가지 사실을 깨달았다. 그것은 여태껏 야생 자연에서 이 오징어의 알을 실제로 본 사람이 아무도 없다는 사실이었다. 물론 다른 수많은 동물의 알이나 새끼의 경우에도 크게 다르지 않을 것이다. 누구나 으레 예상하듯이 너무 작아서, 너무 희귀해서, 거의 멸종 단계라서 그럴 수 있다고 하겠지만, 훔볼트오징어는 그런 종류가 아니다. 절대로! 훔볼트오징어는 최대 길이 2미터까지 자라며, 태평양 동부의 남반구와 북반구 양쪽을 가로질러 다니면서 전 세계의 최대 오징어 어장을 든든하게 떠받친다. 해마다 거의 수십억 톤의 훔볼트오징어가 잡혀 우리 식탁에 오르고 있다는 뜻이다.[17] 한편 훔볼트오징어는 수많은 어류와 게, 심지어 같은 오징어 무리까지 잡아먹는다. 이런 동물은 당연히 수많은 새끼를 만들어낸다. 그렇다면 그 새끼들은 어디에 있을까?

나는 훔볼트오징어의 초기 생애 단계 연구에 착수했다. 그리고 사실

머지 않아 학위 과정을 끝내고 싶었기 때문에 지금껏 아무도 해본 적 없다는, 그러니까 탁 트인 큰 바다에서 훔볼트오징어 새끼를 찾아낼 수 있다는 희망을 품고서, 그보다 더 힘겨운 일을 숱하게 해내야만 했다. 과학자들이 야생에서 쉽게 수집할 수 없는 새끼를 연구하고 싶을 때, 보통 스스로 만들어내려고 애를 쓴다. 2006년 캘리포니아만의 어느 해양관측선에서 마음 착한 동료 하나가 성체 오징어에서 난자와 정자를 채취하고 체외 수정하는 방법을 가르쳐주었다.

그 과정은 해가 지고 어두워진 뒤에 시작되었다. 그때가 돼야 훔볼트오징어가 심해에서 수면으로 떠올라 좀 더 쉽게 잡힌다. 내가 정자와 난자를 유리 접시 위에 따로 분리해서 놓을 즈음이면 대개 자정을 지난 시간이었다. 그런 다음 둘을 섞고, 물을 바꾸고, 수정이 제대로 이루어진 표시가 있는지 살피고, 다른 오징어 종을 그린 참고 자료와 훔볼트오징어 수정란의 초기 단계를 서로 맞춰보면서 몇 시간 더 밤을 새우곤 했다(그때까지 훔볼트오징어의 발달에 대한 책은 아무도 펴낸 적이 없었다). 그 결과는 고무적이었지만 그리 놀랍지는 않았다. 제대로 발달하지 못한 수정란이 많았고, 또 균류나 박테리아 감염의 먹이가 되었다.

그러던 어느 날, 나는 잠시 낮잠에 빠져 있었다.

해양관측선에서 2주간의 일정이 거의 끝나갈 즈음, 어느 오후에 배 안에서 같은 방을 쓰던 동료가 방으로 불쑥 들어오더니 아주 신이 나서 나를 깨웠다. "대나, 무슨 일인지 맞춰볼래!"

아직 잠에 어려 내 눈은 게슴츠레했지만 정확하게 들었다. "너, 드디어 난괴(알 덩어리)를 찾게 됐어."

그 연구 일정 동안 예닐곱의 연구자가 규칙적으로 잠수를 하고 있었다. 우리는 해안과 멀리 떨어진 심해 위에서 작업을 하고 있었기 때문에 그들은 특별히 '블루워터 다이빙' 훈련을 받아야 했다. 바위, 해초, 모래, 혹은 선박 외에는 다른 모든 구조물이 전혀 없는 망망대해에서 안전하게 탐색하는 훈련이었다. 이런 수중 잠수를 통해 채집용 병 속으로 떠서 넣어야 할 만큼 매우 작은 여러 가지 유형의 해파리를 찾아야 했다. 그런데 이날 그들은 거대한 젤리 덩어리를 마주쳤던 것이다.

그들은 샘플도 가져오고 영상도 찍었다. 작은 선박의 실험실 안에 나를 포함한 과학자들이 TV 주변을 둥그렇게 에워싸곤 그 물방울 같은 걸 뚫어져라 쳐다보았다. 그게 얼마나 크고 넓게 퍼져 있는지 잠수하는 사람이 통과해 수영할 수 있을 정도였다. 그것은 투명하고, 별빛처럼 작은 배아로 꽉 차 있었다. 영상 화면으로 보니 잠수하는 사람이 그리로 다가가서 배아들과 주변의 해파리를 채집용 병 안에 하나씩 가득 채웠다. 나는 이 채집용 병 하나를 온전히 내 것으로 받고는 실험실에서 거의 열광의 도가니에 빠졌다. 그도 그럴 것이 거의 2주 동안 인공적으로 새끼를 생산해보려고 무진 애를 쓰고 있었는데, 눈앞에 최초로 야생 자연에서 발견된, 자연적으로 생산된 새끼들이 있었기 때문이다.

그 배아들은 바로 그날 완벽한 형상의 작은 오징어로 부화하기 시작했다. 부화한 새끼 오징어는 쌀알보다 더 작았다. 흥미롭게도 새끼 오징어의 눈과 오징어 특유의 삼각 깔때기 부분은 몸의 크기에 비해 상대적으로 커 보였다. 이는 갓난아기의 특성과도 같다. 이 깔때기 부분은 오징어가 호흡하고 수영할 때 사용하는 관이었다. 이런 해부학적 비율 때문에 나라는 인간의 머릿속에서 귀여움 인식 알고리즘이 작동했고, 그날부터 부지런히 새끼 오징어들을 돌보아야겠다는 마음이 절로 들었다.

다음 날 우리는 멕시코의 소노라에 도착해 하선했다. 그곳은 연구

팀원 예닐곱 명의 고향이었다. 그때 나는 캘리포니아 몬터레이 실험실로 돌아가는 비행기에 갓 부화한 새끼들의 작은 샘플을 가져갈 방법을 생각하느라 골머리를 앓고 있었다. 그러는 동안 나머지 대부분의 새끼 오징어들은 멕시코 동료들에게 맡겼다.

당시는 2006년, 그때는 먼저 물병을 다 비우지 않아도 물병을 들고 비행기 탑승이 허용되던 시절이었다. 나는 물병에 해초를 가득 채우고 새끼 오징어 여덟 마리를 넣었다. 그런 다음 과이마스 공항의 보안 검색대를 통과해 걸어갔다. 위험 요소가 전혀 없는 걸 갖고 가는데도 마치 영화처럼 불법으로 밀수하는 그런 스릴을 느꼈던 것 같다.

아무튼 새끼 오징어 여덟 마리는 무사히 미국에 도착했고, 나는 그 다음 주 내내 새끼 오징어가 헤엄치는 행동을 연구했다. 그리고 살살

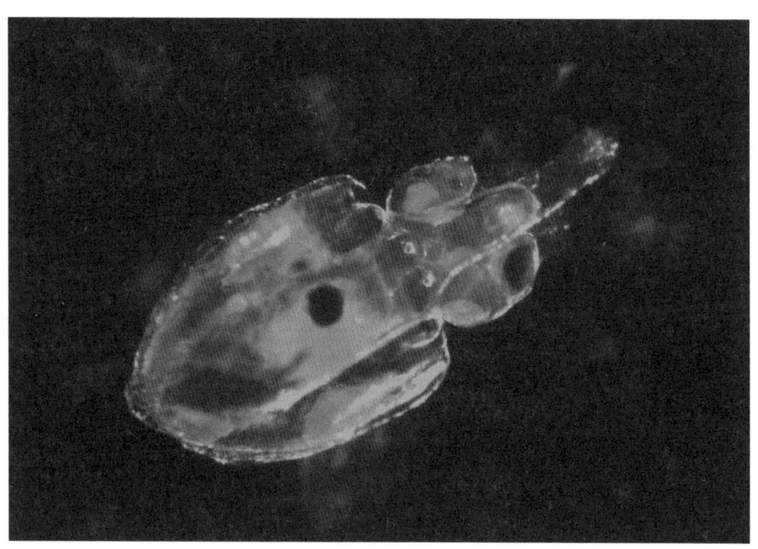

이 새끼 훔볼트오징어도 겨우 한 움큼의 변색 기관을 갖고 태어난다. 하지만 나중에는 그 수가 수천 개로 늘어나 피부 전체를 덮으며, 역시 프로보시스(proboscis)라고 불리는 신기한 혼합형 촉수를 갖고 있다.

달래면서 먹이를 주려고 했지만 계속 성공하지 못하는 시간을 보내기도 했다. 또한 우리는 냉동 샘플에서 DNA를 추출해 그 난괴가 확실히 훔볼트오징어의 것이라는 사실을 확인했다(거의 의심할 바 없었지만, 그래도 성체 오징어가 알을 낳는 모습을 관찰하지 못했기 때문에 유전자가 일치해야만 사실임을 확인할 수 있었다).

영상에 나온 덩어리의 크기와 채집 병에 든 덩어리 속 알의 밀도를 추정한 뒤 전체 난괴 안에 50만 개에서 200만여 개의 알이 들어 있을 거라 추산했다. 아주 어마어마한 숫자라 믿기 힘든 이야기로 들리겠지만, 과거에 다른 과학자들은 훔볼트오징어 난소 안에 수천만 개의 알이 들어 있다고 계산했다. 우리는 어미 오징어 한 마리가 평생 그 난괴와 비슷한 크기로 대략 열 개 정도 낳을 수 있다고 판단했다.[18]

정말이지 엄청나게 많다! 그런데 어째서 그때까지 아무도 그것을 찾아내지 못했던 걸까? 결국 앞서 우리가 진행한 체외 수정 작업이 그 이유를 이해할 수 있는 실마리를 제공했다. 훔볼트오징어는 일주일, 혹은 그 이내에 수정란에서 유영하는 새끼로 부화하기 때문에 난괴 상태는 순식간에 지나간다. 게다가 앞서 수중 잠수 연구자들이 발견했듯이 이런 난괴는 수면에서 보이지 않는 깊이에 계속 머물고 있다. 따라서 어쩌다 그 난괴 바로 옆까지 잠수하지 않는다면 평생 눈으로 볼 일이 없는 것이다.

하지만 이렇게 사람 눈에 거의 보이지 않고 매우 짧은 순간 알 덩어리 상태가 아니라면, 전 세계에서 가장 큰 오징어 어장은 존재하지 못할 것이다. 그리하여 동부 태평양의 지배적 포식자는 사라져버릴지도 모른다. 전 세계 곳곳에서 새끼 동물들은 지구상 온갖 생태계를 함께 묶어두는 숨겨진 실과도 같다. 그들은 우리가 인지하는 것보다 더욱 단단하게 결부되어 있다. 그리고 오늘날 어느 세대도 경험해본 적 없는, 급변하는 환경에서 가장 강력한 상호 연결성 안에서 성장하고 있다. 이제 새끼 동물들에게 관심을 갖고 주목할 때가 되었다.

◎ 은유를 넘어선 변형

흔히 유기체의 발생이라고 하면 완제품을 만드는 과정이라고 생각하기 쉽다. 하지만 무엇이 완제품일까? 알에서 깨거나 자궁에서 태어난 새끼, 유생, 혹은 애벌레가 완제품이란 뜻일까? 많은 경우 난황이나 태반으로 존속하는 단계에서 독립적으로 움직이고 먹이를 섭취하는 단계로 이동하는 분명한 과도기, 전이가 있다. 물론 그런 전이가 없는 경우도 있는데, 그렇게 태어난 유기체는 며칠 동안 난황을 가지고 나와서 계속 부모가 주는 영양 공급에 의지하곤 한다. 말하자면 수정란 시절만큼도 활발하게 움직이지 않는 상태로 존재하는 것이다. 그렇다면 과정과 완제품 사이, 어디에 선을 그을 수 있을까?

어쩌면 성체는 완제품이라고 할 수 있을 것이다. 변태를 거치는 종에게 이것은 명확한 구분점이 된다. 갓 세상에 나온 나방은 유충이 아니라 남은 생애 동안 바로 그 나방으로 살아갈 것이다. 하지만 그런 개체를 제외한 나머지 우리는 어떨까? 인간은 바로 성인이 될까? 월경을 시작하고, 목소리가 변하고, 난생처음 신용카드를 만들면 어른인 걸까? 우리는 의도에 따라 서로 다른 기준 혹은 규정을 사용한다. 그래서인지 성인기에 '도달했다'는 것에 다소 모호한 지점이 있다고 생각하는 것 같다. 그러나 유기체의 발달은 결코 멈추지 않는다. 말하자면 우리는 평생 발달 작업이 진행 중인 생산물인 셈이다. 우리의 뇌와 몸은 계속해서 변화한다. 완경은 발달상의 과정일까? 머리가 벗겨지기 시작하는 것은 어떨까?

어느 나비 과학자는 이렇게 강조했다. 우리는 변태, 탈바꿈, 변모라는 은유를 참으로 사랑한다. 여전히 우리 자신의 모습 그대로 머물면서 계속 변할 수 있기를 바라기 때문이다. 나는 그것이 단순히 은유가 될 필요는 없다고 생각했다. (은유가 아니라 실제로) 우리는 변할 수 있다. 사실 우리는 변하지 않을 수가 없다. 내가 첫아이를 낳았을 때, 그것은 마치 나 자신이 다시 태어나는 경험이었다. 그전에는 어른 인간이었던 적이 없었다. 그제야 비로소 어른 부모가 되었다. 나는 열 달 임신 기간에 걸쳐서, 그리고 출산 시점에 신체적으로나 정신적으로나 돌이킬 수 없이 변했다. 그것은 고치나 번데기 안에서 일어나는 현상인 용화蛹化, 탄생의 순간인 우화羽化와 거의 묘하게 유사한 느낌이었다. 뭔가 낯설지만 친숙한 것이 되돌아온 느낌이라고 할까.

변태는 단일 유기체가 스스로 다수의 몸 조직을 만들도록 해주는 특성이며, 각각의 몸은 특정 환경의 요구에 순응한 결과다. 이 내용은 9장에서 더욱 깊이 탐색할 것이다. 하루살이 같은 수생곤충은 혼인비행을 할 때 어린 시절의 아가미를 잃는 대신 날개가 돋아난다. 개구리는 성숙해지면 수중 생활에서 쓰던 꼬리가 뒷다리와 앞발로 변해 깡창거리거나 높이 올라갈 수 있다.

어떤 종의 생존에서 두 개의 서로 다른 서식지에 의존하는 것은 다소 불안정하고 위태로워 보일 수 있다. 물론 확실한 장점도 있긴 하다. 부모와 서로 다른 곳에 살면서 서로 다른 먹이를 먹는 새끼들은 기성세대와 경쟁을 치르지 않아도 된다. 당연히 성체 역시 새끼들에게 번거롭게 먹이를 가져다주지 않고 필요한 만큼 다 먹을 수 있다. 이는 특히나 게걸스럽게 먹이를 찾는 새끼가 성체와 똑같은 크기, 혹은 훨씬 더 크게 자라는 경우에 유익하다. 골리앗꽃무지 성체는 지구상 가장 거대한 곤충에 속하는데, 주로 꽃과 나무의 수액을 먹고 사는 채식 동물이다. 하지만 그 유충은 성체 크기의 두 배까지 자라며, 현재로선 알려지진 않았지만 상당량의 단백질을 포함한 먹이를 섭취한다. 단백질은 포식자 습성을 암시한다(실제로 골리앗꽃무지 새끼를 포획해 고양이 사료를 주면 쉽게 먹는다).[19] 패러독스 개구리는 성체 개구리가 되면 올챙이 시절보다 몸집이 줄어드는 것으로 알려져 있다. 이들은 정확히 골리앗꽃무지와 반대되는 식이 습성 변화를 보인다. 거대한 크기의 올챙이 시절에는 해조류를 먹다가 변태를 거쳐 완전히 작아진 성체 개구리가 되면 곤충을 먹고 살아간다.[20]

모든 동물은 성장에 따라 이런저런 환경 사이에서 움직이며 이동한다. 물론 그건 각자 살아가는 환경의 규모(범위)나 위치(장소)의 문제이기도 하고, 아주 흔하게는 둘 다의 문제이기도 하다. 가령 규모 면에서 작은 어류 유생이 꼬물대는 아주 작은 환경부터 다 큰 참치가 살아가는 큰 바다가 있다. 또 위치 면에서 새끼 장어는 바닷물에서 살지만 성체 장어는 민물 서식지에서 살아간다. 한편 어떤 유생은 민들레 홀씨처럼 대륙과 대양을 가로질러 휩쓸려 다니면서 멀리 떨어진 지역과 이제 막 자라나기 시작하는 개체를 연결하기도 한다.

인간도 위에서 언급한 세 가지 범주에 모두 속한다. 어떤 이들은 고향에 계속 머물면서 초등학교 운동장부터 직장까지 생애 주기에 따라 그 안에서 확장해나간다. 또 다른 이들은 수천 킬로미터 떨어진 곳으로 이주하기도 한다. 어디로 가든, 얼마나 멀리 이동하든 우리는 이 지구에서 엄청나게 다양한 동물과 함께 이런저런 갖가지 환경을 서로 공유한다.

모든 종의 어린 구성원은 우리 지구가 펼치는 드라마에 왕성하고 활발하게 참여하는 주인공이다. 새끼 동물은 소비자이면서 생산자이며, 경쟁자이면서 협력자다. 전 세계에서 곡물에 가장 큰 파괴력을 발휘하는 농작물 해충은 새끼 나방과 새끼 딱정벌레들이다. 반면 가장 효과적으로 해충을 통제하는 것은 새끼 말벌이다. 흔히 많은 종이 멸종 위기에 처했다고 하는데, 이 경우는 대개 성체에 가해진 위협 때문이 아니라 새끼 동물들이 서식지를 잃어버리거나 오염으로 고통받고 있기 때문이다. 오염에 대해 말해보자면, 무척추동물 새끼들은 화학물질 유독성 연구에서 중요한 역할을 하고 있으며, 그들의 독성 민감도 연구를 통해 인간의 안전과 인간이 살아가는 환경의 안전에 필요한 여러 결정을 내리는 데 도움을 준다. 그러니 결국 우리 인간과 새끼 동물은 서로 떼려야 뗄 수 없는 관계로 연결되어 있다.[21]

⊙ 시간과 공간을 가로지르는 연결고리

앞으로 우리는 수정란에서 변태까지 동물 발달을 탐색하면서 저마다의 형태와 환경 간의 친밀한 상호 의존성도 목격하게 될 것이다. 그리고 이러한 초기 생명 단계가 동물이 살아가는 생태계에 얼마나 중요한지, 오염과 기후변화 같은 혼란에 얼마나 취약한지 알게 될 것이다. 생태 발생생물학 분야는 2020년에 이루어진 놀라운 발견과 더불어 최근 몇 년 사이에 빠르게 확장됐다.

최근에 나온 깜짝 놀랄 만한 연구에 따르면, 새끼 동물이 전 세계 서로 다른 지역을 어떤 방식으로 연결하는지 알 수 있다. 가령 어떤 어류의 알은 호수와 호수 사이를 이동하면서 오리 내장 안에서 살아남았고,[22] 어떤 불가사리 유생은 그 유명한 바스쿠 다 가마의 항해 길을 거꾸로 거슬러 해류를 타고 가면서 자기 복제를 하기도 했다.[23] 물론 이런 대담하고 강인한 모험을 하면서 새끼 동물도 커다란 위험에 직면한다.[24] 가령 새끼 상어는 난류를 만나면 포식자의 눈에 더 잘 띄어 먹잇감이 될 수 있으며, 멸종 위기에 처한 새끼 조류를 동종 교배하면 부화하기도 전에 모조리 죽게 만들 수도 있다.[25]* 무엇보다 중요한 점을 들자면, 우리는 이 책을 통해서 어떻게 미생물이 동물 성장을 인도하는지 더 많이 배우게 될 것이다. 미생물을 뜻하는 단어 '마이크로브microbe'는 '미크로비오스microbios'의 축약형이다. 아주 작다는 뜻의 어근 '미크로'는 미생물이 마이크로스코프microscope, 즉 현미경을 이용해야만 볼 수 있는 생명체임을 암시한다. 그럼 반대로 현미경으로 봐야만 하는 배아는 미생물이 되는 걸까? 그렇게 주장할 사람은 아무도 없을 것이다. 그 배아의 작은 크기는 단지 하나의 단계에 지나지 않기 때문이다. 그러나 우리가 맨눈으로도 볼 수 있을 만큼 커다랗게 자랄 수 있는 빵 곰팡이는 미생물로 간주한다. 세상에, 참 이상하지 않은가. 내가 이 책에서 미생물을 이야기할 때는 대부분 단세포 박테리아, 균류, 그리고 바이러스를 가리키게 될 것이다. 곤충의 유충은 뱃속의 이런 미생물과 협력해 플라스틱을 분해하며,[26] 산모의 질 미생물은 제왕절개로 태어난 아기의 건강을 안정화시킬 수 있다.[27]

공간을 횡단하는 연결성 외에도 새끼 동물은 시간을 가로지르는 관련성도 밝혀준다. 개체의 발달은 지구상 생명체의 역사로 향하는 창을 제공한다. 곤충 유충의 아가미는 성충의 날개로 진화했다. 어린 시절의

---

* 동종 교배로 발생한 궁극의 부작용 사례로는 전 세계 조류 생태계에 타격을 주는 조류독감을 꼽을 수 있다.

특성을 그대로 유지하는 유형진화幼形進化는 우리 인간이 다른 유인원에서 진화해온 방식의 한 부분이기도 하다. 생명은 단일세포 유기체로 시작되었지만, 배아는 날마다 다세포 생명체로 성장하는 경이로움을 보여준다.

사실 동물계의 단일세포 조상들이 단순히 자기 복제를 한다는 점을 감안할 때, 우리가 2세를 생산하는 것 자체가 굉장히 이상한 일이다. 아직도 수많은 다세포 동물은 무성 복제를 한다. 말미잘은 해안가 바위 사이 웅덩이를 꽉 채울 만큼 계속해서 복제를 한다. 편형동물은 여러 조각으로 잘려도 각각의 조각이 온전한 벌레가 된다. 그렇다면 우리도 그런 식으로 재생산하면 어떨까? 취약한 단일세포로 다음 세대를 시작하면 놀라운 장점을 얻게 된다는 사실이 이미 밝혀졌다. 이를테면 새로운 다세포 몸 안에서 질병을 없애버리기도 하고 서로 간의 협력을 촉진할 수도 있기 때문이다.

많은 사람이 기적을 이야기하지만, 실제로 기적이란 단어가 여기저기에 반복해서 등장하는 곳이 있다면 바로 새로 태어난 생명에 관한 이야기다. 새로운 인간이 세상에 나왔다는 경외심에, 혹은 송아지, 병아리, 강아지 등 인간을 제외한 동물계에 따스한 마음이 생길 때 우리는 흔히 "그건 기적이야"라고 말한다. 유기체 발달을 연구하는 과학자들은 웬만해서는 경외심을 경험하지 못한다. 아마도 그 경이로운 세상 속 세세한 사항의 여러 층위를 밝혀내는 사람들이라 그럴 것이다. 실제로 내가 이 책을 쓰려고 이야기를 나눈 많은 과학자가 아이를 낳아 키우는 부모들이었다. 당연히 그들 모두 한때는 아기들이었다. 그들은 발달 과정에 연신 경외감을 쏟아냈다. 이래서 그렇게나 많은 생물학자가 시에 빠지게 되는 걸까, 아니면 시에 빠진 마음이 발달과학에 끌리는 걸까? 앞으로 이 책을 통해서 생명의 경외감이라는 주제를 노래하는 문학가 시인의 문장과 더불어 저명한 연구자들의 시도 만나게 될 것이다.

"아이 하나를 키우려면 마을 하나가 필요하다"라는 말이 있다. 우리는 스스로 이 세상 모든 아이의 보호와 안전에 대한 사회적 책임이 우리에게 있다고 생각한다. 그래서 공립학교와 운동장을 짓고 아동 보호 체계를 규정한다. 우리가 만약 이런 관점을 넓혀 이 세상의 모든 새끼를 포함시키면 어떨까? 인간이나 하이에나나 오징어나 전갈이나, 우리는 모두 한때 연약한 새끼였다. 그 점이 왜 중요한지, 이 책이 환하게 보여줄 것이다.

1부

기쁨을 주는 소중한 새끼들

1

알

세상에 새알만 있는 건 아니야

나를 나로 만들려면, 그냥 더하면 될까
엄마 반, 아빠 반
나도 옛날엔 그러면 된다고 믿었어.
하지만 이젠 그게 아니란 걸 알아,
엄마는 절반의 유전자 말고도
너무나 많이 주었다는 걸.

- 애덤 콜, 〈어느 생물학자가 어머니날에 보내는 노래〉 중에서[1]

"앗, 엄마, 혹시 코끼리 세포가 코끼리가 되려면 2년이 걸린다는 거 알고 있어요?" 여덟 살짜리 우리 딸이 동물의 번식 이야기를 담은 동화를 읽다가 문득 묻는다. 잠시 딸아이가 말한 이 특정한 사실 때문에 어리둥절한 느낌이 든다.

"아, 그러니까 수정란을 말하는 거지?"

"아니, 그냥 세포를 말한 거였어요."

아이가 펼쳐 보여주는 책에는 만화로 포유류를 잔뜩 그려놓고 각 동물의 임신 기간을 설명하고 있었다. "코끼리 세포는 약 2년이 걸리고, 토끼 세포는 약 3주가 걸린다."[2]

"아, 이제 엄마가 알겠어. 여기서 왜 세포라는 단어를 썼는지. 그냥 그게 짧고 간단하니까 그렇게 한 거야. 근데 그러면 조금 오해할 여지가 있어. 그냥 코끼리 세포는 코끼리로 자랄 수가 없거든. 여기서 진짜 말하려는 건 수정란 세포야."

이렇게 아이와 이야기를 하고 있는데 그 순간 남편이 주방에서 큰 소리로 묻는다. "수정란은 뭐가 그렇게 특별한 거야?"

알은 우리 주변 어디에든 있다. 우리 집 냉장고 신선칸에는 스크램블을 하거나 머핀 구울 때를 대비한 달걀이 들어 있다. 매년 봄 우리 집 처마 밑에는 새의 알이 놓여 있다. 마당에 나가 아무 돌이나 막대기를 들추어보면 거미알 무더기를 발견할지도 모른다. 주변의 도마뱀 새끼 수를 감안하면, 눈으로 직접 볼 수는 없지만 거기에 도롱뇽알이 분명히 있다는 사실을 안다. 그리고 나와 딸아이의 난소 안에는 10만여 개의 난자가 있다.

알은 이 세상에서 가장 놀라운 생물학적 산물 중 하나다. 정말이지 믿기 힘들 정도다. 그것은 새로운 형태의 생명체를 만들어내는 데 필요한 모든 것을 담은, 거의 완벽한 패키지라고 할 만하다. 이렇듯 온갖 영양분이 압축된 특성 때문에 다른 동물이 가장 손쉽게 취할 수 있는 식량원이 된다. 다른 먹이처럼 도망칠 걱정도 없고 싸워 이겨야 취할 수 있는 형태도 아니기 때문에 더욱 그렇다. 인류는 이 사실을 꽤 일찍부터 알아냈으며, 오늘날 양계로 매일 달걀 30억 개 이상을 생산한다.[3] 이렇게 우리는 알 소비를 산업화시켜 온 유일한 종이지만 알을 먹는 데 푹 빠진 유일한 종은 아니다. 여우, 족제비, 쥐, 개, 뱀, 까마귀, 기타 많은 동물 모두 열렬하게 알을 소비한다. 어류는 에너지가 저하되면 다른 물고기의 알이나 심지어 자기가 낳은 알까지 후루룩 마실 정도다.

동물들이 해당 개체를 유지하는 데 필요한 것보다 더 많은 알을 생산하는 데는 이유가 있다. 위에서 언급했듯이 불가피하게 포식자들의 먹이가 되어 많은 개체를 잃기 때문이다. 이렇게 과잉 생산되는 알은 수많은 먹이그물에 영양분을 투입하면서 다양한 종과 생태계를 연결시켜 준다. 그 때문에 육지에 사는 라쿤이 바다거북의 알을 허겁지겁 먹기도 하고, 나무를 기어오르는 뱀이 하늘을 나는 새의 알을 삼키기도 한다. 이렇듯 야생에서 알이 다른 동물에게 먹히는 순환 고리가 이어진다. 부모 동물은 더 많은 알을 생산하고, 그로써 잡아먹힐 수 있는 알도 더 많아진다. 결국 이 사실은 새끼 동물들이 부화하기도 전에 풍부한 식량 공급원으로 세상 속에서 중요한 존재가 된다는 뜻이다.

하지만 수적으로 밀어붙여 안전을 보장하는 방식이 알이 생존하는 유일한 희망 조건은 아니다. 동물은 알을 숨기고 보호하기 위해서 외피 껍질(껍데기), 얇은 막주머니(막낭), 둥지, 새끼주머니, 자궁 등 여러 가지 영리한 전략을 발달시켜 왔다. 한편 이런 보호 전략이 배아를 너무 철저하게 분리하거나 떼어놓으면 실패한다는 점을 명심해야 한다. 이를테면 완전히 공기가 통과할 수 없게 보호할 경우 새끼는 숨을 쉬지 못할 수 있다! 알 자체가 관통할 수 없는 벽이 되어선 안 된다. 그렇게 되면 한창 발달 중인 새끼와 환경이 서로 분리된다. 그 대신 새끼에게 필요한 환경을 걸러주고 해석해야 한다. 1차 세포 분리부터 시작해 배아의 궤도는 주변 세상에 의해 형성된다. 어미가 알에게 넣어주는 영양분은 평소 어미의 먹이와 전반적인 건강에 따라 달라진다. 사냥에 나선 포식자의 물리적 진동뿐 아니라 산소, 온도, 화학물질 등도 모두 알껍데기와 막을 훑고 지나간다.

이것이 바로 수정란의 '대단한 점'이다. 수정란은 고유한 동물로 성장해갈 수 있는 원재료, 안내사항(설명서), 부품과 조직의 총합이다. 그것도 환경적 투입 요소까지 미리 설치된 일괄 패키지다. 발생이 시작되는 순간, 당장 취할 수 있는 먹이와 잠재적 위험을 알리는 여러 신호가 난자 세포 안에 통합된다. 그 순간은 내부 유전자 시계가 아니라 정자 세포와의 외부 접촉으로 결정된다. 난자는 수정을 통해 활동이 촉발되기 전에는 수십 년 동안 휴면 상태로 지내기도 한다. 이번 1장에서는 세포가 새끼로 변하는 배아 발달 과정을 따라가볼 것이다. 당연히 그 여정의 발걸음마다 배아를 둘러싼 환경이 어떤 형성 역할을 하는지 알 수 있다.

⊙ 난자(그리고 정자) 안의 모든 것

어째서 우리는 혈액 세포나 뇌 세포, 피부 세포에서 완전히 새로운 동물로 자랄 수 없는 걸까? 인류는 오랫동안 이 문제를 궁금해했다. 예전에는 정자 안에 아기를 만드는 원재료 물질이 다 있어 자궁이라는 '비옥한 땅'에 '심어주기'만 하면 된다고 생각한 적도 있다. 이런 이유로 정액을 가리키는 단어 'semen'은 '씨앗'이라는 뜻이다. 하지만 이제는 난자와 정자가 각각 세포의 이형으로 DNA의 절반을 차지하고 있으며 둘 다 특별하다는 사실을 잘 알고 있다. 이 절반의 둘은 수정이 이루어지면 완전히 새로운 온전한 하나로 결합된다. 난자와 정자가 DNA에서는 거의 똑같은 몫을 담당하지만, 난자 안에는 추가로 꼭 필요한 성분이 담겨 있다. 쑥쑥 자라는 배아에게 영양분을 공급하는 난황, 유전자를 해독하는 단백질, 에너지를 제공하는 미토콘드리아가 바로 그것이다.

미토콘드리아는 난황이나 단백질만큼 귀에 익지 않을 것이다. 하지만 인간의 몸속에는 세포보다 미토콘드리아가 더 많다! 그것은 에너지 공장으로, 어떤 세포에는 1000개 이상의 미토콘드리아가 들어 있다. 동물은 미토콘드리아를 스스로 만들지 않고, 받아들이는 것을 택했다. 미토콘드리아는 10억여 년 전에 동물 세포의 전구체가 삼킨 독립생활 박테리아의 후손이다. 시간이 흐르면서 이 박테리아는 인간 세포 구조의 한 부분으로 단순화되었지만, 우리 DNA와 별도로 그 안에 그들만의 DNA를 유지했다. 우리 DNA의 대부분은 세포핵 안에 저장되어 있다.

난자와 정자 둘 다 미토콘드리아가 있으며, 사실 미토콘드리아의 에너지는 동물 정자가 난자를 찾아 유영하는 데 결정적이다. 하지만 절대 다수의 동물에서 정자 미토콘드리아는 수정 후에 파괴된다.[4](단, 홍합은 특이한 예외에 속한다. 수컷 배아가 부계 정자 미토콘드리아를 보존하고 훗날 정자를 생산할 세포 안에 격리한다. 그래서 수컷 미토콘드리아 DNA는 세대를 거치면서 정자에서 정자로만 전해진다. 그 이유는 아무도 모른다.)[5]

따라서 핵 DNA는 양쪽 부모에게 물려받지만 미토콘드리아 DNA는 모체로부터만 받게 된다. 과학자들은 암컷 생쥐가 난세포를 만들 때 심하게 돌연변이인 미토콘드리아를 걸러낸다는 사실을 증명했다. 그러니 그들의 후손은 가장 좋은 미토콘드리아를 받는다.[6] 인간을 포함한 다른 동물도 똑같은 과정이 이루어지는 것 같다. 앞서 소개한 〈어느 생물학자가 어머니날에 보내는 노래〉에서도 "지금 내가 가진 모든 것의 절반보다 조금 더 많은 부분은 엄마에게 감사해야 하는 것"이라고 암시함으로써 영양분과 단백질은 물론 핵 DNA와 미토콘드리아 DNA의 결합을 설명한다.[7]

많은 종에서 난자는 정자 없이 완전한 기능을 갖춘 성체로 발달할 수 있을 만큼 자급자족이 가능하다. 수정되지 않은 꿀벌 난자는 수컷 성체로, 수정되지 않은 진딧물 난자는 암컷 성체로 발달한다. 도마뱀 중 많은 종은 수정되지 않은 난자가 암컷 성체로 발달하는데, 이 시스템이 너무 잘 돌아가면서 이제 적어도 한 가지 종에서는 수컷이 하나도 남지 않게 되었다. 수정되지 않은 조류 난자 중 배아로 발달한 상태로 발견되는 것도 있지만, 대개는 세포 껍질 안에서 죽는다. 그런데 2021년에 깜짝 놀랄 만한 예외 사례가 보고되었다. 샌디에이고 동물원에서 대형 독수리, 콘도르 번식 프로그램을 진행하던 과학자들이 미수정란 두 개가 성공적으로 부화했다는 사실을 깨달았다.[8] 이와 같이 수정 없는 번식 유형은 '단위생식'이라고 불린다. 이 단위생식이 몇몇 종의 번식 습관에서는 주된 방법이지만 동물계 전체에서는 법칙이라기보다 예외에 해당한다.

정자 세포의 유전적 역할 분담은 보통 초기 발달이 시작될 때 필요하다. 그렇기 때문에 우리 집 냉장고 안의 달걀과 내 몸속 난소의 인간 난자가 분주하게 성장 작업을 하지 않는 것이다. 반면 둥지 속 새알과 바위 밑 거미알은 성장하느라 분주한 것이 확실하다. 최근 연구에서는 일부 종에서 정자의 비유전적 역할 분담을 밝혀내고 있다. 과거에 '전성론자들'이 믿었던 것처럼 정자 세포 안에 완전한 형상으로 세상에 나올 준비가 된 축소형 인간은 확실히 없다. 그런데 이와 관련해 내가 깜짝 놀랄 만한 중요한 사실을 발견했다. 그것은 바로 환경 조건에 대한 정보다.[9] 영양 불균형과 식이 결핍을 겪거나 독성 화학물질에 노출된 부계는 후손에게 그대로 전해질 정자를 어느 정도 수준에서 바꾸어 버린다. 그런 변경 기제는 과거에 위험하거나 힘겨운 환경에 적응해 자체 조정한 결과로 보인다.

⊙ 완전한 무에서 배아가 만들어지는 마법

캘리포니아만에서 훔볼트오징어 난괴를 발견하고 2년이 지난 2008년, 나는 번식 생물학을 알아가는 나만의 여정에서 두 가지 큰 발자국을 내딛었다. 첫째, 결혼을 했다. 둘째, 결혼 후 이어지는 오랜 관습을 따라 새끼를 여럿 만들었다. 하지만 사람 아기가 아니라 내 배우자와 무관하게 만든 것이었다.

당시 우리는 캘리포니아주 몬터레이에 살면서 둘 다 홉킨스 해양 기지Hopkins Marine Station에서 일하고 있었다. 이곳은 스탠퍼드대학교의 위성 캠퍼스로 미국 태평양 연안 서부 해안에서 가장 오래된 해양 연구소였다. 나는 2005년부터, 파트너 앤턴은 나와 함께하려고 2007년부터 거기서 대학원 과정을 밟고 있었다. 우리 기관이 생체역학 연구소라 특수 장비를 구축하기 위해 원래 엔지니어였던 앤턴을 채용한 것이다.

앞에서 이야기했듯 훔볼트오징어 난괴를 갖고 멕시코에서 이곳 캘리포니아로 복귀한 뒤 그 난괴에서 부화한 오징어 유생의 행동을 기록했다. 한 2주 동안 먹이를 주려고 온갖 시도를 다 하면서 마지막 한 마리가 죽을 때까지 최선을 다했다. 그때 이후로 더 이상 난괴를 만나지 못했다(약 10년 뒤인 2015년에 다른 과학자들이 또 한 번 훔볼트오징어 난괴를 발견한 것으로 알고 있다).[10] 나는 연구에 필요한 새끼를 얻기 위해서 계속 체외수정을 이용했지만 살아 있는 건강한 배아 생산은 정말이지 힘든 일이었다. 나에겐 좀 더 많은 훈련이 필요했다.

나는 서부 해안에서 두 번째로 오래된 해양 기지인 프라이데이 하버 해양 연구소Friday Harbor Marine Laboratory(이하 '프라이데이 하버')에서 진행하는 세계적으로 유명한 발생생물학 강의를 목표로 삼았다. 지난 100년 동안 매년 여름이면 전 세계 해양생물학 학생들과 연구자들이 협업하고, 가르치고, 연구하기 위해 워싱턴주 북서부 퓨젓 사운드만의 프라이데이 하버로 몰려들었다.

목표한 대로 그 강의에 지원했고, 합격했다. 공교롭게도 강의는 결혼식 2주 뒤에 바로 시작되었다. 그 때문에 앤턴과 나는 보통 사람들은 생각지 못하는 신혼여행을 가기로 결심하고 몬터레이에서 퓨젓 사운드의 산후안섬까지 자동차 여행을 감행했다. 축축하고 눅눅한 몇 곳의 야영지, 진드기, 새로운 시댁 친척들과의 파티, 난생처음 탔던 카페리 등의 기억이 생생하다. 그 여정을 거쳐 마침내 프라이데이 하버 구역 안에 먼지 풀풀 나는 오래된 수동 변속 자동차를 주차했다. 앤턴은 비행기를 타고 몬터레이로 돌아갔고, 나는 그다음 달 내내 인간 역사상 새 신부가 관습적으로 해왔던 일을 계속 진행하면서 보냈다. 바로 산란이었다.

프라이데이 하버에서 보내는 2주 동안 불가사리, 성게, 해삼, 바다달팽이, 바다민달팽이, 장새류, 갯지렁이, 새우, 게, 그리고 이끼벌레 새끼를 만들었다. 작은 하마처럼 생긴 유충과 우로보로스처럼 자기 몸을 삼키는 유생도 처음 접했다. 바다에서 일어나는 엄청나게 다양한 번식 습성도 새롭게 배웠다. 어떤 종은 물속에 난자와 정자를 마음대로 뿌려놓고 스스로 수정란 세포가 되기까지 방임했고, 어떤 종은 알을 수정시키지만 배아는 그대로 풀어놓았으며, 어떤 종은 해저에서 수정란을 보호하기도 하고 심지어 부화할 때까지 몸속에 품고 있었다.

도착한 첫날부터 가장 인상 깊었던 점은 배아 실험실 내부의 청결을 매우 중요하게 지켰다는 것이다. 우리가 사용한 모든 유리 제품과 접시와 비커에는 '배아embryo'를 뜻하는 'E'를 표기해두었다. 절대로 방부제가 닿으면 안 된다고 알리기 위한 조치였으며, 오직 물로만 씻을 수 있었다. 당시 나는 이것이 우리의 최종 목표, 성공적으로 동물을 발달시키는 여정의 필수 단계라고 생각했다. 지금 그 시절을 돌아보니 나는 배아라는 존재의 눈에 띄지 않는 민감한 성질, 그 예민함에 마음을 빼앗겼던 것 같다. 야생 자연의 동물 발달에서 여러 유형의 오염인자가 바다와 하늘, 육지 어디에든 존재한다는 것은 대체 어떤 의미일까? 현실 세상에 '배아가 살 만한 깨끗한' 곳이 있기는 한 걸까? 아마 그렇진 않을 것이다. 그럼에도 배아의 발달이 전면 중단되지는 않았다. 분명히 우리가 아직 수량화하지 못한 숨은 변화들이 수두룩하다. 이를테면 부화와 변태를 통한 생존 가능성이 줄어드는 일, 더 많은 수정란을 보호하기 위해 부모 동물이 환경에 적응하는 일, 또는 깨끗하지 못한 환경에 대처하려고 배아가 적응하는 일 등 변화 요인은 다양하다.

발달 연구는 수정 작업으로 시작되었다. 우리는 다양한 성체 동물에게서 정자와 난자를 추출해 적정 비율로 혼합하는 법을 익혔다. 생물학자들이 그 옛날 처음으로 현미경을 통해 수정 현상을 관찰하기 시작했을 때부터 줄곧 매료되었던 자연의 불가사의에 빠져 우리도 왁자지껄 축하를 보내며 기뻐했다. 정자가 난자 수보다 절대 우세하고 수천 혹은 수백만 마리 이상이지만, 단 하나의 정핵만이 난자 안으로 들어간다. 초창기엔 많은 발생학자가 정자 안에 발달에 중요한 모든 물질이 들어 있다는 해묵은 개념을 고수하며, 정자 스스로 여러 개가 들어가는 것 자체를 막는 역할을 한다고 추측했다. 하지만 위대한 생물학자 어니스트 에버렛 저스트Ernest Everett Just는 난세포의 놀라운 구조가 다수의 정자를 통한 수정 작업을 차단한다는 사실을 입증했다. 실제로 그는 수

어니스트 에버렛 저스트(1883~1941)는 시카고대학교에서 동물학 박사 학위를 받았으나 미국 학계 내 인종차별주의 때문에 전문 연구자로서 일할 기회에 제약이 따랐다. 그런 연유로 그가 이룬 엄청난 다수의 실험은 미국보다 그를 따뜻하게 맞이해준 유럽 환경에서 이루어졌다.

정란 속에서 확실하게 정자 접근을 막는 두 가지 변화를 관찰했다. 하나는 재빠른 전기적 차단과 그보다 조금 느린 기계적 차단이었다.[11] (오늘날 과학자들은 난자 안으로 다수의 정자를 허용하는 두 가지 예외 동물 그룹을 발견했다. 빗해파리류와 화살벌레 등 모악동물이다. 정말이지 이 현상에 대해 곰곰이 생각할 때마다 아직도 압도되고 혼란스러운 마음이 든다. 이들 난세포 핵이 자기와 융합할 정핵 하나를 선택해 새로운 개체의 게놈을 형성한다니 말이다. 남은 정핵은 모두 붕괴된다.)

저스트는 계속해서 새로 형성된 배아 세포가 분열을 하면서도 서로에게 계속 달라붙을 수 있는 방법을 자세히 설명했다. 그리고 발달에서 각 세포의 양상에 집중하면서도 자연환경의 중요성에 열정적으로 관심을 갖고 고려하는 것을 잊지 않았다. "어떤 면에서 우리는 환경의 적합성이나 유기체의 적합성을 구분해서 말해선 안 된다. 오히려 유기체와 환경을 하나의 반응체계로 간주해야 한다."[12] 하지만 그가 이렇듯 환경과 발달의 통합성에 필요한 논거를 확실히 밝히고 있던 바로 그 시점에 생물학 분야는 발생학과 발생생물학이라는 두 개의 영역으로 파열되는 과정을 거치고 있었다.

DNA와 그 유명한 이중 나선은 아직 발견되기 전이었다. 여전히 과학자들은 배아에게 성장하는 방법을 말해주는 '결정 요인'이나 설명서 같은 것을 찾아내려고 했다. 토머스 헌트 모건Thomas Hunt Morgan은 발생학자로 연구를 시작했다가 이 결정 요인의 위치를 확인하면서 오늘날 우리가 말하는 유전학을 창시했다. 그는 염색체(오늘날 우리가 알고 있듯 복잡하게 감긴 실처럼 DNA 실타래로 이루어진 세포핵의 구조물) 안에 유전의 메커니즘이 들어 있고, 염색체 변화가 돌연변이로 이어질 수 있다는 사실을 입증하게 위해 일련의 실험을 실시했다.

이 실험은 어느 염색체, 어느 DNA 염기 순서가 발달의 어느 부분을 통제했는지 알아낼 수 있는 가능성을 활짝 열었다. 이런 연구들은 유기체를 자립하는 체계로 바라보았고 사고의 측면에서 중대한 변화로 이어졌다. 그 변화란 실제 환경에서 살아가는 동물에 대한 생태학적 연구에서 벗어나 추상적이고 이상화된 모델로 이동한 것이다.[13]

이렇게 발생생물학이 탄생해 유전학과 복잡하게 얽히게 되었다. 발생생물학자들은 더 이상 자연 조건에서 발달한 배아를 관찰하는 데 관심을 두지 않은 채, 실내로 들어와 대형 대학교와 의학센터에 실험실과 연구소를 지었다. 한편 발생학의 전통은 전 세계 해양 기지가 있는 바다에서 간신히 이어나갔다. 바다는 성게, 바다달팽이, 기타 여러 풍부한 동물이 끊임없이 알을 제공해주었다.[14] 프라이데이 하버는 그와 같은 고전 발생학의 수호자였다. 내가 그곳에서 여름을 보내며 여러 발생학자 중 타의 추종을 불허하는 리처드 스트라스만 박사에게서 배울 수 있었던 것은 정말 행운이었다.

리처드는 메구미 스트라스만Megumi Strathmann과 같이 언급해야 하는데, 두 사람은 결혼과 연구 면에서 끈끈한 동반자이기 때문이다. 둘 다 배아 전문가로서 인간적으로 친절하고, 배려심 많고, 연구 면에서는 호기심이 강하고 엄격한 사람들이다. 이렇게 비슷한 둘의 가장 두드러진 차이점은 바로 키다(어쩌면 이 점 때문에 내가 두 사람을 좋아하게 된 것 같다. 우리 부부도 똑같은 상황이라 나도 메구미처럼 남편보다 머리 하나 크기만큼 키가 작다). 그들은 1965년 신혼부부로 이곳 프라이데이 하버에 처음 온 이래 지금까지 수십 년간 얼마나 멋진 연구를 수행하고 훌륭한 수업을 해왔는지, 이 책을 쓰려고 내가 인터뷰한 거의 모든 사람이 스트라스만과 연결되어 있었다.

프라이데이 하버에서 보낸 그 여름의 가장 기억에 남는 점은 끊임없이 경이로운 기분을 느꼈다는 것이다. 날마다, 시간마다 우리의 배아들은 새로운 무언가를 보여주었다. 하나의 세포가 둘이 되고, 그다음 넷이 되고, 다시 여덟 개가 되었다. 미분화된 동그라미 방울이 앞과 뒤, 안과 밖으로 몸이 되어갔다. 아무리 봐도 어느 특정 동물과도 확실한 유사성이 전혀 없는 배아 방울이 어느 순간 갑자기 선명한 껍데기와 골격, 팔과 촉수를 싹틔웠다.

우리 몸속의 모든 세포는 수정란 한 개의 산물이다(몸속의 공생체는 제외한다. 이에 대해선 나중에 좀 더 깊이 논의할 것이다). 모든 세포는 똑같은 유전자를 갖는다. 이를테면 피부 세포가 간이나 다른 기관처럼 보이지 않고 피부처럼 보이는 이유는 발달 과정에 걸쳐 서로 다른 유전자가 서로 다른 세포 안에서 켜지고 꺼지기 때문이다. 모든 기관의 분화가 이루어지기 전에, 겨우 몇 개의 세포로만 존재할 때도 각 세포는 이미 거의 모든 것을 할 수 있는 능력을 지닌다. 바로 이 초기 단계에서 배아가 손상을 입으면 세포 자체가 워낙 유연하고 강하기 때문에 대개는 쉽게 보상된다.

초기 배아는 찢겨지고 깨진 상처를 치료할 수 있는 놀랄 만한 능력을 갖고 있다. 이 사실은 1800년대 말부터 지금까지 발생학 연구에 결정적인 요소였다. 왜냐하면 과학자들은 배아가 작동하는 방법을 알아내기 위해 끊임없이 배아를 자르고, 찌르고, 뭔가를 주입했기 때문이다. 하지만 1990년대부터 연구자들은 그 상처가 회복되는 과정을 조사하기 시작했다. 그때 몇 가지 연구를 통해 배아가 작은 세포막 조각으로 상처를 꿰매거나, 심한 상처일 경우 대형 세포막을 가져다 붙인다는 사실을 발견했다. 사실 연구자들이 메스를 들고 배아를 완전히 자르는 일은 거의 없다는 점을 감안한다면, 이것은 불필요한 재능처럼 보이기도 한다. 그러나 알다시피 야생 자연은 실험실만큼 친절하지 않은 곳이다. 그러므로 회복 기술은 거친 파도와 폭풍우, 혹은 포식자에게 상처를 입은 후에 유용할 것이다.[15]

앞서 저스트가 발견했듯이 보통 배아 세포는 증식하면서 꼭 붙어 있다가 마지막에 가서 가장 기본적인 기관과 몸을 형성한다. 하지만 세포 간의 접착이 깨져 배아가 둘 이상의 조각으로 분리되면, 각 조각은 독립적으로 발달해 기능할 수 있는 성체가 될 수 있다. 사실 그 분리 지점에서 일란성 쌍생아가 생긴다. 사람에게서는 흔하지 않지만, 이런 유형의 쌍태 형성은 다른 종에서는 매우 규칙적으로 발생한다. 가령 모든 아르마딜로의 수정란은 네 개의 별도 배아로 분리되며, 각 배아는 정확히 똑같은 유전자를 갖는다. 아르마딜로 어미는 임신을 하고 네쌍둥이를 낳는 일을 계속한다.[16] 그런데 그 네 마리가 많이 닮아 보인다 해도 잠시 기다리면 좋겠다. 바로 다음에 나올 기생말벌을 만나면 겨우 네 개를 만드는 아르마딜로쯤은 아무것도 아니라는 생각이 들 것이다.

◎ 공포, 도구, 아니면 그저 좋은 어미?

나에게 남아 있는 초등학교 1학년 때의 기억 중 하나는 교복에 붙어서 무릎 뒤를 계속 찔러대던 땅벌이다. 그런 일을 겪은 이후 이 까맣고 노란색의 곤충에게 혐오감이 생겨나는 사람이 나만이 아닐 것이다. 사실 사람들 사이에서 말벌에 대한 공포는 꿀벌에 대한 공포보다 훨씬 더 팽배하다.[17] 하지만 이 기생말벌parasitoid wasp의 습성을 알게 되었을 때, 한낱 찌르기 혹은 쏘기에 불과한 행동이 거의 터무니없는 위협 수준으로 시들해졌다.

우리가 인간이고 곤충이 아니라는 사실을 감안한다면, 남의 불행을 은근히 기뻐하는 사소한 심리를 따라 계속 읽어주기 바란다. 그러다 보면 기생말벌이 우리 인간을 목표로 삼지 않는다는 사실을 확신할 수 있기 때문이다. 한편 대부분의 곤충은 하나 이상의 포식기생자parasitoid에게 취약한 상태로 계속 존재한다. 대개 이런 말벌은 땅벌과 크게 달라 보이지 않지만 땅벌보다 훨씬 작으며, 몸 색깔도 단순히 갈색이나 검은색을 띠고, 톡 쏘는 침 대신 가늘고 긴 산란관을 갖고 있다. 이 산란관은 다른 곤충의 알이나 유충 속에 자기 새끼를 주입하는 데 사용한다. 이 작은 말벌 유충은 숙주 안에서 자라는 동안 성체로 변태 준비를 할 때까지 자기보다 더 큰 숙주의 유충 내장을 야금야금 먹어 치운다. 그러고는 자기 갈 길로 유유히 빠져나온다.

어떤 말벌은 살아 있는 먹이가 움직이지 못하도록 마비용 독침을 쏘고 그동안 새끼 말벌은 먹이를 아작아작 먹어 치운다. 이 악몽 같은 먹이 공급 방식에는 그만한 이유가 있다. 먹잇감이 죽으면 사체는 즉시 미생물에게 넘어가는데, 죽은 먹이는 새끼가 먹기엔 맛이 없으며 자칫 중독될 수도 있기 때문이다. 한마디로 말하면 먹이가 신선한 상태로 있어야 영양분을 유지하기 때문이다.

그 외의 많은 기생말벌은 먹이를 마비시킬 필요조차 없다. 숙주 유충이 잡아먹히는 역할을 할 수 있도록 말벌 새끼의 발달 속도가 절묘하게 맞춰져 있다. 그 결과 외부 먹이를 공급하지 않고 숙주의 유충 안에서 그것을 먹어 치우면서 성장한다. 숙주는 자기도 모르는 사이에 품고 있던 말벌이 변태를 거쳐 성충으로 탁 터지는 시점에 죽게 된다. 어떤 숙주는 그 소름끼치는 상황을 겪은 직후에 잠시 생존하기도 하지만 개체로서의 성숙과 번식은 전혀 해낼 수가 없다. 이런 연유로 이들 말벌을 포식기생자라고 부른다. 포식기생자는 항상 자기 숙주를 죽이는 동물로 숙주를 거의 죽이지 않는 기생충parasite과 다르다(촌충에서 바이러스까지 평범한 기생충은 오히려 숙주를 살려둔 채 새끼들을 새로운 숙주에게 활발하게 확산시킬 때 가장 성공적이다).

그 전략이 잘 통하면서 기생말벌은 지구상에서 가장 종이 풍부한 곤충 집단으로 등극해 사실상 기술되는 모든 동물 종의 25퍼센트를 차지하는 것으로 보인다. 아마도 수만 개가 넘는 종으로 유명한 딱정벌레보다 훨씬 많을 것이다[18](단, 대부분의 말벌은 아직까지 전문적으로 기술되지 못한 상태임을 감안해야 한다). 포식기생자가 이렇게 수많은 종으로 다양하게 만들어질 수 있었던 것은 바로 그들의 특수한 분화 능력 때문이다. 가장 놀라운 능력 한 가지가 하위 집단 한 곳에서 나타나는데, 그 집단은 복제 알을 낳는다. 이는 쌍태 형성이나 네쌍둥이 차원을 넘어서는 일이다. 말벌 배아 하나가 증식해 수천 개의 말벌이 되는 것이다. 그 결과 발생한 수천 마리의 형제자매는 유전적으로 동일하지만 개미 왕국 체계처럼 확실한 유충 계급으로 발달하는 능력을 지닌다. 이를테면 번데기가 되지 못하고 죽는 '병정' 유충이 있고, 반대로 성충이 될 수 있는 '번식' 유충이 있다. 이렇게 분화된 발달은 유전자 신호가 아니라 환경적 신호로 촉발된 현상임이 분명하다. 이것은 꼬마깡총좀벌*Copidosoma floridanum* 연구로 밝혀졌다. 이 말벌은 각다귀보다 작고, 나방 유충에 아주 작은 알을 낳는다. 연구자들의 발견에 따르면 이 종의 복제 배아는 자기와 같은 숙주에 기생하는 다른 종의 말벌이 있다는 사실을 감지하면 번식 유충보다 병정 유충을 더 많이 생산한다. 이렇게 방어용으로 추가 투입하는 전략은 맞서 싸워 방어해야 할 뭔가가 있을 때 가치를 발한다(물론 이는 오히려 공격이 되기도 한다. 그렇게 발생한 병정 유충이 관련 없는 말벌 새끼까지 찾아 죽이기 때문이다).[19]

지금까지는 배아였지만, 다른 종에서는 모체가 자신이 처한 환경을 파악해 발견한 것을 기초로 결정을 내린다. 역시 각다귀 크기에도 미치지 못하는 종인 파리금좀벌 암컷은 다른 동료가 낳은 알을 찾으면서 숙주가 될 만한 것을 따져본다. 그러고는 이 정보를 활용해 저장된 정자로 난자를 수정시킬지 결정한다(암벌은 혼인비행 후 정자를 저정낭에 계속 보관한다). 말벌도 꿀벌처럼 미수정란에서 수벌을, 수정란에서 암벌을 만든다. 그러므로 어미 말벌은 성별이 무엇이든 더 많은 손자를 낳아줄 가능성이 있는 자손을 더 많이 만들어내니 이득이다. 그런 면에서 딸이 손자를 더 많이 볼 수 있는 믿을 만한 개체다. 독자 생존이 가능한 알을 낳는 데 수벌 짝이 필요 없기 때문이다. 아들은 어떤 짝도 찾지 못하면 더 이상 손자를 낳을 수 없다. 그러나 만약 짝을 많이 구한다면 여자 형제들보다 더 많은 자손을 낳을 수 있다. 따라서 어미 말벌은 양육

장소로 마음을 정한 숙주 내부에 다른 말벌의 수정란이 얼마나 들어 있는지 살핀 다음 그 숫자를 기초로 자기가 낳을 알의 성별을 조정한다. 가령 숙주 안에 다른 말벌의 수정란이 많으면 장차 자기 아들이 짝지을 암벌이 많아질 것이므로 미수정란을 더 많이 낳는다는 뜻이다.[20]

지금까지만 보면 기생 포식하며 살아가는 말벌을 '나쁜 놈'이라고 생각하겠지만, 사실 우리 인류는 이 말벌을 '좋은 놈'으로 활용한다(여담이지만, 실제로 찰스 다윈은 말벌을 전지전능하고 자애로운 창조자의 존재성에 도전하는 의문투성이의 수수께끼라고 생각했다). 꼬마깡총좀벌은 농작물을 먹어 치우는 나방을 쫓아다니고, 파리금좀벌은 질병을 실어 나르는 파리를 목표로 삼는다. 그 외의 다른 기생말벌 종은 농업 해충 종의 침입을 차단하기 위한 생물학적 방제 방법으로 방출되어 왔다. 그러므로 이런 이상한 곤충의 번식과 발달을 이해하면 할수록 그 곤충을 활용하는 효율성도 더 높아질 수 있다.[21]

⊙ 우리는 협력하는 세포들로 이루어진 존재

대학 시절의 전공 교재 《발생생물학Developmental Biology》은 이렇게 시작한다. "배아 형성은 인간이 장차 하게 될, 가장 어렵고 힘든 일이다. 그도 그럴 것이 겨우 세포 하나에서 자기를 만들어내야만 했다. 폐가 생겨나기도 전에 호흡해야 했고, 소화관이 생기기도 전에 소화시켜야 했고, 흐물흐물한 상태에서 뼈를 만들어내야 했고, 생각하는 법을 알기도 전에 일련의 정돈된 신경세포를 형성해야 했다. 인간과 기계의 결정적 차이점 중 하나는, 기계는 다 만들어질 때까지 본래 기능을 하도록 결코 요구받지 않는다는 것이다. 반면 모든 동물은 스스로를 만들어내면서 동시에 제 기능을 해야만 한다."[22]

아직 완성되지도 않았는데 기능까지 해야 한다는 게 얼마나 어려운 일인지 알기 때문에 저 말을 들으면 '아니, 우린 왜 그걸 다 해야만 하는 거지?'라고 의문이 생길 수 밖에 없다. 그렇다고 다른 선택은 없는가 하면 딱히 그런 것도 아니다. 이 세상엔 다른 유형의 번식도 얼마든지 가능하다. 가령 말미잘 성체는 자기 복제를 통해 두 개로 분리할 수 있다. 산호, 해면동물, 일부 불가사리, 그리고 많은 벌레가 이렇게 할 수 있다. 일반적으로 난자나 정자, 혹은 수정자를 만들어서 번식할 준비를 갖춘 성체는, 말하자면 성공한 성체다. 건강하다는 뜻이고, 아마도 좋은 장소에 살고 있을 것이다. 그렇다면 최종 성체 두 개를 만들기 위해 자기 복제를 하면 안 될까? 어째서 동물들은 완전히 새로운 성체를 만들기 위해 맨땅에 헤딩하듯 무의 상태로 단일 생식세포를 만들어 시작하는 걸까?[23]

첫째, 암수라는 성은 아주 그럴듯한 이유가 된다. 복제나 출아出芽, 말미잘 방식은 무성생식의 한 형태다. 무성생식은 이전 세대와 유전적으로 동일한 새로운 개체만 만들 수 있다. 반면에 유성생식은 유전자가 이리저리 섞이면서 유전적으로 새로운 개체를 만들어낼 수 있다. 이를 통해 변화무쌍하고 다양한 환경에 더 잘 적응하는 맞춤형 개체가 새롭게 태어날 수 있다. 우리 유전자와 다른 개체 유전자를 섞기 전에 단일 세포로 단순화된다는 것은, 유성생식으로 생산된 유기체를 통해서 둘을 섞은 유전자가 세대를 거치면서 꾸준히 재현된다는 뜻이다.

둘째, 병원체를 쫓아버릴 수 있는 것도 좋은 이유다. 부모의 몸으로부터 난자 세포나 정자 세포로 전달될 수 있는 질병이나 전염병은 아주 소수에 불과하다. 내부 기관에 서식하는 체내 기생충, 피부 표면으로 기어 다니는 진드기, 혈액을 따라 이동하는 기생 생물 등은 전부 단일세포를 따라 들어온다. 단일세포는 아직 소화관과 피부와 혈액조차 없는 상태다.

셋째, 아직 입증되지 않았고 논란의 여지도 있지만, 세포들 사이의 경쟁과 협력 문제와 관련이 있다. 수십억 개의 세포는 똑같은 수정란에서 파생되었기 때문에 당연히 똑같은 유전자를 갖는다. 하지만 생애 전반에 걸쳐서 그 세포들은 서로 다른 경험을 해왔다. 그 결과 서로 다른 유전자가 커졌다가 꺼지기도 했고, 서로 다른 호르몬과 화학물질이 여러 가지 농도로 세포 주변을 둘러싸기도 했다. 이렇게 변화가 조금씩 쌓이면서 이런 가능성이 떠오른다. 하나의 동일한 유기체에 속하는 세포들이 협력을 위해서라면 서로 다른 비용과 혜택을 경험할 수도 있다는 점이다. 그러니까 단일세포로부터 각기 새로운 유기체를 출발시켜 생성한다는 것은 기관 자체를 '리셋'하는 것이다. 세포들 사이에 축적된 차이를 싹 씻어 없애는 것이다. 어쩌면 그 차이는 세포들 간의 갈등이나 충돌로 이어질 수도 있기 때문이다. 새로 탄생한 유기체 안의 모든 세포는 다시 한번 동일한 환경의 역사와 함께 시작하면서 기능적이고 실용적인 동물을 생산하기 위해서 더욱더 협력할 수 있게 된다.[24]

암은 세포 협력 면에서 실패나 고장이 발생한 극적인 사례다. 종양 내 세포들은 '탈주자'가 되어 자신에게 유리한 자원을 증식하고 전용하면서, 유기체의 나머지를 손상시키거나 파괴한다. 하지만 종양 세포가 부모에게서 자손에게 전해지는 경우는 극히 드물다. 모든 동물은 발달 초기에 난자와 정자를 생산하는 세포를 착실하게 챙기고, 그 세포를 몸의 나머지 기관에서 격리하기 때문이다. 따라서 그 변절자 세포로부터 미래 세대를 보호하기 위해서, 그리하여 새로운 환경에서 서로 협력하는 새로운 출발을 보장하기 위하서 이른바 '단일세포 병목현상'이 진화되어 온 것 같다.

"우리는 일군의 협력적 세포로 이루어진 존재죠. 걸어 다니는 세포 집단이라고 할까요." 생물학자이자 조각가인 페르난다 오야르준Fernanda Oyarzun의 말이다. 그녀는 스트라스만의 제자로 프라이데이 하버에서 발생학 강의를 했고, 나는 그 수업을 들었다. 오야르준은 연구와 강의 재능뿐 아니라 예술적 기술까지 나누어주었다. 사진으로 잘 보이지 않는 것을 관찰하려면 배아를 직접 그려보라고 권했다. 예술가가 권하는 생물학자의 유용한 실행 도구였다. 그녀가 발달 현상을 경이롭게 바라보는 태도와 생각이 고스란히 전달되었다. "현미경 아래서 유기체가 발달하는 모습을 보면, 마치 조각 작품이 스스로 만들어지는 장면을 보는 것 같아요. 세포 하나가 그냥 혼자 가다가 나누어지더니 두 개가 되고 다시 네 개가 되잖아요. 정말 너무 멋지지 않아요?"[25]

다소 유감스럽지만 이 시점에서 미리 언급해두어야겠다. 발생학자들은 초기 유기체 발달에 매료되어 순수한 감정을 드러낼 수밖에 없었고, 그것을 기술하기 위해 수많은 신규 전문용어를 만들어냈다. 생물학적 전문용어가 으레 그렇듯이 신조어는 그것만의 사용법이 있는데, 시각화할 수 있을 때 그 의미를 파악하기가 좀 더 쉬워진다. 배아의 가장 초창기 단계는 '접합체zygote'라고 부른다. 암수 접합으로 생긴 분할 이전의 수정란을 뜻하며, 여기서 분할을 거듭해 두 배씩 증식한다. 결국 그 수정란은 하나의 세포 덩어리 혹은 세포 방울이 되는데 이를 '상실배morula'라고 부른다. 상실배 세포는 아직 할구 분별이 되지 않아 모두 똑같아 보인다. 바로 이 단계에서 말벌 배아는 수많은 쌍둥이 형제자매로 분할된다.

그다음 상실배 세포는 주변부로 이동해 속이 텅 빈 구형을 형성하는

데 이를 '포배blastula'라고 부른다. 이 과정은 놀이를 하자고 우르르 몰린 아이들을 원 안으로 불러들이는 형상과 비슷하다. 다만 그런 장면이 3차원으로 발생하는 것이다(하늘에 둥둥 떠 있는 아이들과 손에 손을 잡고 2차원의 반지 형태 원이 아니라 3차원의 구체를 만든다고 상상해보라). 세상의 모든 동물은 포배 단계를 거친다. 다만 노랑초파리와 기타 곤충들은 이와 다른 신기한 변형 과정을 거친다. 노랑초파리 접합체는 세포벽이 아니라 세포핵을 증식한다. 따라서 포배 단계에서 노랑초파리는 본질적으

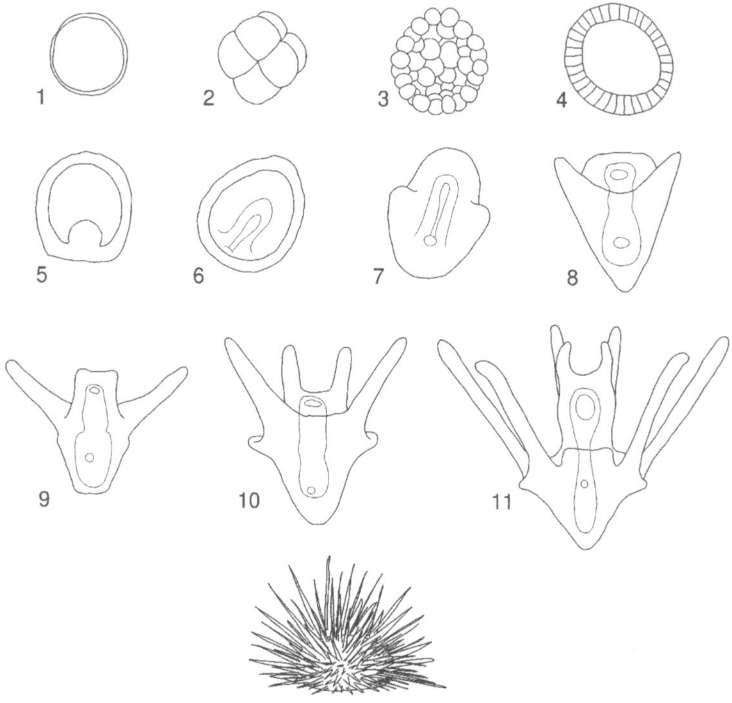

성게의 발달 단계. ①수정란, ②8세포기, ③상실배, ④포배, ⑤소화관 초기, 초기 낭배, ⑥완전한 형태의 소화관을 갖춘 낭배, ⑦프리즘(prism) 시기, ⑧초기 플루테우스(pluteus) 유생, ⑨돌기 두 개가 난 플루테우스 유생, ⑩돌기가 네 개에서 여섯 개가 난 플루테우스 유생, ⑪돌기 여덟 개가 난 플루테우스 유생.

로 수백 개의 핵을 지닌 하나의 거대한 세포다.

이 수백 개의 핵은 포배를 형성하기 위해 세포 가장자리로 이동한다. 다른 동물들에서는 개별 세포가 이동하는 단계다. 이 시점에서 마침내 핵과 핵 사이에 세포벽이 생겨나고 다른 종의 포배와 거의 비슷해 보이기 시작한다.

포배의 텅 빈 내부가 해당 동물의 소화관이 될 거라고 예상하겠지만 그렇지 않다. 우리 소화관은 기술적으로 우리 몸의 '외부'에 있다. 다시 말해 우리 피부와 닿는 연속된 표면 위에 형성된다. 그 과정은 다음과 같이 시작한다. 먼저 포배 안에 작은 손가락으로 살짝 찌른 것처럼 움푹 들어간 곳이 생긴다. 이 구형은 입이나 항문 중 하나가 되며 포배의 반대편에 도달할 때까지 점점 더 깊숙하게 자란다. 바로 거기에 입이나 항문 중 또 하나의 필수 구가 열린다. 이때 배아를 '낭배gastrula'라고 부른다. 소화관, 창자gut를 뜻하는 고대 그리스어에서 유래되었다.

낭배가 입에서 발생하는지 아니면 항문에서 발생하는지는 동물계에서 가장 근본적인 분할 중 하나가 된다. 만약 수십 가지 서로 다른 종의 포배가 탁자 위에 놓여 있다면, 이 낭배 시점이 될 때까지 모두 비슷비슷해 보일 것이다. 하지만 낭배 단계에서는 탁자 중앙에 선을 그어 각 배아를 구분할 수 있다. 한쪽에는 '입이 먼저' 나온 선구동물을 놓는다. 달팽이와 그 친족, 조개부터 갑오징어, 그리고 온갖 벌레, 거미, 게, 곤충이 다 여기에 포함된다(민달팽이보다 훨씬 큰 무리부터 상상할 수 있는 거의 모든 바다 조개를 망라한다). 다른 한쪽은 후구동물이다. 이는 매우 세심하게 선택한 단어로, '항문이 먼저'라는 뜻이 아니라 '입이 두 번째로'라는 뜻이다. 여기에는 성게, 해삼, 불가사리 같은 극피동물과 상어, 양, 갈매기, 고릴라 같은 모든 척추동물이 포함된다. 물론 인간도 바로 여기에 속한다. 어떤 사람을 후구동물이라고 부르는 것은 우리 가족 사이에서 자주 쓰는 모욕적 언사다. "네 표피가 다 보여"라는 말도 그런 맥락에서 즐겨 쓴다. 사실 같은 후구동물이라는 친족 관계성 때문에 성게 배아와 유생을 연구하면서 우리 인간의 발달에 대해 많이 공부할 수 있었다. 가령 1883년에 러시아 생물학자 엘리 메치니코프는 불가사리 유생 연구를 통해 특화된 방어 세포의 존재를 밝혀냈다.[26] 과학자들은 인간을 비롯해 다른 동물에서도 유사한 세포를 발견하려고 계속 연구를 이어갔고, 그리하여 면역학이라는 학문이 시작되었다.

낭배 단계에서 어떤 어류 종은 휴면기에 들어갈 수도 있다. 이 '한해살이 어류'는 비가 내린 뒤 아주 잠시 생겨나는 웅덩이에 살면서 생애 대부분을 휴면기로 보낸다. 발달 과정을 변동이 심한 환경에 유연하게 맞추는 일이 너무 중요하기 때문에, 그들은 배아 발달 후반기 두 번의 뚜렷한 시점에서 휴면기에 들어가는 능력을 진화시킨 것이다. 그 알은 비가 내리고 웅덩이가 생기면 즉시 부화하고, 성장과 번식을 거쳐 진흙 속에 더 많은 알을 파묻는다. 웅덩이가 다 말라버리면 성체는 죽지만, 혹시라도 운이 좋다면 다음 세대 안에 이미 씨를 뿌리기도 한다.[27] 휴면기는 비단 어류에서만 발생하는 것은 아니다. 일부 새우 종류도 '휴식하는 알'을 생산해 퇴적물 속에 묻어놓고, 나중에 부화해 수중 생활을 시작한다. 자유 생활 회충은 서식 환경에서 충분한 먹이를 취할 수 없으면 발달 단계 하나를 더 추가할 수 있는데, 이 대체 상황을 '다우어 유충dauer'이라고 부른다. 다우어 유충은 탈피를 하고 성충으로 나아가는 발달 행진을 재개할 수 있도록 호의적인 환경이 될 때까지 몇 달 동안 먹지도 않고 정체 상태로 지낸다. 이 능력은 기생 회충의 진화를 촉발시켰다(강아지를 키우는 사람은 기생 회충이라는 단어가 익숙할 것이다). 다우어 유충은 일반 유충보다 감염 상태를 더 길게 가져갈 수 있고, 숙주를 찾아가는 횟수도 더 많았기 때문이다. 심지어 많은 포유류 배아도 임신 환경이 나아질 때까지 발달을 중단시킬 수 있다. 지금도 우리는 배아 발달에 내재된 어마어마한 크기의 회복력을 발견하고 있는 중이다. 그와 동시에 배아 발달이 얼마나 자주 실패를 겪는지 이제 막 알아가는 중이기도 하다.

⊙ 앵무새의 알과 숨겨진 죽음

생물학자 니콜라 헤밍스Nicola Hemmings의 가장 놀라운 발견은 언뜻 정자 경쟁과는 무관해 보이는 관심사로 시작되었다. 그는 어니스트 에버렛 저스트가 호기심을 느꼈던 이 사안에 공감했다. 과연 난자로 들어가려고 애쓰는 정자 중에서 어느 것이 성공할까? 헤밍스는 정자 차단이라는 세포 메커니즘에 초점을 맞추지 않고, 어느 정자가 성공할 수 있을지에 암컷이 영향을 끼칠 수도 있는 이런저런 방식에 관심을 두었다.

대학원 시절, 헤밍스의 지도교수는 당대 연구는 물론 혹시라도 잊힌 실마리와 기술을 숨기고 있을지도 모를 오래된 논문도 찾아서 공부해 보라고 조언했다. 그리하여 헤밍스는 가금류 과학의 역사를 탐색하게 되었다. 인간 사회가 워낙 닭고기와 달걀을 좋아하기 때문에 가금류 연구 기금은 풍부한 편이며, 과학자들도 달걀의 수정을 알아보기 위해 꽤 많은 시간을 투자해왔다. 조금씩 살피다 보니 오래된 논문들이 "진짜 글도 엉망이고 지루하기 짝이 없다"는 걸 알았지만, 그럼에도 읽을 만한 가치는 충분했다. 가금류 연구자들은 정자가 침투했는지 알아내기 위해 수정란 막을 벗겨내고 현미경으로 살펴보는 방법을 찾아냈다. 이

기술을 기반으로 헤밍스는 정자를 시각화하기 위해 형광 염료를 추가했다. 그러고 나서 배아 조직을 찾는 데 그와 똑같은 형광 염료를 이용할 수 있음을 알아냈다.[28]

오랫동안 학계에서는 부화 단계까지 발달하지 못한 알은 무정란이라고 생각했다. 정자가 난자에 도달하는 데 성공하지 못했다고 추정한 것이다. 그런데 헤밍스의 연구를 통해 정자가 들어갔는지 여부를 명확하게 확인할 수 있었을 뿐 아니라 배아 발달이 시작되었는지 아닌지도 확실하게 밝힐 수 있었다. "우리는 지금까지 이 점에 대해 완전히 잘못된 쪽으로 계속 생각하고 있었던 걸까?" 정말 그랬다. 헤밍스의 실험에 따르면 수정이 성공했는지를 알아내는 작업은 너무나도 잘되지만, 그 배아가 매번 단계마다 너무 이르게 죽어버리는 바람에 맨눈으로는 관찰할 수가 없었다.[29]

헤밍스의 연구가 정자 경쟁을 넘어 배아 사망으로 확장되면서, 여러 번식 문제를 설명하기 위해 조류 보존 프로그램과 협업을 시작했다. 이는 실제적인 외부 간섭 방법을 알아내는 데 꼭 필요한 선도적 조치였다. 현재 그 프로그램에는 지구 전역, 특히 뉴질랜드에서 개체 수 위협을 받는 조류가 포함되어 있다. 그곳에서 새들은 포유류 포식자가 전혀 없는 환경에서 발달 과정을 진행한다. 인간이 도착하기 전, 새끼와 알에게 가장 큰 위험 요소는 다른 조류, 그중에서도 눈이 예리한 하스트수리Haast's eagle였다. 그래서 그 새들은 땅바닥 근처에 숨겨진 둥지와 굴을 고쳐서 활용했다. 그러나 불행하게도 그런 습성은 땅에 사는 흰담비, 여우, 고양이, 쥐 같은 동물에 대항할 보호 장치가 되어주지 못했다. 이 육지 동물들은 유럽 식민주의자들이 뉴질랜드로 가져다놓은 것이었다.

올빼미앵무새의 전체 개체 수는 1995년에 겨우 51마리까지 떨어졌지만, 포식자로부터 보호하고 적절하게 관리된 번식이 이루어지면서 그 수가 최대 252마리까지 늘었다.

세계에서 유일하게 날지 못하는 앵무새인 올빼미앵무새kakapo는 현재 심각한 멸종 위기에 처했다. 그래서 살아남은 개체는 전부 포식자가 없는 섬으로 옮겨졌고, 그곳에서 철저한 감시 관찰을 받는다. 2019년 올빼미앵무새 과학자 한 사람이 헤밍스에게 연락해 무정란으로 추정되는 올빼미앵무새의 모든 알을 분석해달라고 요청했다. 올빼미앵무새의 번식기는 불규칙하고, 설령 번식이 이루어지더라도 겨우 한 줌 정도의 알을 낳으며, 그중 65퍼센트가 부화하지 못한다. 이런 연유로 생존한 수컷의 약 절반이 불임이라고 추정했던 것이다. 하지만 그해 올빼미앵무새는 기록적으로 많은 수의 알을 낳았고, 그중 부화하지 않은 알을 분석용으로 헤밍스 실험실로 보냈다.[30] 헤밍스와 동료들은 올빼미앵무새의 생식력에는 중대한 문제가 없다는 것을 발견했지만, 동시에 많은 수의 배아가 수정란 초기에 죽어가고 있다는 것도 알아냈다.

올빼미앵무새는 특급 연예인처럼 주의 깊게 추적하기 때문에 해당 개체 수 관리자에게는 어떤 새가 짝을 지어 어떤 알을 낳았는지 보여주는 모든 기록이 있다. 자, 그러면 이제 부화에 성공하지 못한 수컷을 불임이라고 생각하는 가설을 싹 지우고, 대신 어느 정도 성공한 짝짓기의 암수 개체를 살펴볼 수 있다. 이로써 만약 특정 암수 결합이 항상 초기에 사망하는 배아를 생산하는 것처럼 보인다면, 이들 개체를 분리해서 다른 무리로 이동시켜 부화 성공 가능성을 더 높일 수 있는 짝짓기를 장려할 수 있다.[31]

연구 과정에서 헤밍스는 개체 보존 방식이 초기 배아 사망률뿐 아니라 진화 연구에 중대한 영향을 끼칠 수 있다고 언급한다. 또 다른 뉴질랜드 종, 헤이헤이heihei의 경우 수컷 배아의 조기 사망 가능성이 암컷 배아보다 조금 더 높아 보인다. 만약 과학자들이 성별 간의 그 차이를 발견하지 못했다면, 새끼와 성체의 편향된 성별 비율을 눈치채고 실제로 벌어지고 있는 상황과 전혀 무관한 온갖 종류의 설명거리를 찾으려 했을 것이다. 다행히 그 차이를 알아냄으로써 최소한 엉뚱한 설명은 하지 않게 되었다(확실히 해두자면, 실제로 그 종에게 무슨 일이 일어나고 있는지 아직 알지 못한다). 성별 비율 사례는 그뿐이 아니다. 색깔부터 크기와 속도까지 대부분의 특성도 초기 배아 단계가 훨씬 지난 개체들을 표본 추출해서 연구했다. 하지만 이런 특성 중 무엇이라도 비확률 초기 사망과 연결된다면, 성체나 청소년기의 개체 표본 수집은 그림의 큰 조각을 놓치고 있는 것이다. 특성 분포를 제대로 이해하려면 표본을 추출하기 전에 사망한 모든 개체를 포함시켜야 할 것이다.

현미경을 통해서만 발견할 수 있는 초기 사망은 유전적 실패일 가능성이 있다. 이 단계에 살아남아 발달을 계속 이어가는 배아는 더 심각한 사망 요인을 맞닥뜨리게 된다. 다음에 나올 그 요인은 유전적 실패보다 눈에 더 잘 드러나지만 그렇다고 파괴력이 더 낮은 것은 아니다. 첫째 요인은 당연히 포식자다. 알은 입맛에 맞고 영양도 풍부하고 도망칠 염려도 없는 좋은 먹잇감이다. 사실 알을 잡아먹히는 것은 그야말로 엄청난 위험을 안겨주었기 때문에 청개구리 배아는 일찍 부화해서 말 그대로 '도망쳐야 한다'는 자연선택적 압박을 스스로 만들어냈다. 굶주린 뱀이 청개구리의 알 무리로 접근하기 시작하면, 아직 먹히지 않은 알은 평소보다 이틀 정도까지 일찍 부화해서 헤엄쳐 도망감으로써 다른 형제자매들의 치명적 운명에서 벗어난다.[32] 한편 얼룩상어 배아는 이와 정반대인 회피 전략을 진화시켰다. 그들은 위협 요소 접근을 감지하면 얼어붙은 듯 정지한 채 숨을 참는다. 굶주린 포식자가 자기를 알아보지 못할 것이라는 희망을 품고 하는 행동이다.[33] 지금까지 살펴보면 심지어 수정란 안에서도 배아는 더 큰 환경을 인지하고 대응함으로써 자기 생존 가능성을 향상시킬 수 있다.

배아 사망의 마지막 원인은 부화 과정 그 자체다. 이 사실을 알고 나서 나도 무척 놀랐다. 헤밍스는 이렇게 설명한다. "알은 똑똑해요. 필요한 건 뭐든 다 하죠. 하지만 문제는 그게 딱딱한 껍질이라 밖에서 깨뜨리거나 부숴야 해요. 병아리나 새끼가 점점 커지면 모든 게 다 완벽해져야 하지요. 자리가 적합하지 않거나, 충분한 에너지가 없거나, 물이나 기타 등등이 부족하잖아요? 그러면 부화가 되지 않아요." 알껍데기는 너무 단단하기 때문에 조류와 파충류 배아는 그것을 깨고 나올 수 있도록 특별한 '난치卵齒'를 발달시켜야만 했다. 태어나기 전에는 부모가 알을 품고, 태어난 후에는 먹이를 공급한다 할지라도 결국 부화는 새끼들이 온전히 자기 힘으로 해내야 하는 일이다. 예외적으로 악어는 껍데기를 깨고 나올 때 어미가 관여하며 도와주거나 아예 이빨로 뜯기도 하는 유일한 동물이다.

배아는 기이하고 별난 모순 덩어리 그 자체다. 그들은 우리 생명 주기에서 가장 회복력이 강한 단계인 동시에 가장 취약한 단계다. 다행스럽게도 배아는 그 안에 홀로 존재하는 것은 아니다. 그들이 이 단계를 무사히 거쳐 다음 단계로 계속 나아갈 수 있도록 부모가 무조건적이고 확실한 관심을 보인다. 그렇다면 부모는 배아가 몸을 만들어가는 놀라운 일을 완수하기 위해서, 포식자들에게 잡아먹히는 걸 피하기 위해서, 그리고 방어용 감옥 알에서 성공적으로 빠져나오기 위해서 필요한 모든 것을 다 공급한다고 어떻게 보장할까? 영양분, 물, 온도, 미생물, 방어기제 등을 성체 부모는 어떻게 다루는 걸까? 바로 이 내용을 다음 세 개의 장에서 탐색해보려 한다. 새끼 동물이 부모의 자원 공급, 포란과 부화, 임신으로부터 어떻게 필요한 혜택을 얻는지 살펴볼 것이다.

2

자원 공급

동족 포식부터 바다 조류까지

나는 무엇을 알고 있었을까, 나는 무엇을 알고 있었을까?
뭔가가 없어서 참고 견뎌야 하는 쓸쓸한 사랑에 대해서

- 로버트 헤이든, 〈그 겨울의 일요일들Those Winter Sundays〉 중에서[1]

새끼 오리, 캥거루, 그리고 사람처럼 다 커서 본체와 떨어져 지내는 개체를 제외하면 절대 다수의 동물은 부모와 떨어져 생애를 시작한다. 오징어는 산란 후에 죽게 되고, 그 후 자기가 낳은 알이 부화하는 시점까지 오랫동안 먹히거나 갈기갈기 분해된다. 바다거북은 모래 속에 묻은 알이 세상 빛을 보기 전에 수백 킬로미터 먼 바다로 헤엄쳐 가버린다. 산호, 성게, 홍합은 모두 무방비 상태의 알을 망망한 바다로 던져버린다. 이들을 가리켜 과학자들은 '고아 배아'라고 부른다. 이 배아들은 겨우 포배 단계부터 스스로를 돌보아야만 한다. 하지만 여기에 속으면 안 된다. 그 부모들은 코끼리가 평생 새끼를 옆에 끼고 돌보는 것과 똑같이 자손의 성공에 충분한 투자를 한다. 그저 투자 방법이 다르게 보일 뿐이다.

모든 부모는 어디서든 잘 살아갈 수 있는 새끼를 생산하는 것이 목표다. 이와 동시에 그 새끼가 자랄 장소를 선별하는 데 일정한 노력을 기울인다. 그래서 그들은 서로 연관성이 높은 두 가지 임무에 맞닥뜨린다. 첫째는 몸집이 크고 강하고 뭐든 할 수 있는 새끼를 만드는 것, 둘째는 그 새끼가 살아갈 최적의 장소에 도착하도록 보장하는 것이다.

이는 부모가 미래로 이동할 수 있는 그들만의 기회이자 가능성이다. 정말 아주아주 극소수의 동물만이 영원히 함께 살아갈 희망을 품는다 (예외적으로 불멸의 불가사리와 400년을 사는 상어가 떠오른다. 이에 대해서는 책의 마지막 부분에서 논의할 것이다). 역사상 많은 사람이 아이를 갖는 것을 두고 일종의 불멸을 성취하는 것에 비유하곤 했다. 반면에 많은 아이는 그런 이야기를 한다고 부모에게 분개하기도 했다. 유전학 분야가 시작되면서 재생산과 번식은 "우리 유전자의 불멸"이라는 의미를 떠안았다. 하지만 최근 들어 유전학에 대한 이해가 점점 변하고 있는 중이다. 이제 유전자는 더 이상 유기체의 생애 전반에 걸쳐 고정된 상태가 아니며, 환경과 경험에 따라 변할 수 있다고 생각한다. 유전자는 결코 몸에서 몸으로 전해지는 무기력한 타임캡슐이 아니다.

현대 조류의 먼 조상인 공룡이 세대와 세대를 거쳐 저 아래까지 내려가 만난 후손 격인 새끼 조류를 보면서 '아, 불멸이여!'라고 생각할까? 따라서 아이를 갖는 것, 새끼를 낳는 것은 영원히 살아갈 기회가 아니라, 우리가 살아 있는 동안 우리 세상에서 모아온 자원과 경험을 다음 세대에게 내어주는 기회에 더 가깝다. 우리 아들딸과 다음 손자 손녀들은 새로운 무언가를 만들어내기 위해 그들을 둘러싼 세상과 협력하면서 우리가 그들에게 내어준 것을 활용할 것이다.

물론 새끼가 살아남지 못한다면 미래 세대는 존재하지 않는다. 따라서 생존은 최우선 순위 목표다. 진화는 자손의 생존을 촉진하는 양육 전략을 선택한다. 그리고 각 전략은 환경과 상호작용 하는 데 성공해야 한다. 가령 원래는 땅 위에서 수분이 촉촉한 상태로 유지시켜야 하는 알을 바다 밑에 갖다 두면 숨이 막혀버릴 것이다. 반대로 물속에서 산소 공급을 잘해주는 상태로 유지해야 하는 알을 공기 중에 두면 말라버릴 것이다. 부모는 환경으로부터 자손을 보호하는 동시에 그 환경을 가장 먼저 제대로 알려주는 존재다.

⊙ 새끼들 점심 도시락 싸는 법

어떤 알은 새우알처럼 아주 작아서 먼지 입자처럼 보인다. 그런 알도 나중에는 타조알만큼, 갓 태어난 사람 아기의 머리만큼 크게 자랄 수 있다(타조알은 세상에서 가장 큰 단일세포로 불린다. 일부 신경세포는 더 오래 자랄 수 있지만 그렇게까지 무겁지는 않다). 하지만 그렇게 거대한 타조알도 수정 시점에 그만큼 큰 배아를 품고 있지는 않다. 그저 작은 배아가 거대한 난황에 붙어 있을 뿐이다. 난황은 모체가 새끼를 먹이려고 수정란 속에 잘 포장한, 맛있고 지방이 풍부한 점성 물질이다. 실은 모체가 가장 잘하는 음식으로 솜씨를 부려본 것과 같다.

조류 부모는 새끼들 중에서 특정 녀석에게 먹이를 더 많이 줄 수 있는 기술을 발달시켜 왔다. 암컷 조류는 수많은 수컷과 짝짓기를 하지만 매력지수와 성공지수라는 구체적인 결정 기준을 갖고 각 파트너를 판별한다. 일단 알을 낳으면 최고의 아버지가 될 것으로 판단한 수컷과의 사이에서 수정된 배아에게 더 많은 힘을 실어준다. 이러면 수정란의 크기가 증가하고 난황 내용물도 늘어나 몸집도 더 크고 경쟁력도 더 높은 새끼가 나온다.[2] 푸른발부비 암컷은 짝꿍의 발 색깔, 파란색의 정도를 보고 영양 상태가 얼마나 좋은지 판단한다. 푸른 발이 신호인 셈이다. 그래서 과학자들이 인위적으로 수컷 발을 더 진하게(영양 상태가 좋지 않게) 색칠해놓으면 상대 암컷은 상대적으로 더 작은 알을 낳을 것이다. 누가 봐도 확실히 열등한 짝꿍과 낳은 새끼한테는 투자를 줄인다는 뜻이다.[3] 이와 비슷하게 청둥오리 암컷도 상대 수컷이 못생기고 매력이 덜하면 더 작은 알을 낳는다. 물론 아직까지 과학자들은 수컷 청둥오리의 매력을 가늠하는 방법을 모른다. 따라서 누가 매력적인지 아닌지를 입증하는 것은 순전히 암컷 청둥오리에게 의존할 수밖에 없다.

그러나 모든 동물이 이들 조류처럼 알의 크기와 난황 내용물을 조정할 수는 없다. 수많은 산란 주체들은 최고가 될 것 같은 자손에게 더 많은 자원을 주기 위해 서로 다른 전략을 차용한다. 일단 그들은 모든 알을 단일 막낭膜囊 안에 넣고, 이때 이른바 '보급용 알nurse egg'도 추가로 넣는다. 그렇다면 새끼들에게 더 좋은 영양분은 어떤 것일까? 모체는 이 보급용 알은 힘들여 수정시키지 않는다. 발생 중인 배아는 이 보급용 알을 통째로 삼키기도 하고, 또 다른 배아는 그 알이 깨지기를 기다렸다가 깨진 조각을 모아서 먹는다. 어떤 바다달팽이 배아는 입이 생기는 순간 곧바로 낭배기를 넘어설 때 보급용 알을 먹기 시작한다. 물론 그렇게 먹은 양분을 곧바로 소화시킬 수는 없고 부풀어 오른 주머니 속에 그것을 싸두는 것이다. 그건 마치 보급용 알을 이용해서 내부에 난황으로 채운 주머니를 새로 만들어내는 것과 같다. 발달을 계속 진행하면서 그것을 먹으며 살아가게 될 것이다. 가장 경쟁력이 높은 배아들이 가장 많은 보급용 알을 취한다.[4] 이때 어미는 어떤 녀석이 가장 경쟁력이 있는지 알아내려는 어떤 행동도 하지 않는다. 그냥 모든 알을 한데 모아놓고 스스로 흔들리고 떨쳐 일어나게 할 뿐이다.

아직 발생 중인 배아 단계에서 먹이를 두고 동기들과 경쟁한다는 것이 무척 괴롭고 비참한 일 같지만, 자연의 많은 종은 이보다 훨씬 더 심하게 경쟁 구조를 형성한다. 대신 모든 알은 수정되고 부화까지 발달할 수 있는 능력과 서로를 먹을 수 있는 능력을 함께 갖는다. 이들 새끼는 더 넓은 야생으로 나오기도 전에 포식자-먹잇감 구조 속으로 스스로 휘말리게 되는 것이다. 모체의 관점에서는 그저 태어난 새끼가 가장 강하고, 가장 경쟁력 있고, 가장 잘 먹고 건강한 개체임을 보장하는 또 하나의 방식일 뿐이다.[5] 한편 생물학자의 관점에서는 새로운 단어를 만들어낼 수 있는 또 하나의 기회다. 그들은 이 현상을 '아델포파지 adelphophagy'라고 부른다. 바로 형제 잡아먹기, 동족 포식이라는 뜻이다.

동족 포식을 연구하기 위한 모델 체계는 갯지렁이라는 놀라운 동물 집단에서 발견할 수 있다. 갯지렁이는 지렁이와 관련이 있지만, 둘을 비교하면 갯지렁이 쪽은 초현실주의자의 열기 넘치는 꿈처럼 보인다. 왜냐하면 공작처럼 보는 각도에 따라 색깔이 변하고 반딧불이처럼 빛을 내기도 하며, 게다가 촉수는 한 무더기의 스파게티나 레이스 달린 크리스마스트리를 닮았기 때문이다. 그것은 진흙 속을 파고 들어갈 수 있고, 바위를 뚫고 먹이를 찾아 먹을 수 있으며, 심지어 자기만의 암초를 지을 수도 있다. 어떤 개체는 너무 사납게 쏘는 성질이 있어 '불갯지렁이fireworm'라는 이름을 얻기도 했고, 또 다른 개체는 누구나의 포식 대상이 될 만큼 연약한 상태로 채취되기도 한다. 이런 야생의 다양성 가운데 갯지렁이는 몇 가지 특성을 공유한다. 몸체가 길게 늘어나며, 분절되기도 하며, '트로코포어trochophore'라고 부르는 기묘하고도 작은 담륜자 유생을 생산한다. 트로코포어에 대해서는 나중에 좀 더 시간을 할애하고 지금은 갯지렁이가 매우 다양한 서식지에 대응할 수 있도록 진화시킨 양육 전략에 초점을 맞출 것이다.

갯지렁이 부모는 두 가지 유형으로 나뉘는데, 하나는 자기 등 위에 난낭을 싣고 다니며, 다른 하나는 바다 밑바닥에 난낭을 놓는다. 그들은 동족 포식을 촉진하거나 방지할 수 있도록 다양한 유형의 알을 담아 난낭을 실어 나를 수 있다. 그리고 새끼들이 자기들 일정대로 부화하도록 내버려두지 않고 모체가 나서서 난낭을 찢어 여는 때를 결정한다. 새끼들을 더 빨리 자유롭게 놓아줄수록 서로를 잡아먹어야 할 가능성이 적어지며 더 많은 새끼가 살아남는다. 반면 기다리는 시간이 길어지면 새끼의 몸집은 더 커지지만 생존하는 개체 수는 더 줄어든다. 그런데 모체는 이렇게 진화 시간 척도를 거치며 결정된 맞교환 균형 방식 대신 서식지 현장의 환경 요구에 따라 결정한다.

프라이데이 하버에서 페르난다 오야르준은 홀쭉유령얼굴갯지렁이 *Boccardia proboscidea*의 모체와 새끼를 연구했다. 그것은 약 3센티미터의 작은 주홍빛 갯지렁이며, 비교적 보통 크기의 얼굴 촉수 두 개를 이용해 모래 속으로 파고들어가 먹이를 집어 먹는다. 이 종의 단일 난낭에는 세 가지 다른 유형의 알이 들어 있다. 첫 번째는 보급용 알, 두 번째는 양분을 먹지 않은 채 발달할 수 있는 작은 배아, 세 번째는 보급용 알과 동족 배아를 모두 먹어 치울 수 있는 큰 배아다. 그녀의 연구에 따르면 크기가 작은 두 번째 배아가 생존할 수 있는 최선의 희망은 모체가 난낭을 일찍 여는 것이지만, 동족 포식하는 배아는 더 오랫동안 기다렸다가 열어주는 게 최선이었다. 난낭이 열리는 시점은 온도로 결정되며 모체는 정확히 같은 시간에 모든 난낭을 연다.[6] "너무 체계적으로 준비가 잘돼 있어요." 오야르준이 이렇게 덧붙인다.

그녀는 대학원 졸업 후 모국인 칠레로 돌아가서 이 종과 밀접한 보카르디아 웰링토네시스*Boccardia wellingtonesis* 연구를 진행했다(일반인 눈에는 둘이 똑같아 보이겠지만 현미경과 참고용 삽화를 이용하면 구분할 수 있다). 이 갯지렁이 종도 보급용 알, 작은 배아, 포식형 배아를 생산한다. 흥미롭게도 이 종의 난낭은 나란히 붙어 있어 배아가 발생하는 동안 종종 그 사이의 난막이 무너진다. 그 결과 배아들이 난낭 사이로 움직이는 게 가능해 더 많은 동족 포식용 알에 접근할 수 있다. 이를 두고 오야르준은 이렇게 설명한다. "그러니까 이렇게 서로 연결된 운동장, 그것도 커다란 운동장을 갖게 되는 셈이죠." 게다가 모체는 동시에 난낭을 열지 않고 서로 나누어 부화시킨다. "너무 칠레다운 행동 양식이에요. 60대 엄마에 더 가까워요. 더 느긋하고요. 뭐, 이런 게 잘되기도 하고, 잘 안 되기도 할 거예요. 한데 똑같은 속genus의 두 가지 종이 이렇듯 서로 다르게 행동한다는 게 너무 흥미롭죠."[7]

이렇게 배아의 동족 포식 성향은 어떤 종류의 알을 낳을 것인지 결정하지만, 또 다른 종에서는 동기간에 얼마나 가깝게 관련되어 있느냐에 따라 달라진다. 많은 종에서 암컷은 다수의 수컷과 짝을 짓는다. 그래서 (모든 알이 똑같은 부계의 정자와 수정되었을 경우) 모체 하나가 생산하는 자손이 친형제가 되거나 (각자 다른 부계의 정자로 수정되었을 경우) 의붓형제가 될 수 있다. 태평양 바다달팽이 솔레노스테이라 마크로스피라*Solenosteira macrospira*는 이 두 가지 혈족 관계를 모두 담은 난낭을 생산한다. 그리고 진화생물학자 릭 그로스버그Rick Grosberg에 따르면 의붓형제들이 친형제들보다 서로를 훨씬 더 많이 잡아먹는다. 이른바 '문란한' 짝짓기 체계는 자손의 유전적 다양성을 증가시키기 때문에 오랫동안 암컷에게 유리한 것으로 간주되었다. 그런데 배아 동기들 사이 경쟁력을 끌어올리는 데도 유리한 점이 있다. 이에 대해 그로스버그는 가상의 어미 목소리로 이렇게 말해준다. "자, 얘들아, 이제 내가 할 수 있는 한도에서 가장 경쟁력 높은 상황을 다 만들어놨어. 너희들 중 누가 최고의 검투사인지 알고 싶구나. 누가 최고일지 모르니 너희들을 최대한 다양한 형태로 만들 거야."[8]

처한 환경에 따라서 이들 바다달팽이 배아 간의 경쟁은 어느 정도 바람직한 것일 수도 있다. 배아가 서로를 먹지 않는다면 그만큼 크게 자라지 못한다. 하지만 훨씬 더 많은 배아가 성공적으로 부화할 수는 있다. 부화한 후에도 먹이를 발견할 수 있다면야 몸집이 큰 소수의 자손보다 몸집은 작지만 많은 수의 자손을 생산하는 편이 더 나을 수 있다. 이와 관련해 그로스버그는 부화 이후 먹이 공급 가능성이 달팽이의 번식기에 걸쳐 어떻게 변하는지 설명한다. 사실 이 문제는 '각반spat'이라고 불리는 따개비barnacle 새끼의 정착과 성장 때문이다(이 따개비 새끼들이 정착 전에 무엇을 하는지는 5장에서 알아볼 것이다). 번식기 초기에는 동족 포식을 줄일 수 있는 두 가지 서로 다른 요인이 함께 따라온다. 짝짓기는 이제 막 시작되었고, 암컷은 수컷 한 마리와 수정한 알로 가득 찬 난낭을 낳을 것이다. 이와 동시에 따개비도 막 정착을 시작해 아주 작은 크기로 존재하게 된다. 자, 이 경우에 새끼 달팽이는 친동기간이기 때문에 서로를 잡아먹을 뜻이 없고, 부화되는 순간 그들이 먹을 수 있는 작은 먹이가 풍부하다. 그래서 그것은 작은 크기로 부화하고 영양 상태도 괜찮다. 하지만 번식기 후반이 되면 짝짓기 시간이 길어져 난낭 속 새끼들은 서로 다른 부계로부터 나왔을 확률이 아주 높아진다. 이들은 서로를 잡아먹을 의욕이 좀 더 강한 상태이며, 그 결과 살아남은 배아는 앞서 초반에 부화한 개체보다 거의 두 배 이상 크게 태어난다. 그로스버그의 설명에 따르면 이는 전적으로 번식 후반기 새끼들이 마주해야 할 환경에 대응한 전략이다. 이 무렵에는 따개비가 너무 많이 자란 상태라 몸집이 큰 달팽이 새끼만이 그것을 먹이로 먹을 수 있기 때문이다.[9]

조류와 포유류는 설령 한다 하더라도 극히 드물게 동족 포식을 하지만, 이른바 형제 살해라고 하는 상황이 진짜 벌어진다. 어떤 새끼 조류는 둥지 밖으로 동기를 던져버리고, 하이에나 쌍둥이는 출산 후 재빠르게 형제를 살해하는 것으로 악명이 높다. 이런 상황을 보고 인간적 동기와 감정을 부여하고 싶은 마음이 끓어오를 때가 있다. 특히 우리 아이들이 옥신각신하며 다툴 때 끼어들어 겨우 중재한 직후에 형제 살해에 대한 이야기를 읽을 때면 그런 심정이 되곤 한다. 아이들 싸움을 중간에 나서서 말리는 일은 내가 가장 싫어하는 활동 중 하나다. 어떻게 동물 어미들은 새끼들이 서로를 죽이고 먹어 치울 수 있도록 고의적으로 상황을 만들 수 있을까, 그 속마음을 헤아리기가 참으로 힘들다. 하지만 물론 상황은 전혀 다르다. 사람 아이들은 달팽이 새끼와 다르게 폭력 없이 갈등을 해결하는 방법을 배움으로써 매우 유리한 입장을 견지할 수 있다. 형제자매와의 마찰과 불화는 아이들의 발달 측면에서 앞선 동물 사례와 성격이 완전히 다르지만, 이로운 역할을 한다는 의미에서는 유사하다.

자연 세계에서 경쟁은 만연한 현상이다. 하지만 그와 더불어 서로 협력하는 사례를 점점 더 많이 발견하고 있는 중이다. 새끼들을 세상 속으로 인도하는 공생 미생물이 그 대표적인 사례다.

◎ 생명 주기와 배설 주기

과학자들은 더 많은 미생물 종, 균주, 유형을 끊임없이 발견하고 있으며, 그들을 둘러싼 세상에 영향을 끼치는 방식에 대해서도 더 많이 찾아내는 중이다. 현재 우리는 어떤 미생물의 이름은 잘 알고 있고 그 외의 아직 이름이 없는 여러 미생물의 영향에 대해서는 인식하고 있다(개인적으로 월바키아*Wolbachia* 미생물을 어서 여러분께 소개하고 싶다). 우리는 마이크로바이옴microbiome을 형성하는 미생물뿐 아니라 자유롭게 살아가는 여러 미생물과 상호작용을 한다. 마이크로바이옴은 체내에 살면서 일상생활을 잘 영위할 수 있도록 도와주는 미생물이다.* 앞으로 살펴보게 되겠지만, 이 체내 미생물을 얻는 과정은 동물의 발달에 필수적이다. 미생물이 모든 동물 새끼에게 가장 중요한 발달상의 영향을 끼친다고 주장할 수도 있다. 그도 그럴 것이 미생물은 간호사이자 괴롭히는 상대이자 함께 놀아주는 친구 역할을 동시에 한다. 물론 대부분의 미생물은 화석으로 남아 있지 않지만, 그것이 아주 오랫동안 이런 역할을 해오고 있다는 사실을 입증할 만한 정황 증거는 있다.

중기 백악기에는 작은 공룡이 죽으면 부모 딱정벌레carcass와 미생물 간의 협력 작업을 통해 그 사체가 딱정벌레 새끼의 먹이로 변할 기회가 생겼다. 이들이 바로 최초의 송장벌레burying beetle이며 화석 기록으로 보존된 가장 오래된 부모 양육의 사례다. 물론 송장벌레도 화석으로 남았다.[10] 이 화석과 현대판 송장벌레 사이의 유사성에 근거하자면 미생물도 존재했을 것으로 추정된다. 오늘날에도 부모 송장벌레는 유충이 먹게 될 동물 사체를 찾아, 처리하고, 땅에 묻기 위해 함께 일한다. 우리 인간은 아이들에게 오래 방치된 고기를 먹이지 않으려고 한다. 부패

---

* 특히 미생물 중 약 95퍼센트가 장에 모여 거대한 생태계를 이루고 있어 장내 미생물이라고도 부른다. 마이크로바이옴은 '미생물microbe'과 '생태계biome'를 합친 말이다.

미생물이 그 고기를 온전히 자기 것으로 차지하려고 인간의 접근을 몰아내는 독성을 만들어내기 때문이다. 하지만 송장벌레는 이와 다른 협력적 미생물을 데리고 온다. 이 미생물 협력자는 부패 미생물과의 경쟁에서 이기고, 그렇게 함으로써 유충이 먹을 수 있도록 사체를 보존하게 된다.[11]

이 작은 장의사들이 지난 수십억 년 동안 처리하고 묻어버린 모든 동물의 사체를 떠올려보라. 그들이 아니었다면 온갖 사체가 공공연하게 부패하고 썩었을 것이다. 쇠똥구리도 유사한 역할을 한다. 땅 위에 그대로 노출되어 냄새를 풍겼을 배설물을 다 묻어주고 있기 때문이다. 이른바 환경 정비원으로서의 존경할 만한 업적 외에도 쇠똥구리는 생태계 발생생물학에 필요한 모델 체계다. 어떻게 그런 현상이 발생하는지 알아보기 위해 쇠똥구리 연구자인 아르민 모체크Armin Moczek에게 연락했다. 그는 독일 생물학자로서 현재 인디애나대학교에 재직 중이다.

화상회의를 시작할 즈음 모체크는 잠시 나가더니 꽤 큰 사마귀 한 마리와 함께 돌아왔다. 사마귀는 그의 손 위에서 조용히 쉬고 있었다. 그는 그 사마귀가 외래 유입종이며 해마다 강의를 듣는 학생들과 교수 활동의 하나로 채집을 한다고 말했다. "그런데 이 녀석들을 다시 자연으로 돌려보내고 싶진 않아요. 실제로 진짜 파괴적이거든요. 하지만 그렇다고 죽일 수도 없어요. 그러기엔 그냥 너무 멋진 녀석들이란 말이죠. 그래서 평생 제 연구실에서 살고 있어요." 내가 그 사마귀가 번식하느냐고 물으니 그렇다고 한다. "그래서 제 연구실 여기저기에 수백 마리의 작은 사마귀가 뛰어다니고 있어요. 하지만 그래도 밖으로 내놓을 수는 없어요. 금방 퍼져버리는 종이니까요. 그래서 대개는 서로를 잡아먹고 있어요."[12] 그것이야말로 형제 살해의 효율적인 활용법이다.

모체크는 연구와 강의를 할 때 가까이서 쉽게 닿을 수 있는 종과 체계를 활용하는 재주를 갖고 있다. 그는 교환학생으로 처음 미국에 와서부터 정기적으로 곤충을 수집했다. 그러다 소와 말 배설물을 모두 먹고 사는 쇠똥구리를 우연히 만났다. 우리 대부분은 배설물 영양물질에 대해 생각하느라 오랜 시간을 보내지 않지만, 모체크는 소와 말의 소화로 발생한 자극적인 산물 사이에 품질 차이가 있는지, 그리고 쇠똥구리 유충이 각기 다른 유형의 먹이를 먹는 데 어떻게 영향을 끼치는지 궁금했다. 그 결과 연구실 실험을 통해 같은 크기에 소똥으로 자란 유충이 말똥으로 자란 유충의 두 배를 먹어야 한다는 사실을 입증했다. "그런데 진짜 놀랍고도 전혀 예상치 못한 게 뭔지 아세요? 어미는 그 차이를 이미 알고 있다는 점이에요. 소똥 유충에게 말똥 유충보다 두 배나 큰 덩어리를 만들어주더라고요." 앞서 수온에 기초해 새끼 부화를 조정한 어미 갯지렁이처럼 어미 쇠똥구리들도 발달 중인 유충에게 최적의 한 끼를 만들어내기 위해 가용할 수 있는 새끼용 먹이의 영양분 정보를 낱낱이 평가한 것이다. 과연 이들은 새끼들에게 필요한 환경을 안내하는 중재자 역할을 제대로 하는 부모다.

현재 모체크는 실험실에서 서로 다른 다섯 종의 쇠똥구리를 기르면서 생애 주기의 모든 세세한 사항을 추적한다. 어미 쇠똥구리는 구멍을 파는 것으로 시작해 그 구멍 안에 똥 덩어리를 굴려 넣는다. "이 번식용 경단은 골프공 크기의 절반에서 3분의 1쯤 크기예요. 실제로 쇠똥구리가 커피콩 크기 정도이니 그렇게 보면 당사자에겐 상당히 큰 작업이죠." 그 덩어리 안에 어미는 자신의 작은 분변 침전물을 남기는데, '밑밥pedestal'이라고 부른다. 이것은 어미가 먹은 것을 소화시키려고 활용한 장내 미생물로 꽉 차 있다. 그 침전물에 알을 낳은 다음에는 덩어

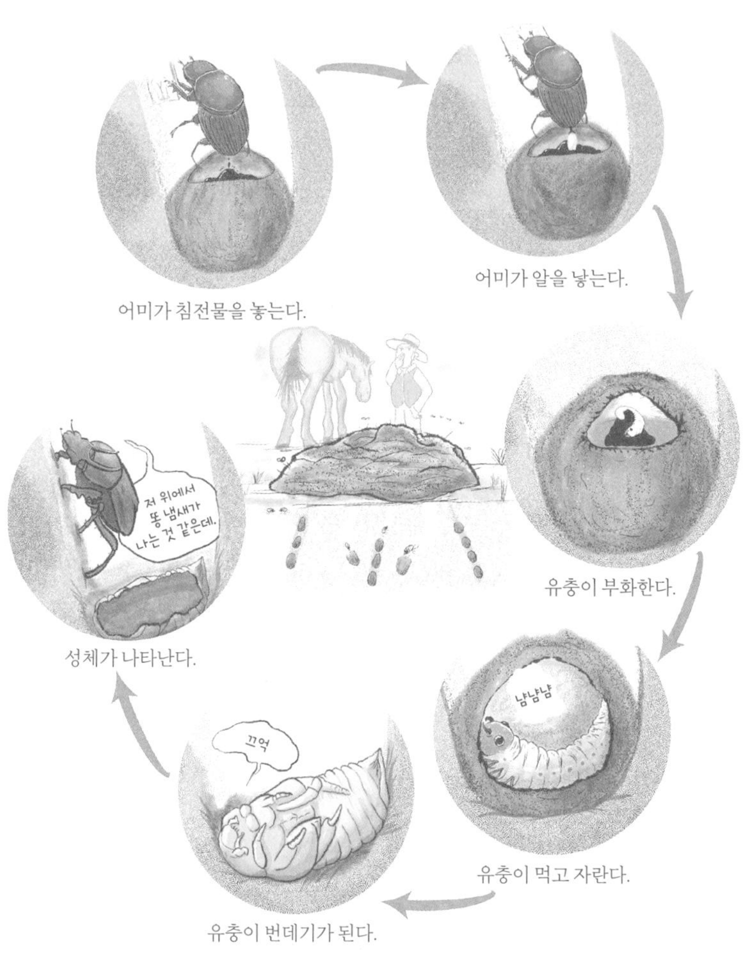

쇠똥구리의 어린 시절은 포유류 배설물, 어미의 분변, 그리고 미생물과 함께 주의 깊게 선별된 환경에서 이루어진다. 배설물은 쇠똥구리(에게 중대한) 일이지만, 인간에게는 웃음을 유발하는 코미디에 적합한 편이라 《언더던 코믹스(Underdone Comics)》의 롭 랭(Rob Lang) 같은 만화가에게 인기 있는 소재가 된다.

리를 봉한다. 며칠 뒤 유충이 부화하면 침전물을 먼저 먹고, 그다음 나머지 똥을 먹기 시작한다. 유충은 먹으면서 자기 배설물도 생산하며 그것도 전체 덩어리 속으로 들어가 먹이로 활용된다. 이 과정은 유충의 장내 미생물과 아직 먹지 않은 장외 먹이를 서로 섞어준다. 말하자면 남아 있는 덩어리를 "미리 잘 소화되도록 해주는 것"이다.

여기에는 미생물이 풍부한 이 체계뿐 아니라 다른 공생체도 함께 움직인다. '공생체symbiont'와 유의어 '공생symbiote'은 문자 그대로 '함께 살아간다'는 뜻이기 때문에 종 사이의 광범위한 상호작용에 적용된다. 이와 관련된 다른 용어도 공생의 본질을 상세히 파악하는 데 도움이 될 수 있다. 이를테면 기생충은 해롭고, 상리 공생체mutualist는 도움을 주고, 편리 공생체commensal는 중립적 룸메이트들이다. 하지만 둘의 관계는 얼마든지 변할 수 있으며, 이로운 면과 해로운 면을 모두 포함한다. 그래서 이 상황에 딱 들어맞는 이름표를 붙이기가 항상 쉬운 것은 아니다(분명히 이런 연유로 마블 코믹스 《스파이더맨》에 나오는 베놈도 '심비오트'라는 이름을 붙인 것이다. 작가는 그 캐릭터가 악당에서 안티 히어로로 넘어가는 것을 다루기 위해 가장 일반적인 용어를 영리하게 선택하고 있다).

이와 비슷하게 회충은 기생충과 상리 공생체 두 가지 역할을 할 수 있다. 갈라진 채찍처럼 꿈틀대고 홱 뒤집는 이 미끈하고 가느다란 생명체는 보통 질병과 관련된다. 그중 특정 종이 사람, 가축, 그리고 농작물에 질병을 일으킬 수 있기 때문이다. 하지만 또 다른 회충 종은 쇠똥구리 새끼가 성장하는 데 실제로 도움을 준다. 쇠똥구리 성충은 다양한 회충을 실어 나를 수 있는데, 그중 어떤 개체는 그 과정에서 암수의 교미로 낳은 알과 함께 번식용 경단 속으로 가라앉는다. 2018년 어느 연구에 따르면 회충은 쇠똥구리 미생물과 상호작용해 소화를 돕고, 진균류 감염을 막아주는 박테리아를 촉진한다.[13] 이는 야생 자연에서 벌어지는 장면인데, 수많은 공생체 연구에서 보이듯 아마도 빙산의 일각에 불과할 것이다. 회충은 쇠똥구리는 물론 흰개미와 벌을 포함해 온갖 유형의 곤충 발생과 연관된 것으로 파악된다. 쇠똥구리 연구는 단순히 현미경 아래 그것을 갖다 놓고 중요성을 밝혀낸 최초의 사례일 뿐이다.[14]

어쩌면 미생물과 벌레의 지원을 받으며 일정한 온도에 포식자 없는 안전한 지하에서 지내는 기간이 유충에게는 목가적인 어린 시절처럼 보일지도 모른다. 하지만 실상 자꾸만 끼어들어 위협을 가할 동기는 없다 할지라도, 문제는 마음껏 먹을 수 있는 먹이가 보장되지 않는다는 점이다. 눈앞의 경단 덩어리를 깨끗이 다 비운다 하더라도 더 달라고 요청할 수 있는 주방조차 없는 것이다. 이를 해결하기 위해 쇠똥구리 유충은 다양한 크기로 변태하는 능력을 발달시켰다. 그래서 혹시 일찌감치 먹이가 떨어진다 해도 꿋꿋이 자신의 생명 주기를 완료할 수 있다.

그리고 적당한 깊이로 판 구덩이가 온도 변화라는 해로운 스트레스로부터 새끼 쇠똥구리를 보호한다 할지라도, 모든 어미 쇠똥구리가 구덩이를 그만큼이나 깊이 팔 수 있는 기회를 갖는 것은 아니다. 깊은 구덩이를 팔 수 있는 가능성은 소똥을 두고 벌어지는 성충 간의 경쟁률이 낮을 때만 존재한다. 이는 미국 동부의 사례에서 찾을 수 있다. 모체크는 이에 대해 다음과 같이 언급한다. "어미에게는 나름의 시간 좌표가 있어요. 구덩이를 파는 데 보통 반나절이 걸립니다. 그 어미가 서호주에 있다고 칩시다. 반나절 동안 구덩이를 팠는데, 그러고 나면 굴릴 똥이 없어요. 그 어미랑 똥을 놓고 경쟁하는 개체가 수백 마리가 넘거든요. 그러니 구덩이를 깊이 팔 시간이 없어 자연스레 얕은 구덩이를 만들 수밖에 없어요. 그렇게 되면 유충이 온도 변화에 그대로 노출되는 대가를 치르게 되는 겁니다." 따라서 호주 유충이 미국 유충보다 더 스트레스가 심한 환경에서 고생을 한다. 하지만 진화는 언제나 그만의 효용성을 지닌다. 이 세상의 어떤 구조도 고정된 상태로 유지되지 않는다. 시간이 흐르면서 호주 유충은 미국 유충보다 변화하는 온도에서도 더 잘 참아내는 방향으로 적응했다. 그리하여 지금은 지구 온난화 시대에 이점을 갖게 되었을 것이다.[15]

모체크의 연구에 따르면 유기체는 단순히 환경을 겪어내기만 하는 게 아니라 스스로 창조해낸다. 모르긴 해도 부모가 자손에게 유전물질과 함께 엄선한 환경을 전해줄 수 있는 것이 가장 중요한 점이다. 자연과 양육, 이 두 가지 요소는 인간부터 쇠똥구리까지 모든 동물 발달과 밀접하게 관련된다. 이렇게 본다면 소똥은 악취의 근원인 동시에 생태계와 진화라는 거시적 문제를 파고드는 통찰의 풍부한 근원인 셈이다.

대개 초보 부모들은 맨 처음 도저히 거역할 수 없는 신생아의 귀여움에 마음을 빼앗겼다가 곧 그것이 더러운 기저귀라는 가혹한 현실과 연결된다는 사실을 알아채곤 한다. 이처럼 생물학자들도 맨 처음에는 순전히 자연에 대한 관심으로 시작하지만 결국 소똥을 다루는 운명으로 가차 없이 이어진 현실과 마주한다. 에밀리 스넬루드Emilie Snell-Rood도 그 가운데 한 사람이다. 맨 처음 조류와 그 보존에 대한 열망으로 연구를 시작했지만 결국엔 배설물 속 곤충을 파고 있는 자신을 발견했다. 그녀는 모체크의 제자로 현재 미네소타대학교 교수로 재직 중이다. "조류 연구자였을 때는 항상 곤충을 새의 먹이라고 생각했죠. 하지만 쇠똥구리 연구를 시작하면서 거기에 푹 빠진 거예요. 이 세상에는 조류만큼 쇠똥구리 종도 많아요. 저는 걔들을 아예 믿지 않았죠. 특히 유충들은요." 그러다 현미경 아래 놓인 쇠똥구리 유충을 지켜보면서 완전히 매료되었다. "너무 싫으면서도 너무 흥미롭더라고요. 똥이 유충들 몸을 통과해 움직이는 걸 볼 수 있거든요. 그게 그 유충이 자기가 먹고 싼 똥도 먹는 식으로 체계가 되어 있어요. 그렇게 하면 거기서 먹고 사는 똥을 소화시키는 체내 미생물을 늘릴 수 있는 것 같아요. 유충이 똥을 소화시키는 걸 볼 수 있고, 똥 싸는 것도 볼 수 있고, 먹는 것도 볼 수 있어요. 한마디로 똥의 순환 주기인 거죠."[16]

어쩌면 유충이 똥을 먹는 적나라한 이미지에 잔뜩 움찔대는 자기 모습을 발견하게 될지도 모른다. 어린아이들이 호기심으로 고양이 배설용 모래를 입안에 넣도록 놔두는 것이 결코 좋은 생각은 아니지만, 사실 동물계에서 배설물 소비는 새끼들의 흔한 행동이다. 심지어 코알라 어미는 새끼들에게 먹이려고 '팹pap'이라고 부르는 특별한 배설물을 만든다. 그것은 새끼들이 유칼립투스 잎을 먹고 소화시키는 데 필요한 좋은 박테리아를 전해준다[17](이런 의미에서 코알라의 팹과 쇠똥구리의 밑밥 사이에 뭔가 특별한 이름을 지어줌으로써 먹는 똥과 거리를 두고 관여하지 않을 필요가 있는 것 같다). 어미 토끼도 날마다 새끼들을 잠깐씩 찾아가서 딱 두 가지만 전달한다. 바로 젖과 똥 알갱이다. 새끼들은 태어난 첫 주에 온전히 어미의 젖에 집중하다가 2주째가 되면 먹이에 똥을 추가하고, 3주째가 되면 굴을 떠날 준비를 마친다. 바로 이 시기에 섬유질을 소화시키는 데 도움이 될 좋은 장내 박테리아로 무장하게 된다.

⊙ 동물 발생의 막후 조종자, 공생 미생물

미생물은 동물의 발달에 너무 중요하다. 그래서 일부 동물들은 체내 미생물을 얻기 위해 부화할 때까지, 혹은 태어날 때까지 기다릴 수가 없다. 이런 종은 사실상 난세포 안에 공생체를 놓아두기도 한다. 2014년에 과학자들은 사상 최초로 세포기관을 인도하는 박테리아가 없으면 초기 세포 분할을 일관되게 완료할 수 없는 동물을 발견했다. 그것은 바로 회충이고, 그 박테리아는 월바키아속에 해당한다. 만약 월바키아에 감염된 그 알을 항생제로 치료한다면 그중 약 절반이 죽어버린다.[18]

이 사실을 알았을 때 내 심정은 놀라움 반, 짜증 반이었다. 다름 아니라 2000년대 초반, 새끼 오징어를 체외 수정시켜 만들려고 무진 애를 쓰고 있었을 때 나와 동료들은 그 시험관 안에 항생제를 넣어보려고 했다. 우리 희망은 부화하기도 전에 배아를 죽이는 것 같은 감염병을 물리쳐보자는 것이었다. 당연히 당시에는 그 행동이 오히려 이로운 박테리아를 없애버릴 수도 있다는 생각을 전혀 하지 못했다. 결국 나는 그 감염이 박테리아가 아니라 진균류 쪽이라는 사실을 깨달았다. 만약 박테리아가 자라도록 그대로 허용했더라면 시험관 안의 진균류를 억제하고 물리쳤을 것이다. 변명처럼 들리겠지만, 내가 그 실험을 하고 있던 시절에는 이런 사실이 전혀 알려지지 않았다. 하지만 다시 찾아보니 1989년 초반 연구에서 새우 배아가 항진균류 혼합물을 생산하는 박테리아를 끌어들인다는 사실을 이미 발견한 적이 있었다. 이 박테리아를 거부한 새우는 진균류 때문에 곧바로 죽어버리고 만다.[19]

물론 미생물은 너무 다양하기 때문에 단 한 가지 최상의 접근법이 있을 수가 없다. 많은 수의 박테리아는 발달 중인 배아를 감염시켜 죽일 수 있다. 어떤 조류 어미는 항생 혼합물을 알 속에 넣어주고, 어떤 어류 아비는 항생 점성 물질로 알을 감싸주는 걸 보면 문제의 심각성은 충분히 알 만하다.[20] 이런 양육 기술은 초기 배아는 아직 면역체계가 없다는 사실을 보충하는 데 유용한 지점이다.

하지만 '나쁜 놈'을 막는 것은 면역체계의 단면일 뿐이다. 면역체계는 '좋은 놈'을 알아채고 협상할 필요도 있다. 많은 종에게 이로운 공생체를 찾는 일은 발달에서 가장 결정적인 임무 중 하나다. 한 유기체의 생명 주기가 '단일세포 병목현상'을 거쳐 진행될 때, 그 과정은 광범위한 항생물질을 취하는 것과도 같다. 그러다 보면 병들게 하는 박테리아는 물론이거니와 건강하게 해주는 박테리아까지 제거하게 된다. 앞에서 베놈과 다른 공생체를 보았다시피 많은 경우 둘 사이의 구별은 진흙탕처럼 흐릿하기 때문이다.[21]

박테리아성 월바키아속만 해도 많은 개체가 앞에서 만난 회충뿐 아니라 매우 다양한 곤충 종에 서식한다. 월바키아와 숙주 사이의 관계는 확실히 상호 의존적이다. 그렇다면 그게 '좋은 놈'일까, '나쁜 놈'일까? 아니면 어느 정도는 좋기도 하고 나쁘기도 한 걸까? 월바키아가 새로운 숙주 속으로 들어가는 가장 믿을 만한 방법은 암컷 숙주가 알을 낳을 때다. 수컷 숙주는 박테리아에게 훨씬 유용함이 떨어지는 존재다. 따라서 그 작은 공생체는 더 많은 암컷을 생산하는 방향으로 해당 숙주의 성별 분포를 왜곡시키는 다양한 속임수를 진화시켜 왔다. 적어도 나비와 무당벌레, 이 두 개의 종에서는 모체로부터 월바키아를 물려받은 수컷 배아는 부화하기 전에 그 공생체에게 죽임을 당한다.[22] 공벌레 pill bug 수컷은 훨씬 더 쉽게 제거된다. 수컷이 암컷 속에서 발달하도록 월바키아가 수를 쓰기 때문이다. 이는 공벌레의 성별이 인간과 마찬가지로 유전적으로 결정되기 때문에 특히나 놀랍다.

어떤 면에서 공벌레의 성염색체는 인간의 성염색체와 정반대다. 인간은 동일한 성염색체(XX)를 가진 쪽이 여성성을 발현하고, 서로 다른 성염색체(XY)를 가진 쪽은 남성성을 발현한다. 반면 공벌레는 같은 염색체(ZZ)를 가진 쪽이 수컷의 특성을, 다른 염색체(ZW)를 가진 쪽은 암컷의 특성을 만들어낸다. 하지만 공생 월바키아는 유전적 성별을 중단시키고 ZZ 개체를 정확히 ZW 개체처럼 난소와 독자 생존 가능한 알이 발생할 수 있도록 만들어버린다. 그 결과, 시간이 흘러 어느 순간 어떤 공벌레군은 모든 단일 개체가 ZZ가 된다. 그리고 수컷과 암컷 간의 차이점이 단순히 월바키아에 감염되었는지 아닌지 여부로 나뉜다. 한 발짝 더 들어가 보면, 어떤 공벌레는 심지어 월바키아로부터 받은 '여성화' 유전자를 자신의 게놈 속에 통합시켜 급기야 자신의 조상이 취했던 염색체 접근 방식과 전혀 다른, 완전히 새로운 유전적 성별 결정 체계를 만들어낸다.[23] 이런 종류의 일이 가능하다는 사실을 발견하면, 생물학자들은 즉시 그런 일이 예전에는 도대체 몇 번이나 발생했을지 의문을 품기 시작한다. 지구상 동물의 수십억 년 생애 동안 미생물과의 친밀한 발달 관계가 어떤 종의 진화 과정까지 바꾼 사례가 몇 번이었을까? 확실히 우리가 지금 아는 것보다는 더 흔한 일이었던 것 같다.

숙주의 발달을 교란시키는 월바키아의 능력은 한계가 없는 것 같다. 개미, 말벌, 그리고 벌은 서로 다른 유형의 성별을 결정한다. 바로 앞 장에서 보았듯이 미수정란은 수컷이 되고 수정란은 암컷이 된다. 하지만 대담한 월바키아는 미수정란의 유전자를 복제하는 능력까지 진화시켰다. 이제 그 배아는 이미 수정된 것처럼 전부 두 쌍의 유전자를 갖고 암컷으로 발달한다. 이런 월바키아가 미생물 공생체 사이에서 독보적인 것일까, 아니면 우리가 아직 특징을 파악하지 못한 다른 공생체들의 전형일까?

⊙ 환경의 위험과 대처

우리는 월바키아가 성별 결정을 교란하는 유일한 환경 요인은 아니라는 것을 잘 안다. 여러 무생물 오염인자들도 해당 종의 생존에 위협이 될 정도까지 영향을 끼친다. 이 세상에서 가장 널리 사용된 제초제, 아트라진은 수컷 개구리가 고환 대신 난소를 발생시키도록 만든다.[24] 그 제초제는 농사 지역에 의도적으로 뿌린 것이지만, 자연의 바람과 땅 위로 흐르는 빗물도 환경 전반에 아트라진을 확산시킨다. 수십 년 동안 그것은 성체 동물에게 부정적 영향을 끼치지 않는 것처럼 보였기 때문에 사람들은 아무 걱정도 하지 않았다. 하지만 2000년대 초반 연구는 아트라진이 개구리 발달 과정에서 성호르몬인 테스토스테론과 에스트로겐 생성을 상당히 바꾸어버린다는 증거를 제공했다(이 개구리는 모델 생물 발톱개구리였다. 이는 모델 종에 대한 실험 연구가 환경 연구에 효과적으로 활용될 수 있음을 증명했다). 아트라진에 노출된 수컷 올챙이는 성숙하면서 난소가 발생했을 뿐 아니라 수컷이 짝을 유인하는 신호로 쓰는 전형적인 수컷 후두를 발달시키지 못했다. 일부 단위생식을 하는 도마뱀 종과 다르게 개구리는 암수가 없으면 번식할 수가 없다. 수컷이 사라지면 개구리군이 사라지며, 최악의 경우 전체 종이 다 없어진다.

기후변화는 온도에 따라 성별을 결정하는 동물들에게 환경 교란의 또 다른 요인이다. 성별을 결정하는 부화 온도라는 개념이 낯설겠지만, 아리스토텔레스는 인간의 성별도 온도에 따라 결정되었다고 생각할 정도였다. 그는 남자아이를 낳으려면 여름에 성교해야 한다고 권고했다. 아리스토텔레스 이후로 우리는 인간의 성별이 유전적으로 결정된다는 사실을 알아냈다. 하지만 만약 우리가 붉은귀거북과 비슷하다면, 아리스토텔레스의 조언은 정반대의 결과를 낳았을 것이다! 섭씨 31도 이상의 더운 환경에서 품은 거북알은 암컷을 생산하고, 섭씨 26도 이하의 추운 환경에서는 수컷을 낳는다. 이 온도 사이에서 배아는 어느 쪽으로든 갈 수 있다. 높은 온도는 확실히 에스트로겐을 생성하는 유전자를 활성화해 원생 생식선을 난소로 변화시킨다. 그렇게 활성화된 유전자가 없으면 생식선은 고환으로 변한다. 하지만 그 메커니즘이 온도에 따라 성별을 결정하는 모든 동물에게 보편적으로 일어나는 것은 아니다. 가령 미시시피악어는 온도가 아주 높거나 아주 낮으면 암컷을 부화하고, 중간 온도에서 수컷을 생산한다. 그 이유는 과학자들이 아직 찾아내는 중이다.

다른 여러 종에서 온도는 성별이 아니라 발달 속도를 결정한다. 부모는 새끼를 더 빨리 부화시키기 위해 더 따뜻한 산란 서식지를 찾는다. 상어와 가오리는 '열수분출공熱水噴出孔'으로 불리는 해저 틈에 난낭을 놓아두는 것으로 밝혀졌다. 사실 두 종은 성체 입장에서는 지각적으로 열수가 솟아나는 서식지와 거의 상관이 없다. 열수분출공에서 뿜어져 나온 화학물질은 특수 박테리아를 먹여 살리며, 동시에 그 박테리아와 제휴 관계를 발달시켜 온 벌레와 조개 같은 동물들도 함께 먹여 살린다. 상어 배아는 그런 관계를 맺지 않았지만, 열수분출공 주변의 더 높은 수온이 발달 속도를 높여준다. 그래서 상어 성체는 그곳을 편안한 부화 장소로 선택한다[25](2018년 수백 마리의 심해 문어가 열수분출공 근처에서 알을 품고 있는 모습이 관찰되었다. 이쯤 되자 불가피하게 열수분출공을 가리켜 '문어 정원'이라고 부르게 되었다. 당시 관찰된 암컷 문어들은 열수에 너무 가까이 접근하면 스트레스 신호를 나타내기도 했다. 이에 관찰하고 있던 과학자들은 알을 품고 있는 문어들이 보이지 않게 숨어서 더 좋은 장소를 차지하고 있었을 것이라고 결론 내렸다.[26] 다음 장에서 포란과 부화에 대해 더 많이 이야기하겠지만, 한 가지 분명한 점은 좋은 알 서식지는 그만큼 수요가 높다). 심해 산호와 그 친족, 그리고 바다조름도 양육 서식지를 제공한다. 두툽상어는 거기에 알을 붙여놓고 심해 볼락은 그 안에 배아를 숨겨둔다.[27] 산호와 바다조름은 둘 다 말미잘처럼 쐐기 세포를 사용해 포식자에 대항하고 먹이를 잡아챈다. 그래서 어류 배아는 반드시 그들만의 방어책을 갖고 있어야 한다. 이 방어책은 말미잘 속에 서식하는 흰동가리의 점액질 피막과 비슷할 것이다(흰동가리 방어책의 세부사항은 여전히 오리무중이지만, 새로 나온 증거에 따르면 미생물이 점액질만큼 중요할 수 있다).[28]

일군의 심해어류는 산란관을 이용해 쐐기 촉수를 지나쳐 알을 몰래 가져다놓는다. 이 산란관은 앞서 어미 말벌이 숙주 애벌레 안에 알을 집어넣으려고 사용했던 것과 동일한 형태의 구조물이다. 꼼치로 알려진 이 어류는 말벌보다 훨씬 더 무차별적으로 그 도구를 이용한다. 산호와 바다조름 외에도 해면, 게, 그리고 조개 안에도 알을 주입할 수 있다. 그렇다고 꼼치가 부화 장소를 유난히 까다롭게 찾는다고 할 수도 없다. 왜냐하면 심해에 드문드문 위치한 서식지에서 같은 종을 몇 번이고 만나는 경우가 거의 없기 때문이다. 2019년 과학자들은 꼼치가 '제노피오포어xenophyophore'라고 불리는 심해 유기체 안에도 알을 주입한다는 사실을 발견했다.[29] 이 유기체는 단세포 생물로 언뜻 보면 아메바와 비슷한데 보통 박테리아와 나란히 미생물로 분류된다. 그런데 제노피오포어는 사람 주먹만 한 크기로 자라기도 하고, 속성상 마이크로바이옴과 자리가 바뀐 것처럼 보인다. 마이크로바이옴은 인간 등의 다세포 유기체 안에 기생하는 단세포 미생물 군집체다. 반면 제노피오포어 자체는 단세포 유기체인데 거기에 다수의 다세포 종이 기생한다. 꼼치는 물론 몇몇 종류의 벌레가 이 거대한 세포 안에 알을 낳는다.

심해에 사는 꼼치는 다양한 숙주들 속에 알을 주입한다. 그 숙주가 배아 발달에 필요한 안전한 피난처 역할을 하기 때문이다. 사진 속 유생은 거대한 단세포 유기체, 제노피오포어에서 추출했다.

모든 동물이 살아 있는 부화 장소에 접근할 수 있을 정도로 그렇게 운이 좋은 건 아니다. 새끼를 떨어뜨려도 될 만큼 이미 잘 만들어진 안전한 장소가 없다면, 대개는 부모가 나서서 자기들만의 집을 만든다. 바다 밑에서 훤히 다 보이는 곳에 알을 낳아야 하는 수중 어미들은 번식에 투입할 자원의 최대 절반까지 손수 만든 알 보호장에 바쳐야 할 것이다.[30] 에이미 모런Amy Moran은 열대부터 극 위도에 이르는 유기체를 연구하는 발생생물학자다. 그녀는 어느 남극 달팽이의 매우 단단한 난낭에 대해 이렇게 설명한다. "난낭이 너무 단단해서 열리지 않을 정도였어요. 불가사리가 '이럴 시간이 없어'라고 그냥 포기했다면 대략 상상이 되죠."[31] 하지만 모런은 이 달팽이 새끼가 그만큼 크게 자라는지 알아내고 싶었기 때문에 절대 포기하지 않았다. 난낭 하나에서 길이

약 7밀리미터의 새끼 한 마리가 나왔다. 그 길이라면 보통 연필 꼭지에 달린 지우개보다 더 크니 이제 막 부화한 수중 달팽이치고는 진짜 큰 놈이었다. 타조와 키위새처럼 일부 거대한 새끼들은 그만큼 풍부한 난황을 달고 생산된다. 그런데 이 거대한 남극 달팽이 새끼는 엄청난 양의 보급용 알과 함께 나왔다. 만약 그 난낭을 발달 초기에 열었다면 작은 배아 한 마리가 잔치가 열린 듯 그만한 크기의 보급용 알 무리 속에서 헤엄치고 있는 장면을 목격했을 것이다. 점차 시간이 흐르고 배아가 자라면서 보급용 알도 사라졌다. "그건 커다란 새끼를 만드는 또 다른 방법이었어요. 하나의 최종 산물을 위해, 그 목적 하나만 바라보고 알을 그만큼이나 쓴 거죠."[32]

모런은 남극 달팽이 모체가 만든 난낭의 단단한 속성뿐 아니라 그것의 복합적 속성에도 혀를 내두른다. "이 친구들은 정교하게 움직이는 손이나 그런 게 없잖아요. 그런데도 여러 층위로 복잡한 형태를 가진 이 놀라운 개체를 만들어내는 걸 보면 정말 대단하죠." 혹시 작고 단단한 구조물이 바다 암석이나 해초 줄기에 나란히 줄을 맞추어 서 있거나 나선형으로 죽 붙어 있는 모습을 본다면, 바다달팽이가 그렇게 했을 가능성이 높다(이 책을 수정하면서 해초 잎에 일련의 밝은 파란색 난낭이 목걸이 구슬처럼 죽 놓여 있는 모습을 찾았다. 몇몇 과학자가 그것을 보고 청자고둥 알이 틀림없다고 입을 모았다). 이 난낭은 작은 지갑 형상을 하고서 솔기를 따라 붙어 있거나, 와인 잔 형상을 하고 줄기에 붙어 있을 수도 있다. 그 지점의 대략 반대편에는 난낭 마개 형태로 출구가 있다. 배아는 부화할 준비가 되면 특별한 화학물질을 생성한다. 그 물질은 마개를 푸는 역할을 한다. 이제 배아는 앞으로 남은 생으로 향하는 그 문을 열고 나간다. 모런은 이렇게 덧붙인다. "그 모습을 보고 있으면 달걀의 구조는

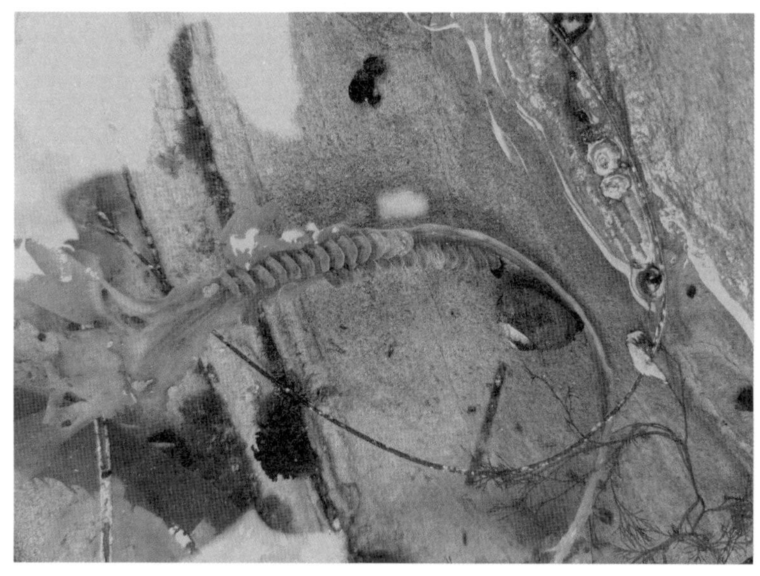

이 난낭 옆 바다달팽이는 그 알의 부모가 아니다. 바다달팽이는 서로 다른 형태의 거대한 밝은 녹색 알을 낳는다. 그러한 다채로운 색소는 천연 일광 차단제 역할을 하며, 이로써 배아를 자외선 복사로부터 보호해준다.

너무 간단하다는 생각을 하게 돼요."[33]

부모는 영양분과 미생물을 포장하는 일부터 최상의 부화 장소를 찾거나 만드는 일까지, 그들이 만든 알에 엄청난 에너지와 노력을 쏟는다. 그렇게 모든 자원을 투자해 가동할 준비를 다 했는데 배아 발달 기간에 뭔가 어긋나서 부화하기도 전에 새끼가 죽는다면 정말이지 엄청난 손실이다. 그래서 많은 동물이 알을 방치하지 않고, 안전하고 건강하게 관리될 수 있도록 저마다의 포란과 부화 전략을 발달시킨 것이다.

3

포란과 부화

데리고 다니거나, 앉아서 품거나, 통째로 삼키거나

그 누가 어미 노릇, 어미의 보살핌 태도를 잊을 수 있을까?
나한테 아기 한번 던져봐. 그러면 귀찮아하지 않고
눈 깜빡이면서 턱하니 아기를 받아들고 엉덩이 끝에 대롱대롱 업어주겠지.

- 리타 도브, 〈모성애〉 중에서[1]

인간은 자식을 키울 때 마음속에 이런저런 감정을 품게 된다. 그러나 품는 것은 단지 감정만이 아니다. 사실 오랫동안 이 말은 알게 모르게 부정적 뉘앙스를 담고 있었다. 대형 프로젝트 프레젠테이션의 성공이나 올림픽 금메달을 놓고는 품고 있다고 말하지 않는다. 보통 상처와 무례함, 잃어버린 기회를 곱씹으며 마음에 품게 된다고 표현한다. 이렇게 품는다는 것은 본래 암탉이 알을 따뜻하고 안전하게 해주려고 알 위에 앉아 있을 때, 그렇게 알을 품는 행동에 빗대어 은유적으로 언급한 말이다. 알은 경이로운 대상이다. 생명과 영양분, 그리고 잠재적인 미생물 협력자로 꽉 차 있다! 그렇다면 '품다brood'라는 단어를 즐겁고 행복한 감정에 쓰면 어떨까?

짐작하자면 알을 품은 암탉이 사람들을 향해 행동하는 방식 때문에 이렇게 되었을 것 같다. 암탉은 새끼들에게서 사람의 손길을 뿌리치려고 부리로 콕콕 쪼면서 물기도 한다. 심지어 보호 본능이 발동하면 잔뜩 흥분해 다른 암탉에게서 알을 빼앗아 자기 품에 가져다 놓을 수도 있다. 그런 행동이 나오면 사람과 좋은 친구 사이가 되진 못한다. 그런 맥락이 순전히 인간의 관점에 콕 박혀서 '품다'를 자기한테 몰두하는 마음이나 태도를 놓지 못하고 '걱정하다, 침울해하다, 부루퉁하다'는 뜻으로 쓰기 시작했다. 동시에 암탉의 관점에 빠져 '품다'는 '보살피다, 돌보다, 양육하다'를 뜻하는 동의어로 변해버렸다.

생물학적으로 말하자면, 암탉은 번식기에 알을 품어 부화시키기 위해 보금자리에 들려는 성질을 가진 수많은 취소성就巢性 종의 하나일 뿐이다. 취소성 종에는 둥지 위 작은 새 엉덩이부터 가득 알을 품은 물고기 입까지 조류와 어류 등이 모두 포함된다. 사실 알을 품는 행위는 동물 가계도의 모든 가지에서 다 발견된다. 하물며 필수 기관인 위는 물론 아무런 기관을 갖고 있지 않을 만큼 매우 단순한 동물인 일부 해면조차도 유충을 특별한 부화 방에 갖다 둔다. 새우와 유사한 생명체로 민물과 바다에 풍부하게 서식 중인 요각류는 자기 꼬리에 알을 붙여놓는다. 한편 입주영리옆새우 어미는 커다란 해파리처럼 생긴 살프salp의 속을 파내고 그것을 부화용 둥지로 이용한다.[2] 심지어 거머리도 다양한 방식으로 새끼를 운반할 수 있다(캥거루처럼 주머니에 품고 새끼를 키우는 유대목marsupial 포유류와 똑같은 어원에서 주머니를 매단 거머리를 가리켜 '마르수피오브델라*Marsupiobdella*'라고 부른다).

포란과 부화는 일도 많고 힘들다. 맨 먼저 둥지 짓는 일부터 투자하는데, 그 일이 끝나도 계속 온기로 따뜻하게, 습기로 촉촉하게, 산소로 공기가 잘 통하게 유지해야 한다. 각각의 종마다 서로 다른 요구사항이 있으므로 이 세상에는 불가피할 정도로 아주 다양한 포란 부화 서식지가 존재한다. 어미 도마뱀은 따뜻하긴 해도 지나치게 따뜻하지 않은 장소를 찾아 나서고, 이 과정에서 어미 조류는 자체 체온을 활용한다. 스플래시 테트라는 수중 포식자로부터 알을 안전하게 지키기 위해 물 밖에서 알을 낳은 다음, 그것이 말라 죽지 않도록 알에 계속 물을 뿌려준다.[3] 한편 유리개구리는 오줌을 누어 알의 수분을 유지시킨다.[4] 문어는 이런저런 바위에 알을 붙여놓고 물을 분사해 공기를 통하게 만든다. 게는 공기를 공급하기 위해 알을 꼭 붙들고 배를 펄럭거린다.

이 세상에 새끼를 돌보는 부모만큼 우리의 관심과 존경을 받는 자연현상은 거의 없을 것이다. 종종 그 장면 속에 우리가 도움의 손길을 뻗칠 때도 있다. 가령 깃털 달린 조류 친구들이 둥지를 지을 수 있도록 새집을 지어주고 싶어 하거나 제왕나비가 알을 낳도록 우윳빛 수액이 나오는 박주가리를 심어주고 싶어 하기도 한다. 하지만 만약 동물의 생명주기 전반에 걸친 매우 다양한 생태계의 상호작용을 이해하지 못한다면, 그런 노력은 역효과를 낳을 수 있다. 인간이 만들어준 새집 때문에 알과 갓 부화한 새끼가 포식자에게 당할 수 있는 위기 상황이 더 늘어나기도 한다. 대신 살충제를 뿌리지 않은 벌판 가득 토종 식물을 키우면 새들이 자연스럽게 둥지를 틀게 될 것이다. 아, 물론 이따금 둥지를 튼다고 우리를 놀라게 하는 순간도 찾아온다.

⊙ 땅에서 부화할 때 필요한 것은 안전, 온기, 먹이

우리 집 근처 보행자용 고가도로 위 다이아몬드형 쇠 울타리에 벌새 둥지 하나가 걸려 있다. 우리 인간에게는 그 둥지가 정말이지 살기 힘든 집처럼 보인다. 주변 환경은 나무나 덤불, 잡풀 하나 없이 순전히 콘크리트뿐이다. 게다가 고속도로 세 개가 교차하는 지점이라 교통 소음이 너무 심해서 소리를 질러야 겨우 들릴 정도다. 고가도로만 하더라도 자전거가 수시로 지나다니며 빵빵거리고, 어린아이가 있으면 하루에 적어도 한 가족은 항상 그 둥지 안을 몰래 들여다보고 있는 형편이다.

하지만 벌새에게 그곳은 최적의 장소가 틀림없다. 포식자가 접근하기 어렵고, 잠시 날아가면 먹이를 찾을 수 있는 각양각색의 꽃으로 가득 찬 공원이 있고, 눈에 잘 띄지 않기 때문이다. 실제로 쇠 울타리가 머리 위 한참 높은 곳에 있어 그곳을 지나다니는 사람들 대부분은 둥지를 알아채지 못한다. 솔직히 말하면 나도 키 큰 남편이 가리키며 알려주지 않았다면 전혀 몰랐을 것이다. 그때부터 거의 해마다 같은 장소에 새로운 둥지가 나타나는 모습을 지켜봤다. 우리는 너무 높아서 둥지 안을 들여다볼 수 없지만, 남편은 키가 커서 휴대폰을 둥지까지 올려 사진을 찍을 수 있다.

어느 해인가 남편이 찍어온 사진 속에 죽어서 부패한 새끼가 보여 마음이 아팠다. 하지만 대부분은 어여쁜 알이 놓여 있거나 부화에 성공한 새끼가 있었다. 새끼 몸통에는 온통 바늘처럼 생긴 가시가 수북했는데, 그게 나중에 깃털로 보송보송 올라올 것이다. 그 작은 새끼는 둥지를 콕콕 찌르고 있는 가늘고 기다란 부리를 제외하면 영락없이 고슴도치나 가시두더지를 닮았다. 새끼 벌새는 다른 여러 조류 종과 마찬가지로 부화 후에 잠시 어미 새가 돌봐야 하는 만성조晩成鳥다. 그래서 깃털도 하나 없고 눈은 보이지 않으며 성체와 전혀 닮지 않았다. 가끔 사람들은 만성조 새끼를 '무기력하다'고 표현하는데 나는 그 형용사가 맞지 않는 것 같다. 이들이 태어나자마자 깃털이 보송하고 혼자 움직일 수 있는 새끼 오리 같은 조성조早成鳥보다 부모의 보살핌을 훨씬 더 많이 요구하는 것은 맞다. 그러나 만성조 새끼들은 그런 보살핌을 받기에 굉장히 적합한 생명체다. 먹이를 달라며 특정한 소리를 내고, 대상물을 딱 맞게 넣어줄 수 있도록 입 안쪽 면 색깔이 화려하다.

하지만 우리는 새끼 벌새가 내는 소리를 한 번도 듣지 못했다. 처음에는 짹짹거리는 소리가 자동차 소음에 묻혀서라고 생각했는데 이런저런 자료를 찾아보면서 새끼 벌새는 포식자의 관심을 피하기 위해 소리를 내지 않는다는 사실을 알았다. 부모 벌새는 새끼가 부화할 때까지 알을 품으며, 이는 깃털이 자라 스스로 체온 유지를 할 수 있을 때까지 계속 이어진다. 그 후에 부모는 전략을 바꾸어 포식자의 관심을 끄는 걸 피하면서 최대한 둥지에서 멀리 떨어진다.[5] 어미 토끼도 이와 비슷한 접근 방식을 취한다. 새끼를 땅 밑에 숨겨놓고 먹이를 주러 하루에 딱 한 번씩 최대한 짧은 시간만 찾아간다. 벌새와 토끼는 사실상 둘 다 포식자와 맞서 싸울 능력이 없는 동물들이다. 그러므로 새끼들 가까이에 머물면서 보호하려고 애써보았자 아무런 이득이 없다. 번식을 위한 최상의 도박은 아무도 둥지를 알아채지 못하게 하는 것이다. 그에 따라 그들은 먹이 주는 시간을 짧게 하고 새끼들은 소리를 내지 않는 방향으로 진화한 것이다.

이와 정반대로 수년 동안 우리 가족은 우리 집에 찾아왔던 새끼 딱새가 밤중에 밖에서 '밥 달라'고 합창하는 소리를 듣곤 했다. 처음에는 어떤 종류의 새인지 알지 못했다. 가까이서 부모 새를 살펴보니 놀랍게도 하얀 배만 빼고 온통 새까맣고 동그란 몸통에 단정한 모히칸족 머리처럼 깃털 달린 조그만 볏이 있었다. 이 특징을 조류 도감 여러 권을 살펴보고 나서 똑같은 녀석을 찾아냈다. 딱새라는 이름은 어쩌면 그 새가 서로를 부르는 소리를 묘사한 것 같다는 생각이 들었지만, 딱히 그 소리를 제대로 알아챌 수는 없었다(아마 내가 처음부터 조류 연구자가 아니어서 그랬을 것이다). 그들은 맨 처음 우리 집 현관 정면 처마 밑에 둥지를 틀기 시작했다. 그곳은 보행자 도로에서 쉽게 보이고, 둥지 아래 벽에 주르르 새똥이 붙어 있어 훨씬 잘 보이는 위치였다. 그러다 지난해 언젠가 새들이 매년 둥지를 틀던 곳에 도착하기 전, 새를 사랑하는 이웃사촌이 잠시 들러 가벼운 대화를 나누었다(여기서 새를 사랑한다는 말은 이 이웃집 사람이 매일 현관에 나와서 새 모이 밀웜mealworm을 공중에 던져주었는데, 그러면 새들이 정말 그걸 먹으려고 나타나곤 했다는 뜻이다. 그나저나 밀웜은 갈색거저리 새끼다). 그녀는 우리 집과 이웃집에 찾아오는 딱새 모두 원래 자기 집 마당에 살던 딱새 한 쌍의 자손이라고 말했다. 이런 이야기를 나누던 중 그녀는 주변을 오가는 까마귀들을 가리키더니 저게 딱새가 둥지를 틀 때 위험한 요인일 것이라고 말해주었다. 그러고는 그 까마귀를 쫓으려면 우리 집 마당에 가짜 까마귀를 하나 세워놓으라고 조언했다.

나는 본래 야생 동물 사이에서 어느 한쪽 편을 드는 사람은 아니다. 물론 우리 고양이를 집 안에 들여 키우는 것은 별개의 문제다(어쨌든 내 고양이는 야생 동물이 아니긴 하다). 그래서 딱새가 어떻게 하는지 가만히 기다리면서 지켜보기로 했다. 처음에는 둥지를 틀 생각이 전혀 없어 보였다. 그러던 중 우리 딸이 딱새 한 마리가 우리 집 뒤쪽 처마 밑으로 날아가는 모습을 알아챘다. 이윽고 우리는 둘 다 뒷마당에 앉아서 그 작은 녀석이 신나게 짹짹거리며 진흙과 마른 풀을 물고 앞뒤로 열심히 다니는 모습을 유심히 지켜보았다. 어느새 조금씩 둥지 형상이 나타나고 있었다.

나는 탐조가들을 위한 사이트 '코넬 랩Cornell Lab'에서 다음과 같은 사실을 알아냈다. "검은산적딱새 수컷은 암컷에게 둥지를 틀 수 있는 잠재 위치를 안내하고 둘러보게 한다. 각 위치 앞으로 가서 5초에서 10초 동안 맴도는 것이다. 하지만 최종 결정을 내리고 둥지를 짓는 일은 전부 암컷이 한다."[6] 이 사실을 알고 나서 이런 짐작을 하게 되었다. 우리 집에 온 수컷 딱새가 암컷에게 현관 정문을 보여주었더니 암컷이 "안 돼, 까마귀가 있잖아"라고 대답했고 둘은 뒷마당으로 갔던 것이다.

다 지은 둥지 안쪽을 휴대폰으로 찍은 사진에는 파란 색깔의 어여쁜 알이 세 개 있었다. 부모 딱새는 우리의 감시를 달가워하지 않았다. 우리가 둥지 근처로 가면 위에서 급히 날아와서는 소리를 질렀다. 하지만 우리는 뒷마당에 걸어놓은 해먹에 앉아 슬슬 앞뒤로 그네 타듯 움직이면서 새들을 지켜보곤 했다. 그러면 새들은 나무나 전선 위 횃대로 돌아가, 맛있는 벌레가 있는지 주변을 살펴보면서도 변함없이 둥지에서 눈을 떼지 않았다. 특히 그 친구들은 우리 집 뒷마당 울타리에 서 있는 대형 퇴비통을 자주 찾아가서 끊임없이 곤충 먹이를 뷔페처럼 즐기곤 했다. 그러던 어느 날, 다섯 살짜리 우리 딸과 나는 얼굴이 너무 동그라미처럼 생긴 그 딱새들의 이름을 '보브'라고 지어주기로 했다(사실 수컷이랑 암컷을 구분할 수가 없어 둘 다 같은 이름을 지어줄 수밖에 없었다).

새끼들과 함께 있는 만성조 부모 새들에게는 전형적인 과정이겠지만, 새끼들이 부화되기 전에는 둥지 안에 새로운 알을 낳지 않는 것 같았다. 남편이 다시 카메라를 들고 흐릿한 사진 한 장을 찍었는데 새끼 한 마리가 보였다. 부모 딱새 보브들이 둥지 안에서 남편을 향해 시끄럽게 소리를 냈다. 그걸 보고 나는 "그래, 잘한다, 보브! 어서 그를 쫓아내버려!"라며 응원을 보냈다.

알을 깨고 나온 새끼들은 놀라울 정도로 빠르게 자랐다. 그 모습을 직접 보고는 깜짝 놀랐다. 만성조 새끼들은 엄청난 부모의 투자가 필요하지만, 대신에 독립 단계까지 아주 빠르게 발달한다. 이제 막 새끼들이 짹짹거리는 소리를 듣고 부모가 먹이 주는 모습을 본 것 같은데 금세 우리 아이들이 "어, 재들이 날고 있어요!"라고 소리치고 있었다. 어린 새들이 날개를 퍼덕이며 날고 있었다! 언젠가 내가 한참 일하는 동안 어린 새들이 날아가 버리는 장면을 우리 아들만 본 적도 있다. 그뿐이었다. 더 이상 어린 새는 없었다. "난 아직 멀었네." 하늘을 날고 있는 어린 새들에게 우리 아이들이 즐겁게 공감하는 모습을 보면서 나는 혼자 나지막이 투덜거렸다. 우리 애들은 10대가 되어서야 비로소 둥지를 떠나게 될 지극한 만성형이 아닌가.

해마다 딱새들이 우리 집에 와서 둥지를 틀겠다고 결정한 데 대해 우리가 어느 정도는 생색을 내도 괜찮다고 생각하기로 한다. 물론 우리가 까마귀들을 다 쫓아버리진 못했지만 집 마당에 둥지 지을 때 쓸 만한 재료와 살충제를 치지 않는 맛있는 먹이를 가득 쌓아두었고, 토종 식물도 심어놓고, 파리를 꽉 채운 퇴비통도 계속 배양했다. 나는 이렇게 새가 편하게 들어와 둥지를 틀 수 있는 생태 환경을 갖추는 것이 우리가 할 수 있는 최선이라고 말하는데, 우리 아이들은 자꾸 새집을 짓고 싶은 마음을 감추지 못했다. 한번은 딸내미가 새집을 하나 사서 페인트칠까지 했다. 지금은 우리 집 단풍나무에 예쁜 장식품처럼 걸려 있다. 내 생각에는 감사하게도 아직 그 안에 찾아온 새들은 없다. 새집과 둥지 상자는 아무리 좋은 뜻으로 만들어놓는다 하더라도, 어쩔 수 없이 포식자를 유인해 새들이 불안한 장소에 둥지를 틀게 만들거나 먹여 키울 수 있는 여력보다 더 많은 알을 낳게 만드는 등 '생태적 덫'이 될 수

있다.[7]

이런 생태적 덫은 열대 도마뱀처럼 다른 둥지형 동물에게도 생겨날 수 있다. 열대 도마뱀은 냉온 동물로 알을 품어서도 따뜻하게 유지할 수 없기 때문에 둥지를 틀 만한 따뜻한 장소를 찾아 나선다. 대만 오키드섬의 긴꼬리도마뱀*Eutropis longicaudata*은 단단한 콘크리트 고정식 벽을 찾을 때까지는 보통 바위 밑에 알을 낳는다. 2000년대 초반에는 콘크리트 속에 낳은 알이 야생 자연에서 낳은 알보다 부화 성공률이 더 높았다. 이는 바위에 비해 콘크리트 벽의 온기가 더 높았기 때문이다. 하지만 그로부터 10년이 지나 기후변화로 온도가 너무 올라가면서 뜨거운 콘크리트가 배아를 손상시켜 부화 성공률이 줄어들었다. 이렇게 재빠르게 자연 양식이 바뀌는 모습을 보면 동물의 생장과 발달에 인간이 끼치는 영향이 얼마나 복잡하고 다양한지 알 수 있다.[8]

⊙ 물속에서 부화할 때 중요한 것은 산소

우리 동물은 모두 산소가 필요하다. 아니, 더 정확히 말하면 아주 오래전에 공생체였다가 세포 조직으로 변한 우리의 미토콘드리아에겐 산소가 필요하고, 우리에겐 그 미토콘드리아가 필요한 것이다. 미토콘드리아는 우리가 몸으로 행하는 모든 것에 필요한 에너지를 생성하기 위해 산소를 이용한다. 광합성 식물과 해조류 덕분에 지구 대기는 약 21퍼센트가 산소로 이루어진다. 이는 공기를 호흡하는 수많은 동물 생명체를 살릴 수 있을 만큼 큰 수치다. 따라서 동물이 맨 처음 바다에서 진화했다는 사실과 심지어 오늘날에도 바다가 1퍼센트 미만의 산소를 품고 있다는 점을 기억한다면 충격이 아닐 수 없다.

자, 이제 사람들은 이 1퍼센트라는 수치가 터무니없다고 생각하면서 물 분자가 화학적으로 H_2O로 표시된다는 사실을 지적할 것이다. 확실히 바다는 산소로 가득 차 있다! 하지만 그것은 수소 분자에 결합된 산소 원자이므로 살아 있는 유기체가 호흡하는 그런 종류의 산소가 아니다. 우리에게 필요한 것은 산소 기체 O_2다. 그것이 대기 중의 다른 기체와 결합하든 액체 안에서 용해되든 아무 상관이 없다. 가장 철저하게 산소가 공급되는 바닷물은 약 1퍼센트의 용해된 산소를 유지할 뿐이다. 바닷속 물고기가 땅 위 다람쥐와 동일한 산소량을 얻으려면 다람쥐보다 훨씬 더 많은 물을 호흡해야만 한다. 게다가 물은 공기보다 점성이 많다. 이는 아가미로 물을 퍼 올리려면 폐를 공기로 채우는 것보다 더 많은 일을 해야 한다는 뜻이다.

기후변화는 그 상황을 악화시키고 있다. 바닷물이 더 따뜻해지면서 용존 산소량이 더 줄어들고, 바다는 최근 수십 년 만에 현저히 온난화되었다(탄산수를 즐기는 사람들이 종종 그 물을 차갑게 해서 마시는 걸 선호하는 이유가 바로 여기에 있다. 탄산수 온도가 오르면 톡 쏘는 탄산 맛이 사라진다). 게다가 농업 유거수로 인한 오염 때문에 해안 근처 지역에서 산소가 없는 '데드 존dead zone'이 늘어나고 이 현상은 점점 가속화되는 중이다. 성체 동물은 보통 산소가 더 많은 바다로 이동함으로써 이런 상황을 피할 수 있지만, 이제 발달 중인 배아는 순전히 환경의 영향 아래 놓이게 된다.

앞서 만난 사례처럼 알이 스스로 부화하고 살아나가도록 행동하는 부모는 전형적으로 산소 공급을 고려한 난괴를 생산한다. 캘리포니아만에서 발견한 엄청난 훔볼트오징어 난괴를 생각해보라. 어떻게 어미 오징어가 자신보다 훨씬 큰 난괴를 낳을 수 있는 것인지를 알아내기 위해 노력하는 과정에서 우리는 이런 가설을 세웠다. 아마 어미 훔볼트

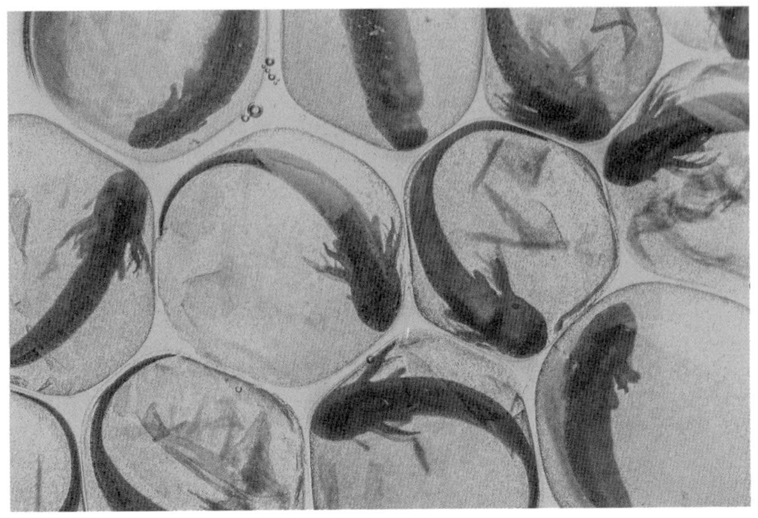

이 새끼 도롱뇽은 주변에 함께 서식하는 조류가 생산한 산소에 의존해 살아간다. 알 내부는 물론 몸체의 세포 안에서도 마찬가지다.

오징어는 바닷물과 접촉하면 부풀어 오르는, 그런 농축된 점액질을 생산했을 것이다. 그렇게 이론상 부풀어 넓어진 구체의 한 가지 이로운 점은, 그러면 모든 알이 널리 퍼져나가 산소가 모두에게 훨씬 더 쉽게 닿을 수 있게 된다는 것이다.

어미 도롱뇽은 개구리처럼 물과 결합된 알을 낳지만 항상 주변 환경에서 나오는 산소 보급에만 의존하는 것은 아니다. 점박이도롱뇽*Ambystoma maculatum*은 난괴 안에 추가로 산소 공급원을 챙겨놓는다. 그것은 바로 공생 조류다. 그 특정 해조류는 자신의 주된 역할에 맞게 '도롱뇽알을 사랑하는 것'이란 뜻의 오필리아 암블리스토마티스*Oophilia amblystomatis*라는 이름이 붙여졌다. 도롱뇽과 해조류 관계는 100여 년에 걸쳐 알려지긴 했으나, 2010년에 과학자들이 도롱뇽 배아 세포 안에서 그 해조가 실제로 자라는 모습을 발견하고 깜짝 놀랐다. 곤충 안에 사는 월바키아처럼 공생 미생물이 무척추동물 안에서 발견된 적은 있지만, 이는 그와 같은 친밀한 관계성이 척추동물에서 기록되고 입증된 최초의 사례다.[9] 하지만 유감스럽게도 이 환상적인 공생체에 대한 더 깊은 탐색은 본래의 취약성과 더불어 진행되었다. 과학자들이 그 조류가 다량의 제초제 아트라진에 약하다는 사실도 함께 알아냈기 때문이다. 그 조류가 죽으면 많은 알이 질식해 부화하지 못한다.[10] 따라서 발달 중인 수많은 새끼 동물이 농약부터 제초제와 살충제까지, 소위 상업화된 농업의 영향으로 고통받는다(살충제 환경 파괴는 다음 장에서 좀 더 들을 수 있다).

동물의 발달에서 산소 공급이, 특히 물속에서 결정적으로 중요하다는 사실을 감안해 많은 성체가 스스로 그 임무를 떠맡았다. 문어는 여러 줄이나 무리를 지은 상태로 알을 낳아놓고 부드럽게 물을 뿌리면서 알에게 계속 산소를 공급한다. 내가 인터뷰한 어느 연구자는 이런 문어를 가리켜 "좋은 어미가 필요한 새끼의 전형"이라고 표현했다.[11] 대부분의 종에서 어미 문어는 이 산소 공급 임무에 너무 몰두한 나머지 먹는 것도 중단하고, 결국 알이 부화되는 시점에 죽음을 맞는다. 문어 부화는 보통 몇 주나 몇 달이 걸리는데, 2014년 해양생물학계에서 심해의 어미 문어는 무려 4년간 계속 알을 품었다는 새로운 발견을 해 큰 충격을 주었다.[12] 몇몇 심해 문어 종은 아가미 근처 몸 안에서 알을 품는다. 앞서 말했듯이 이들은 아가미를 펄럭거리며 신선한 물을 계속 퍼 올린다. 한편 굴은 알을 품을 때 아가미 바로 위에 알을 놓아둔다. 아가미는 산소 교환이 최대로 일어나는 곳이기 때문이다. 그럼에도 불구하고 이렇게 품은 굴 배아도 물속에서 자유롭게 발달하도록 방출된 배아보다 산소 스트레스를 더 많이 겪는다. 그렇다면 굴의 경우 이런 부화 방식이 호흡을 수월하게 만들려는 의도보다 새끼들을 보호하기 위해서 환경에 적응한 사례일지도 모른다. 흥미롭게도 이렇게 품은 굴이 부화하면 산소가 낮은 환경에서 더 많은 회복탄력성을 나타낸다.[13] 그들은 산소가 낮은 세상에 미리 적응을 마친 운 좋은 생물일까, 아니면 당장 쓸 수 있는 산소가 줄어들면서 그렇지 않아도 스트레스가 심한 기존의 부화 환경에서 더 이상 살아갈 수 없게 만든 것일까? 우리로서는 아직 확인할 수가 없다.

대부분의 경우, 모체 안에 알을 품는 어미들은 몸집이 작으며 그 난괴도 마찬가지다. 이는 새끼를 너무 가까이 촘촘하게 껴안고 있으면 자칫 숨이 막힐 위험이 있고, 산소가 쉽게 확산되려면 상대적으로 크기도 작고 수량도 적은 알을 품을 때만 가능하기 때문이다.[14] 하지만 칠레 과학자 미리암 페르난데스Miriam Fernández는 놀랄 만한 예외 사례를 연구했다. 바로 칠레, 페루, 에콰도르 등에 서식하는 식용 게 슈도그라프수스 세토수스*Pseudograpsus setosus*다. 어미 게는 최대 14센티미터까지 자라는데, 엄청나게 큰 난괴를 생산한다. 게다가 주변 바닷물의 산소가 어미의 움직임을 통해 간접적으로 난괴 속에 들어와 확산되길 기다릴 수밖에 없으니 충분한 산소를 얻을 수가 없다. 게는 복부 바로 아래쪽에 덩어리 상태로 알을 품는데, 페르난데스의 발견에 따르면 작은 게는 그저 제자리에서 알을 붙들고 있지만 큰 게는 복부를 활발하게 퍼덕거리면서 새끼들에게 환기를 시켜준다. 과연 이런 행동으로 그 알이 충분히 건강한 상태를 유지할 수 있었을까?

페르난데스는 어미의 움직임과 새끼의 산소 공급 사이 관련성을 확인하기 위해 난괴가 모체에 붙어 있는 동안 난괴 안의 산소를 측정해야만 했다. 당시 그녀는 독일에서 일하고 있었는데 그곳 실험실은 산소 측정 기구를 많이 갖추고 있었다. 다만 모든 기구가 유리로 만든 것이

어미 게는 복부 아래 수천 개의 알을 품는다. 이곳은 육지의 영장류가 몸통을 살펴보려고 집어 들지 않는 이상 전형적으로 안전하고 은밀하게 숨기 좋은 장소다.

었다. 그래서 어미 게의 활발한 움직임 때문에 측정 기구를 단 몇 초 난괴 속에 넣기만 해도 쉽게 깨질 수 있는 상황이었다.

그런데 우연인지 실험실에서 그리 멀지 않은 브레멘에서 새로운 산소 측정기를 발명했다는 소식을 들었다. 이 기구는 산소를 만나면 반응하게 될 말단 지점에 특별한 코팅 물질을 씌운 광섬유를 사용했다. 신규 기술인 만큼 가격이 높았으나 당시 독일 실험실은 예산이 충분했다. 페르난데스는 활발한 게의 움직임으로 뾰족한 측정기 말단 지점이 깨질 수 있겠지만, 기존 기구와 다르게 광섬유가 이중 코팅되었다는 사실을 알게 되었다. 근본적으로 이는 섬세한 작업이면서 자주 이루어져야만 하는 일이었다. 그렇기에 새로운 기구 발명자도 페르난데스의 시도가 성공하기를 몹시 바라고 있었다. 그들은 페르난데스가 기구를 계속 사용할 수 있도록 자체 수리하는 법까지 가르쳐주었다. 그리고 그녀는 칠레로 귀국할 때 기구와 코팅 재료를 함께 가지고 갔다. 덕분에 이번 연구도 계속할 수 있었다. 물론 독일에서와 똑같은 연구 자원을 갖추지 못한 점과 혹시라도 새로운 광섬유를 구입해야 하는 상황이 될까 걱정하고 있다. 혹시라도 그런 상황이 생긴다면 그 회사에서 제공해줄 수 있기를 바란다. "지금 이 회사는 전 세계에 광섬유를 제공하고 있어요. 그런데 이 회사에서 만든 최초의 광섬유는 저의 게 연구에 모두 사용되었죠."[15] 페르난데스가 이룬 가장 놀라운 발견은 이들 대형 어미 게들이 실시간으로 알의 산소 공급을 점검하고, 그에 따라 공기 주입을 늘리면서 낮은 산소량에 반응할 수 있다는 것이다. 게는 자체 산소 측정기가 없지만 배아의 생리적 변화를 감지할 수 있는 것 같다. 그런 변화는 산소 공급량을 나타내는 대체물로 활용될 수 있다.[16]

지금까지 연구에서 밝혀진 것처럼 어미 게가 알을 품는 행동은 연구비만큼이나 비싼 편에 속한다. 물론 어미 게는 돈이 아니라 자기 에너지를 쓴다. 배를 펄럭거리는 행동은 자유롭지 않다. 배아가 호흡하도록 돕기 위해 열심히 펄럭이려면 그만큼 어미에게 필요한 산소도 늘어난다. 여기에 까다로운 문젯거리가 잠재되어 있다. 바닷속에는 쓸 만한 산소가 점점 더 적어지기 때문이다. 산소가 줄어드는 힘겨운 상황에 더해 수온도 올라간다. 따라서 모든 동물이 더 높아진 수온 상태에서 더 많은 산소를 필요로 하게 되었다. 바닷물이 더 따뜻해지면 어미 게는 알을 위해 더 많이 환기를 시켜주어야 한다. 그러면 어미 게는 더 빠르게 숨을 쉬어야 하는데, 이는 평소보다 훨씬 더 많은 산소가 필요하다는 뜻이다. 페르난데스는 북미와 남미 태평양 해안을 따라 용존 산소가 줄어드는 바다 구역이 확산되면 이 게는 다른 곳으로 이주해야 할 것이라고 예상한다.

이렇게 값비싼 포란 행동에 어미들만이 에너지를 다 쓰는 것은 아니다. 바다거미 사이에서는 부계가 다수의 암컷이 생산한 난괴를 모아 다리에 붙이고서 새끼들에게 산소를 공급하려고 춤을 추듯 계속 움직인다.[17] 자기 다리 주변을 빙 둘러 알을 감싸는 산파개구리부터 등에 알을 붙이고 있는 동안 나는 걸 포기한 물장군까지 여러 다른 동물 부계도 비슷한 행동을 보인다.[18] 슬프게도 이미 멸종한 다윈코개구리 수컷도 자기 울음 주머니 안에 알을 품었다. 새끼들을 키우기 위해 자기 목소리를 포기한 것이다.

수컷이 알을 품는 종은 귀한 알을 넘겨받기 위해 암컷을 설득하고 확신을 주어야만 한다. 이것 때문에 큰가시고기는 알 도둑질이라는 이상한 행동이 진화했다. 말하자면 큰가시고시 수컷은 자기 것이 아닌 알을 훔쳐온다. 암컷은 이미 알이 담긴 둥지, 그러니까 알을 품고 있는 수컷을 짝으로 선택할 가능성이 더 많다. 왜냐하면 다른 암컷이 이 수컷이 새끼를 잘 기를 수 있다고 믿고 알을 낳았다면 그 수컷은 무리 사이에서 신뢰할 만한 존재가 된다. 이렇게 되면 지금 알이 없는데 짝짓기를 열망하는 수컷은 매우 난처한 상황에 빠지게 된다. 그 결과 아빠가 되길 바라는 큰가시고시는 자기를 좀 더 매력적인 존재로 보이게 하려고 다른 수컷의 둥지에서 알을 훔친다.[19]

수많은 물고기가 입안에 알을 품는다. 이는 배아의 산소 노출량을 최대화한다는 점에서 아가미 포란과 유사하다. 이런 종들은 대체로 암컷이 알을 낳고 나면 암컷이나 수컷 중에서 어느 한쪽이 알을 다 떠서 입안에 넣고 부화할 때까지 기다린다. 가끔 부화한 이후에도 이 행동이 계속될 때도 있다. 물고기 종에 따라 입안에서 알을 품는 행위가 어렵거나 불가능한 일이 되기도 하기 때문에 결국 부모의 상당한 희생으로 이어진다. 하지만 이 행동이 새끼들의 희생으로 변할 수도 있다. 가령 동갈돔과의 수컷은 입안에 알을 품는 동안 더 좋아하는 새로운 짝을 만나면 원래 짝이 낳은 알을 먹어 치운다.

구강 부화를 하는 새끼 시클리드는 또 다른 위험에 처한다. 위험 요인은 바로 부화 기생 생물이다. 부모 시클리드가 수정란을 입안에 넣으려고 재빨리 들어 올리기 직전에 이따금 메기가 그 알 무리 속에 자기 알을 몰래 갖다 넣는 경우가 있다. 메기 배아는 시클리드 배아보다 더 빠르게 발달한다. 이는 우연의 일치가 아니라 진화상의 적응이다. 그러므로 새끼 메기가 더 빨리 부화하고, 그 새끼들은 자기들이 원하지 않았는데 들어와 있는 양부모 입 밖으로 헤엄쳐 나가야 하니 그에 앞서 함께 자란 시클리드 알을 게걸스럽게 먹어 치움으로써 상처와 모욕을 안긴다.

지금까지 살펴본 내용에 따라 알을 품고 부화하는 것이 얼마나 값비싼 일인지 감안한다면, 다른 개체 부화에 숟가락을 얹는 부화 기생, 탁란托卵이 널리 퍼져 있다는 게 그리 놀랄 일도 아니다.

⊙ 남에게 육아를 맡기는 동물들

앞서 쇠똥구리를 사랑하게 된 조류 애호가 스넬루드와 달리, 나는 벌레와 애벌레를 너무 사랑한 나머지 새는 그저 벌레를 귀찮게 하는 포식자로만 생각했다. 하지만 우리 집에 둥지를 튼 딱새를 비롯한 내 주변의 새를 보면서 새의 진가를 조금 더 알게 되었다. 특히 보송보송한 솜털에 짹짹거리며 우는 새끼들이 너무 예쁘다. 그래서 항상 쇠새

cowbird가 혹시 그 둥지에 기생하는지 알아내려고 잔뜩 호기심을 갖기도 한다. 쇠새가 기생하면 딱새보다 몸집이 더 크고 더 시끄러운 새끼가 그 안에서 자라게 된다. 우리 딸은 탁란을 알게 된 이후 알을 만나면 꼭 이렇게 묻는다. “엄마, 이 알도 다른 새 둥지 안에 놓여 있는 거야?” 이런 행위가 야생 자연에서 자주 일어난다는 점을 감안한다면 딸아이의 의구심은 그만한 이유가 있는 셈이다.

“알을 품고 부화하기까지 보살피는 동물에게는 어딘가에 그 수고에 기대어 살아보려는 기생 생물이 있기 마련이에요.” 호주 생물학자 로스 글로그Ros Gloag의 말이다. 그녀는 20여 년의 연구 생활 대부분을 탁란 연구로 보냈다.[20] 처음에는 꿀벌의 행동을 살피기 시작했고, 그다음에 남미 쇠새와 호주 뻐꾸기로 옮겨갔다.

나는 유럽 뻐꾸기에 대해 들어본 적이 있다. 글로그는 그들이 바로 “뻐꾸기시계로 유명해진 바로 그 아이들”이라고 했다. 그리고 내가 북미에 살고 있기 때문에 쇠새에 대해서는 익히 알고 있었는데, 사실 이곳에서 쇠새는 뻐꾸기와 동격이다. 그러나 최근에 쇠새가 북미 캘리포니아가 원산이 아니라 유럽 정착민들과 함께 서부 해안으로 이주해왔다는 사실을 알게 되었다. 그리고 얼마 되지 않아 북미 토종 조류가 아무런 방어력이 없었다는 사실도 알게 되었다. 그런 탓에 쇠새의 탁란은 토종 새 두 종을 멸종 상태까지 이르게 했다.[21] 하지만 나는 글로그에게 연락할 때까지만 해도 탁란이 조류의 서로 다른 일곱 가지 계통에서 적어도 일곱 번씩이나 진화를 거듭했다는 사실을 깨닫지 못했다. “북미 쇠새는 사실상 찌르레기blackbird의 일종이에요. 아프리카뻐꾸기는 되새와 꿀잡이새고요. 아, 다른 종 둥지에 알을 낳는 오리도 있어요.”

잠시만, 탁란을 하는 오리라고? 여기서 감정을 가라앉히고 이런 종을 논의하기 위해 대화로 풀어보는 우회 경로를 요청하고자 한다. 일단 그게 실제로는 그렇게 낯선 일이 아니라는 사실을 알고 나면 나름 타당하다는 생각이 든다. 검은머리오리는 자기 둥지를 짓지 않는 유일한 오리이고 사실 새끼를 탁란하는 유일한 조성조 종이다. 탁란은 부화 후에 먹이고 키우는 데 너무도 많은 에너지를 쏟아야 하기 때문에 만성조를 낳는 조류에게서 더 흔하게 진화했다. 한데 심지어 둥지를 만들고 알을 품는 것도, 비록 더 적긴 하지만 그만한 에너지 비용이 드니 검은머리오리는 아예 둥지조차 없는 오리로 진화했다. 그것은 다른 물새, 대부분 검둥오리 둥지에 자기 알을 낳는다. 공교롭게도 검둥오리는 포식자로부터 알을 적극적으로 보호하는 종이다. 부화하고 몇 시간 안에 새끼 오리는 뒤뚱뒤뚱 걸으며 자기 갈 길을 간다.

대부분의 탁란 종은 양육을 제공할 숙주를 속이기 위해 서로 비슷한 전략을 구사한다. 글로그는 그것을 군비 확장 경쟁과 같다고 설명한다. 먼저 뻐꾸기가 숙주의 둥지에 알을 낳기 시작한다. 그런 다음 숙주는 뻐꾸기알을 알아채고 제거하는 능력을 진화시킨다. 그러자 뻐꾸기는 숙주의 알과 닮은 알을 발생시킨다. 숙주가 알아채는 능력은 더 진화하고, 그만큼 기생 동물이 알을 모방하는 능력도 크기, 형태, 색깔, 무늬까지 다 일치할 정도로, 심지어 어떤 면에서 우리 인간이 봐도 알아볼 수 없을 정도까지 정말 실감나게 발달했다.

그러나 어느 호주 뻐꾸기는 숙주가 알아채는 것을 방어하기 위해서가 아니라 다른 뻐꾸기의 속임수로 자기 알이 파괴되는 것을 막기 위해 알 색깔을 진화시켰다. 새끼 뻐꾸기의 전형적인 행동은 부화하자마자 다른 알이나 새끼를 둥지에서 밀어내는 것이다(새끼 쇠새는 그렇지 않다). 정말 가관이다. 이제 막 알을 깨고 나와 눈도 뜨지 못하고 깃털도

나지 않은 몹쓸 녀석이 고개를 숙인 채 마구 꿈틀거리면서 다리를 이용해 둥지에 함께 있던 새끼를 쫓아낸다. 그 안에는 원래 둥지 주인인 숙주의 새끼와 그 둥지에 탁란을 한 다른 뻐꾸기의 새끼도 있다. 그래서 암컷 뻐꾸기가 알을 낳을 둥지를 찾고 있을 때 이미 다른 뻐꾸기 알이 들어 있다는 걸 알게 되면, 자기가 맨 처음 부화시키는 어미가 되는 걸 확실히 하기 위해 원래 알을 깨버리거나 둥지 밖으로 밀어버릴 것이다. 물론 다른 뻐꾸기 어미에게는 나쁜 소식이다. 이런 이유로 호주 뻐꾸기 종은 다른 뻐꾸기들로부터 자기 알을 은밀하게 숨기려고 숙주 종의 알과 비슷하게 흰색 바탕에 얼룩덜룩한 알이 아니라, 오히려 둥지의 어두운 색감과 교묘하게 섞여 보호색처럼 보이게 하려고 짙은 갈색 알로 진화했다.[22]

이제 호주 뻐꾸기의 숙주는 처음부터 뻐꾸기 알을 거부하는 시도 대신 부화한 새끼를 거부하는 전략을 발달시켰다. 이 전략도 탁란을 당하는 조류에게서 보기 드문 행동이다. 글로그는 이렇게 설명한다. "이따금 숙주 새가 자기 새끼랑 거의 똑같아 보이는 새끼를 집어서 산 채로 둥지 밖으로 던지는 모습을 보곤 해요. 이건 일반적으로 어미 새가 하는 행동은 아니거든요." 탁란을 둘러싼 진화라는 군비 경쟁이 계속 되면서 급기야 뻐꾸기는 숙주 새끼와 꼭 닮은 새끼를 부화시키는 수준까지 진화했다. 사실 이 둘의 성체 사이에는 서로 닮은 점이 하나도 없다. 어미 뻐꾸기는 어미 숙주보다 세 배나 더 크지만 새끼 뻐꾸기는 연구자들조차 분간하기 어려울 정도로 숙주의 새끼와 거의 비슷하다.[23]

이 흉내 내기 전략은 아프리카에 사는 뻐꾸기되새에서도 나타나지만, 이 경우 모방 전략은 새끼들이 더욱 효과적으로 먹이를 구하는 데 유용하다. 보통 아기 새의 입 안쪽 면은 먹이를 넣어주는 부모 새의 주의를 끌 수 있도록 밝은 색깔이기 쉽다. 새끼 되새는 종마다 서로 다른 무늬가 있을 정도로 조류 세계에서 가장 다양하면서도 눈에 확 띄는 입을 가졌다. 그런데 새끼 뻐꾸기들이 숙주가 가진 입 안의 무늬를 그대로 흉내 낸다.

남미의 고함쇠새screaming cowbird(탁란 종에게 가장 알맞은 이름이 아닐까)는 또 다른 유형의 모방 전략을 진화시켰다. 바로 초기 비행 모방 전략이다. 초기 비행 단계는 일단 어린 새가 나는 법을 배워 둥지를 떠나면 이루어지지만, 여전히 부모에게 먹이를 의존하는 동안에도 일어난다. 새끼 고함쇠새는 앞선 사례처럼 숙주의 새끼와 꼭 닮을 필요가 없다. 숙주는 둥지 안에 누가 있든 자동적으로 먹이를 넣어주기 때문이다. 하지만 일단 둥지 밖으로 나오면 계속 먹이를 받아먹어야 하는 새끼로 인식되어야만 한다. 그래서 숙주의 어린 새와 똑같은 깃털이 자라게 한

이 두 마리 새끼 조류는 입이 닮았지만 서로 다른 종이다. 오른쪽은 긴꼬리단풍조다. 왼쪽은 기생하는 천인조로, 긴꼬리단풍조 부모를 속이기 위해 똑같이 진화했다.

다. 심지어 숙주의 어린 새를 모방해 똑같은 소리를 내면서 부모 새를 부른다.

또 하나의 남미 찌르레기, 밝은깃검은피리새shiny cowbird는 숙주의 새끼가 먹이를 달라고 외치는 소리보다 훨씬 더 강렬한 소리를 내기 위해 숙주가 먹이를 공급하는 체계 자체를 교란시킨다. 이 새는 수만 종의 서로 다른 숙주를 이용하지만 모든 숙주의 새끼와 먹이를 찾는 소리가 완전히 다르다. 이렇듯 소리는 다르지만, 어찌된 일인지 그들이 전하는 메시지는 모든 종류의 조류가 받아서 해석할 수 있다. 언젠가 글로그는 이 소리의 녹음 파일을 영국에 있는 새에게 들려주었다. 당연히 영국 새는 자기 평생에, 혹은 자기 종의 진화 역사상 이 종을 본 적도 없고 상호작용을 한 적도 없다. 그런데 마치 자기 새끼가 내는 소리를 들은 것처럼 반응했다.[24]

이런 종의 새끼에게는 부모 새의 먹이 주기 측면에서 귀가 번쩍 뜨이는 청각적 장점이 하나 더 있다. 그들은 뻐꾸기와 달리 둥지에서 함께 자란 개체를 살려둔다. 처음에 언뜻 들으면 뭔가 달갑지 않은 경쟁이 벌어질 것 같은 생각이 들겠지만 정작 고통받는 쪽은 따로 있다. 사실상 부모 새는 둥지 안에 먹여야 할 새가 많으면 그만큼 더 열심히 먹이를 찾아 날라다 주어야 하기 때문이다. 그들은 둥지에서 먹이를 달라고 부르는 소리를 많이 들으면 들을수록, 먹이 공급을 하는 횟수도 그만큼 더 늘어난다. 게다가 앞서 언급한 종들의 새끼는 숙주의 새끼보다 몸집이 더 크기 때문에 먹이가 도착하면 몸집으로 눌러 힘을 실을 수 있다. 글로그의 이야기를 들어보자. "이렇다고 보시면 돼요. 아이스크림 하나를 놓고 형제자매들이 마구 소리 지르며 엉켜 있는 거죠. 그걸 보던 부모는 그냥 포기하듯 나가서 아이스크림 다섯 개를 더 사오지만,

결국 사온 것 중 네 개는 한 명이 먹는 상황이랑 같아요."

인간으로서 이 모든 일이 일어나는 상황을 지켜보면서 숙주 부모가 진짜 너무 쉽게 속아 넘어가는 바보 같다는 생각을 하지 않을 수가 없다. 우리는 그들이 명백히 자기 새끼가 아닌 기생 생물에게 먹이를 주고 있다는 사실을 인지하고 슬픈 웃음을 짓게 된다. 하지만 우리를 포함해 모든 동물이 곧바로 한 치의 주저함도 없이 자기 자식을 알아채는 데 선수일까? 사실 그렇지 않다. 우리는 학습하고 빠르게 배우는 것이다. 그리고 일반적으로 주변 환경 요소를 빼놓을 수 없다. 아빠 황제펭귄은 여러 달 동안 알을 품고 지내지만 알이 부화하면 그때 자기 새끼가 내는 소리를 새롭게 배우고 기억해야 한다. 먹이를 찾아 바다로 나갔다가 돌아와서 새끼를 알아보려면 그런 학습 과정을 거쳐야 하는 것이다. 만약 부화 시점에 누군가가 다른 새끼로 바꿔치기한다면, 그 아빠는 새로 들어온 개체의 소리를 외우고 기억하게 될 것이다.

글로그는 "작고 귀여운 붉은휘파람새red warbler가 전혀 자기를 닮지 않은 괴물 같은 새끼에게 먹이를 주고 있는 전형적인 이미지"를 이야기하면서 그 행동은 조류 세계에서 아주 보통의 일이라고 깨우쳐준다. 모름지기 부모 새라면 누구나 자기 둥지 안에 있는 모든 새끼에게 먹이를 주는 것이 초기 설정 기본값이다. "우리는 지레 생각하는 것 같아요. 인간이 자기 자식을 알아보는 것처럼 자연 세상에서도 다 그럴 거라고요. 하지만 정말로 그렇지가 않아요. 인간도 그럴 수 없거든요, 진짜로요."

처음에 나는 이 말을 듣고 충격을 받았다. 그러고 나서 조금 더 생각을 해보았다. 아, 우리 아이들이 태어났을 때부터 지금까지 내가 죽 키우고 있으니까 내가 그 녀석들을 알아보는 거구나. 태어날 때, 그러니까 자궁 밖으로 나온 신생아 하나하나를 처음 마주친다면 그게 내 아이라는 걸 어떻게 알 수 있었을까? 냄새로? 맛으로? 외모로? 그럴 수 없다. 내 자궁을 통해 나왔기 때문에 알았던 것이다. 만약 다른 사람의 아기가 내 품에서 태어났다면 내 새끼라고 생각했을 것이다(물론 내 친구 하나는, 아무리 그렇다 해도 나라는 여자는 그 새끼가 진짜로 다른 종처럼 생겼다면 의심을 품었을 거라고 짚어주었다). 숙주 부모 새의 경험이 바로 그것과 비슷하다. 다른 새의 알이 자기 둥지 안에서 부화할 때 이렇게 되는 것이다.

시간이 흐르면서 새들은 저마다 좀 더 신중하고 빈틈없는 개체가 되는 학습을 한다. 경험이 쌓이면서 저절로 배워서 알게 되는 것이다. 연구에 따르면 나이가 든 숙주들이 뻐꾸기알을 정확히 알아챌 가능성이 더 높고, 탁란을 당한 둥지를 포기하고 다른 데 다시 둥지를 지을 확률이 더 높다. 게다가 자기 둥지를 숨기고 방어하는 나름의 기술을 발전시키면서 무엇보다 탁란을 당할 확률이 더 줄어드는 것 같다. 글로그는 이렇게 설명한다. "그렇게 되면 사실상 탁란을 하는 개체들에겐 꽤 힘겨운 상황이 되죠. 뻐꾸기는 숙주를 통해 생명 주기가 순환되는 경향이 있거든요. 우리는 진화라는 시간의 흐름 중에서 아주 작은 순간의 장면을 관찰하게 돼요. 바로 지금 무슨 일이 일어나는지를 보는 거죠. 하지만 만약 수백만 년의 시간을 줌아웃 기능을 동원해 축소시켜 바라볼 수 있다면, 우리는 평범한 뻐꾸기처럼 새라는 종을 바라보게 될 거예요. 그러니까 뻐꾸기가 진화의 시간 중 어떤 시기에는 개개비에게 기생을 하겠죠. 뻐꾸기가 극복할 수 없는 방어기제를 개개비가 발전시킬 때까지는요. 하지만 뻐꾸기에게는 드라마처럼 극적인 변화가 일어나지 않아요. 그러는 동안 뻐꾸기는 아직 방어기제가 그리 좋지 않은 멧새에게 기생하게 돼요. 그러면 그 지역에서는 멧새가 주요 숙주가 되겠죠. 그러다 멧새의 방어기제도 좋아지면, 뻐꾸기는 다시 개개비에게 돌아가요. 그 즈음 개개비는 한동안 길러왔던 방어기제를 어느 정도 상실했을 테니까요. 우리가 생각하는 평범한 뻐꾸기는 모르긴 해도 2억만 년, 3억만 년 동안 늘 그렇게 해오고 있을 거예요. 그 방면에 선수니까요."[25]

그렇다면 그 모든 순환 과정은 어떻게 시작되었을까? 아마 부모의 양육 자체가 진화되는 순간 바로 시작되었을 것이다. 탁란에 대한 선택압박은 변동이 심한 환경에서 자동적으로 발생한다. 가령 알을 낳기 직전에 폭풍우가 몰려와 둥지를 파괴했다고 상상해보라. 그럴 때 이웃집 둥지에 새를 낳으면 안 되는 일일까?[26] 이런 유형의 기회감염성 탁란은 같은 종이나 다른 종 사이에서 얼마든지 일어날 수 있다. 앞서 모체크의 어미 쇠똥구리와 그 어미가 번식용 경단을 굴리고 굴을 파는 데 쏟아부은 온갖 노력을 기억해보라. 그가 연구를 통해 발견했듯이 어미 쇠똥구리는 같은 종 안에서든 바깥에서든 주기적으로 다른 개체의 굴과 번식용 소똥 경단에 기생할 것이다. 다만 그들은 거기에 알을 낳지 않고, 숙주의 알을 죽이기 위해 번식용 소똥 경단을 파헤친 다음 자기 알을 낳는다. 주변 환경 조건이 험할수록 서로에게 기생할 가능성이 더 높아진다. 모체크는 실험실 연구에서 더욱 스트레스가 심한 조건으로 만들자 탁란 비율이 10퍼센트에서 최대 50퍼센트까지 상승한다는 사실을 보여주었다.[27] 땅벌은 쇠똥구리와 비슷한 굴을 파고 똥 대신 꽃가루 번식용 경단으로 먹이를 공급하는데, 이들도 같은 종끼리 서로 기생한다. 게다가 수천 종의 탁란 벌은 땅벌, 그리고 꿀벌처럼 우리에게 친숙한 사회 생활을 하는 벌에게 모두 기생하는 데 전문이다. 오래전 백악기 시절 최초의 송장벌레들도 서로 조심스럽게 마련한 공용 사체에 기생했을까? 그랬을지도 모른다.

"곤충 안에서는 별걸 다 발견할 수 있어요." 글로그가 자신 있게 이야기한다. 가령 수많은 나비 종은 개미 유충을 모방한 애벌레를 생산함으로써 개미의 부화와 양육에 기생한다. 그들은 심지어 개미집에 알을 낳을 필요도 없다. 나비 애벌레 냄새가 개미 유충과 너무 비슷해서 부지런히 '잃어버린' 유충을 모으는 일개미들이 그 냄새를 맡고 자기들 알인 줄 알고 땅 밑으로 데려간다. 지하 개미 왕국 안에서 나비 애벌레는 보호를 받으면서 잘 먹고 자란다. 어떤 나비 종은 함께 따라온 개미 동기를 게걸스레 먹어 치우는데, 너무 많은 개미 유충을 죽이는 바람에 개미 왕국 자체가 붕괴될 정도다.

유럽산 잔점박이푸른부전나비(Alcon blue butterfly) 애벌레는 새끼 개미와 비슷한 냄새를 풍긴다. 이 때문에 일개미들이 그 애벌레를 새끼 개미 중 하나로 착각해 개미집으로 데리고 와서 먹여 키운다.

하지만 모든 탁란 중에서도 내가 뽑은 최고는 바로 기생파리다. 다른 곤충 안에 자기 알을 낳는 기생말벌을 기억하는가? 어떤 말벌은 새끼가 숙주 안에서 자라는 동안 계속 나무에 기어 올라가 나뭇잎을 우적우적 씹어 먹는 애벌레를 먹이 표적으로 삼지 않고, 오히려 형태가 큰 먹이를 마비시켜 땅에 묻고는 그 위에 알 하나를 낳는다. 절취기생파리는 이 상황을 이용하도록 진화되었다. 임신한 어미 파리가 먹이를 물고 가는 어미 말벌을 발견하고 따라가다가 어미 말벌만이 아는 비밀의 장소까지 날아 들어간다. 그런 다음 말벌이 먹이를 숨기고 알을 낳고 나면 파리는 자기 새끼를 맡기려고 몰래 들어간다. 그러니까 그 어미 파리는 알을 낳는 게 아니라 살아 있는 새끼를 낳는다. 그렇게 낳은 파리 유충은 어미 말벌이 낳은 알과 어미 말벌이 모아둔 먹이까지 즉시 먹어 치울 수 있다.

첫째, 내가 이 기생 방식을 너무 좋아하게 된 이유는 애당초 기생말벌의 행태에 소름이 끼쳤는데, 그것이 절취기생이라는 방식으로 좌절되는 걸 보고 즐거웠기 때문이다. 둘째, 내가 대단히 흥미롭다고 생각하는 파리의 임신과 관련되었기 때문이다. 파리에 대한 가장 낯설고 이상한 사실 중의 한 가지가 바로 파리는 어느 곤충 집단보다 더 빈번하게 태생으로 진화했다는 점이다. 세상 어느 곤충이라도 알이 아니라 유충을 바로 낳는다는 사실을 몰랐다면 걱정하지 마라. 대부분의 사람이 이 사실을 알지 못한다. 하지만 그건 진짜다! 어떤 파리는 임신은 물론 일종의 젖도 생산해 새끼들에게 먹일 수 있다. 그 점은 바퀴벌레도 마찬가지다.

임신은 탁란 기생에 대항하는 궁극의 보호 장치로 평가할 수 있다.

인간 이외의 어떤 동물도 아직까지 자기 배아를 다른 동물의 자궁에 이식하는 방법을 알아내지 못했다. 임신은 탁란과 감염병을 비롯한 기생 상태에 대항하는 하나의 보호 장치로 진화되었을 것 같지만 그것만의 위험성도 갖고 있다. 다음 장에서 그 점을 알아보도록 하자.

4

임신

포유류만의 일이 아니야

아이에겐 부모가 있지,
아버지가 되어준 사람, 그리고 자궁 안에 품고 낳아준 사람,
그들은 이 아이에게 세상의 탄생보다 자신의 더 많은 걸 주었지.
태어난 이후로 세상의 모든 하루하루를 주었고, 그 나날은 아이의 일부가 되었지.

- 월트 휘트먼, 〈풀잎〉 중에서[1]

무척추동물 훔볼트오징어의 배아 만들기에 집중하던 여름으로부터 4년이 흐른 2012년, 나도 마침내 인간 배아를 기르는 프로젝트에 달려들었다. 연초에 임신을 한 나는 그해 내내 남는 시간 동안 인간 발달에 관련된 자료를 탐독했다. 혼자서 내 배아의 세포가 분할하고 서로 다른 유형의 조직으로 특화되는 모습을 상상했다. 신경체계가 올바르게 발달하는 데 도움이 될 엽산도 챙겨 먹었다. 종종 생각했다. 내가 현미경으로 오징어 배아가 발달하는 모습을 지켜보았듯, 나의 배아 안에서 어떤 일이 일어나고 있는지 볼 수 있으면 얼마나 좋을까! 배가 점점 둥그

렇게 불러오고 점차 움직임이 어색해지자 이런 생각도 해보았다. 이 과정에서 초반에 수정란을 낳아 남편과 내가 번갈아가며 품을 수 있다면 얼마나 좋을까! 출산이 가까워지자 그에 따른 통증에 여러 복잡한 요인까지 따라붙으면서 이런 생각도 스쳐갔다. 내가 캥거루 같은 유대목 동물이라면 아주 조그만 아기를 낳을 거고, 그러면 그 아기는 혼자 힘으로 육아낭까지 기어오를 텐데! 만약 내가 침팬지라면 똑같은 크기의 산도를 따라 나오더라도 머리가 훨씬 더 작은 아기가 될 텐데! 사실상 그렇지 못했기 때문에 우리 아기 두개골은 산도를 따라 나오면서 눌리는 바람에 태어나는 순간 누가 봐도 위로 길고 뾰족한 원추형이었다(다행스럽게도 인간은 출생이라는 시련과 나중에 일어날 급속한 두뇌 성장에 순응하기 위해 융합되지 않은 두개골 뼈로 진화되었다).

하지만 나는 오히려 힘겨운 산과 경험을 한 이후, 인간보다 훨씬 더 극심한 고통을 동반한 출산 경험을 하는 여러 임신 동물을 알게 되었다. 하이에나는 암컷 특유의 음경(맞다, 암컷도 음경이 있다) 안에 있는 길고 좁은 산도를 따라 출산하는데, 이때 그 기관은 불가피하게 찢겨 나간다. 체체파리는 거의 자기 몸만 한 크기의 새끼를 출산해야 한다. 배불룩진드기는 할 말이 많지만 일단 아껴두고 조금 후에 알아보도록 하자.

우리 몸 안의 아기에게 먹이를 공급하는 일이라면 인간은 인색하게 굴지 않는다. 임신 중에는 태반을 형성해 혈액으로부터 영양분을 뽑아내게 해주는 등 말 그대로 배아 조직이 우리 조직 안으로 침범해 들어오게 한다. 출산 후에는 각 발달 단계마다 아기의 요구에 맞추어 몇 년 동안 젖을 먹인다.

우리 인간은 진짜 너무 헌신적이지만, 우리만 그렇게 예외적일 정도로 특별히 헌신적인 것은 아니다. 태반 임신은 고양이와 강아지부터 카

동물계 전체에서 부모는 흔히 '젖'이라고 부르는 영양소를 생산한다. 그것은 어미의 유두에서 분비되거나 조류의 모이주머니에서 토해내거나 상어 자궁벽에서 스며 나오기도 한다.

피바라와 듀공까지 모든 태반 포유류에서 발견되며, 일부 특정 종의 상어, 도롱뇽, 개구리, 벌레, 달팽이, 곤충에서도 진화되었다.[2,3] 젖은 동물 세계 전반에 다 퍼져 있다. 비둘기, 펭귄, 플라밍고는 새끼에게 먹일 소낭유를 만들고, 깡충거미는 복부에서 나오는 젖을 분비하며,[4] 바퀴벌레는 새끼들에게 고단백 젖을 먹인다. 너무 이상한 사실이지만 이 고단백 젖은 인간에게 유망한 의학적 적용 기반을 제공한다. 그리고 집게벌레처럼 새끼를 먹일 때 자기 몸을 내주는 등 중대한 상황으로 변하는 동물도 있다. 이들은 어느 한쪽 부모의 살을 직접 먹게 해주고 결국 부모는 죽음에 이른다. 이런 종은 부모와 새끼가 서로의 필요에 맞추어 상호 적응한 경우로, 다음 세대를 생산하기 위한 한 팀으로서의 노력임을 보여준다.

많은 동물에게 부모는 한 개체의 맨 처음 집과 맨 처음 먹이를 구성한다. 이는 수많은 나날과 수년에 걸쳐 이루어진 전체 생태계의 역할이자 자리다. 자궁은 외부 세상으로부터 배아 내용물을 보호하고 있는 외딴 방처럼 보이겠지만, 사실 이 소우주는 지구 생태계의 영향을 그대로 반영하고 그 영향을 확대할 수도 있다. 외부 영양소와 화학물질은 혈액, 태반, 그리고 자궁벽을 따라 스며들고, 이는 임신 초기부터 배아의 내부 유전물질 및 단백질과 함께 발달에 영향을 끼친다.

⊙ 환경으로서의 부모

우리는 앞에서 이미 몇몇 내부 부화하는 물고기를 만나보았고, 수족관을 취미로 삼은 애호가들은 태생어胎生魚에 익숙하다. 이들 대부분은 난황 발생형이다. 이는 배아가 모체 안에서 자라는 동안 난황을 먹고 산다는 뜻이다. 잘 알려진 해마의 경우 부계가 자기 몸속 주머니 안에 알을 받고 나서 그 주머니 끝을 닫는다. 배아는 자기를 유지시키기 위해 모계로부터 나온 난황을 들고 다닌다. 대신 부계는 추가 영양소, 호르몬, 산소로 배아의 요구를 보충해준다. 난황 발생형 임신은 작은 구피부터 세상에서 가장 큰 물고기인 고래상어까지 어류에서 주로 발견된다(수족관에 취미가 있거나 전문가에게도 고래상어 같은 종은 추천하지 않는다). 어떤 상어 배아는 자기 난황을 먼저 소모하고 그다음에 동료들의 것을 먹는다. 청상아리 배아는 자궁 안에서 미수정된 보급 알을 먹고, 모래뱀상어는 동기를 먹어 치운다.[5] 이런 행동은 앞에서 곤충과 바다달팽이 등에서 보았던 형제 잡아먹기와 같은 일종의 동족 포식이다.

그렇다면 이 모든 경우를 임신으로 간주해야 하는 걸까, 아니면 단순히 내부 부화일까? 그 정의는 정확하지 않다. 인간은 포란, 부화, 임신 같은 단어를 오래전부터 사용해왔다. 그런 단어는 우리가 동물계에 있을 법한 수많은 새끼 양육 전략에 관해 알게 된 것보다 역사가 더 오

아비 해마는 봉인된 주머니 안에 알을 넣고 다니다가 그 안에서 부화하면 새끼를 풀어준다. 이런 현상을 통해 과연 어느 지점에서 '알을 품는 것'이 '임신'이 되는 것인지 의문을 갖게 된다.

래되었다. 매번 새로운 발견이 나오면, 그것을 기존 범주에 넣을지 아니면 새로운 범주를 만들어야 하는지의 문제를 해결해야 한다. 가령 어떤 태생어 알은 여전히 모체의 난관 안에 있을 때 부화한다. 이 난관은 인간의 나팔관과 같은 구조로 알을 최종 목적지까지 데려다주는 컨베이어 벨트 역할을 한다. 이들 물고기 배아는 난관 안쪽의 두꺼워진 내벽을 최초의 먹이로 삼아 먹으면서 발달을 진행한다. 대체 어떤 용어로 이런 양육 유형을 기술할 수 있을까?

이런 범위의 행동을 포괄하는 유용한 용어는 모체 잡아먹기, 모체 포식matrotrophy이다. 어쨌거나 이 잔인한 단어는 부모, 보통은 모체로부터 직접 영양분을 흡수하는 배아를 설명하지만 부계 포식 사례도 당연히 존재한다. 모체 포식에는 흔히 '젖'으로 불리는, 모체로부터 분비된 영양물질을 섭취하는 것까지 포함된다. 출산 후 유두에서 나오는 모유나 임신 중 자궁 자체에서 나오는 자궁유도 여기에 해당한다. 따라서 직접적 연결 장치(태반)를 통해서 양분을 흡수하거나 모체의 일부를 먹는 새끼들은 둘 다 모체 포식을 하는 것이다.

그렇다면 난황을 먹고 자라는 난황 발생형 동물과 모체 포식형 동물을 같은 종으로 묶을 수 있게 되면서 별개 범주로 나누려던 우리의 시도가 복잡해진다. 상어와 그 사촌 격인 홍어와 가오리는 책에 나오는 거의 모든 기술을 이용한다. 백상아리는 보급용 알과 자궁유를 섞어서 새끼를 먹이는데, 이는 모체가 자궁 안에서 분비하는 풍부한 지방과 단백질 물질이다.[6] 청새리상어, 황소상어, 레몬상어, 그리고 기타 몇몇 종은 태반 경로를 따른다.[7]

태반은 모체로부터 태아까지 가스, 영양소, 노폐물 교환을 해주고 수정 산물(수정란)에서 파생된 물질인 수태 산물의 한 부분을 구성한다. 따라서 태반은 물질 조직이 아니라 배아 조직으로부터 자란 것이다. 사실 태반은 난황낭과 아주 비슷하다. 둘 다 배아의 배로 이어지며, 출산할 때 끊어지면 '배꼽 모양 상처'를 남긴다. 그렇다. 조류와 파충류도 배꼽이 있다! 하지만 포유류와 다르게 일반적으로 이 상처는 아주 잘 치유되어 초기에 사라진다. 그 와중에 놀라운 예외 사례가 2022년에 발견되었다. 1억 3000년 된 공룡 화석에서 성체 시절까지 남은 배꼽을 확인했다.[8] 여기서 형태와 기능 면의 유사성은 태반형 상어 배아를 이해하는 데 도움이 된다. 상어 배아는 난황낭의 난황을 먹으면서 발달이 시작된다. 그들은 발달의 아주 초기에 난황을 다 먹어버리고, 텅 빈 난황낭은 나중에 태반이 될 자궁벽에 들러붙는다. 난황과 태아를 연결하는 짧은 줄기는 탯줄이 된다. 짜잔, 이렇게 해서 태반형 상어가 된 것이다! 도롱뇽, 뱀, 양서류도 이런 태반형 배아를 가지며, 일반적으로 모체

포식은 척추동물 안에서 최소한 따로따로 33회의 진화를 거듭해온 것으로 추정된다.[9]

정말 놀라운 사실이다. 이제 우리는 무척추동물 안에서 일어나는 모체 포식을 살펴보자. 전갈은 무리 전체가 전부 태생이며, 그중 일부는 난황 발생형이고 일부는 모체 포식형이다. 모체 포식형 전갈 안에서도 일부는 자궁유를 먹고 나머지는 일종의 태반을 가진다. 물론 해부학과 발달 과정을 보면 척추동물과 너무 다르기 때문에 정확한 유사성을 밝히기가 어렵다(오히려 출산 후에 전갈 모체는 새끼를 잡아 등에 얹고 이동하는데, 이 시점에서 유사성이 더욱 강해진다. 그렇게 새끼를 올려놓으니 영락없이 주머니쥐가 새끼를 가득 달고 다니거나, 엄마가 갓 태어난 아기를 어부바한 모습과 아주 비슷하다). 앞에서 이미 태생하는 파리를 만난 적이 있다. 바로 말벌 먹이 위에 유충을 낳는 기생파리였다. 물론 기생파리는 유충을 낳고 나서 말벌 부모에게 기생하게 되지만, 유충을 낳기 전에 이미 엄청난 에너지를 투자한다. 이 어미 파리는 배아의 배 전체를 가득 채울 만큼 자궁유를 공급해 배아를 발달시킨다. 다행히 모체에 커다란 손상 없이 거대하게 자란 유충을 낳을 수 있으며, 그 후로도 그런 번식을 계속 이어갈 수 있다.[10]

하지만 배불룩진드기는 그다지 운이 좋지 않다. 여기서 배가 불룩하다는 것은 말 그대로 번식을 목적으로 진드기의 복부가 대형 풍선처럼 변한다는 뜻이다. 가령 흰개미 여왕을 본 적이 있을 것이다. 바로 흰개미의 정상적인 몸통 앞 절반에 거대한 흰색 방울이 붙어 있다. 흰개미 여왕의 뱃속은 알로 가득 차 있는데, 이는 앞으로 수년에 걸쳐 여왕개미가 낳게 될 알이다. 그러다 알이 부화 단계까지 발달하면 일개미들이 그 알을 보살핀다. 이와 정반대로 어미 진드기는 부풀어 오른 뱃속에 알이 가득 차 있고, 그 알이 뱃속에서 부화한다. 자, 지금까지 보면 배아가 난황을 먹고 사는 동물과 그리 다르지 않다. 그런데 그다음, 이 유충이 모체 안에 있으면서 완전한 성숙 단계로 발달하고, 근친상간으로 짝을 짓고, 마음대로 불쑥 터져버리고, 그래서 급기야 모체의 생명을 끊어버리고 만다. 암컷에 치우친 형제자매 무리 안에서 몇 안 되는 수컷은 곧 죽게 되고, 반면 암컷은 먹이를 찾아 계속 움직이면서 이미 뱃속에 있을 때부터 수정된 알을 키운다.[11]

(우리에게는) 충격적인 진드기의 번식 습성이 경제적으로 상당히 큰 영향을 끼칠 수 있다. 어떤 배불룩진드기 종은 버섯 작물의 심각한 해충이기 때문에 그 번식 주기를 잘 살피고 통찰하는 일은 해충 통제에 꼭 필요하다. 또 다른 진드기 종은 외미거저리의 먹이가 되는데, 이는 그 자체로 우리 농산물의 해충이다. 이 종을 지금보다 더 많이 번식시킨다면 외미거저리를 막을 수 있는 효과적인 생물학적 통제책이 될 수 있을 것이다. 내가 가장 흥미롭게 생각하는 점은 암컷 진드기가 아직

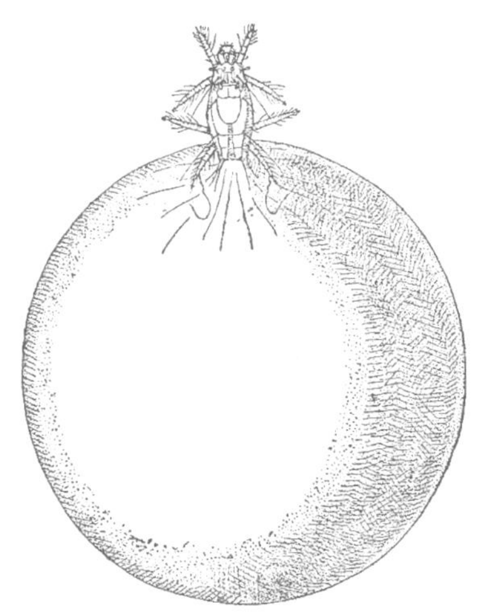

배불룩진드기는 배에 풍선을 달아놓은 곤충처럼 보이지만 사실 부풀어 오른 배는 다리나 눈처럼 자기 몸의 일부다.

알 단계였을 때 이 외미거저리를 먹는다는 것이다. 임신한 진드기는 외미거저리 알을 찾아 완전히 빨아먹은 다음, 외미거저리 배아와 난황을 자기 새끼에게 먹이는 영양소로 이용한다. 따라서 외미거저리 알 하나가 진드기 가족 전체를 먹여살리는 것이다.

성체 동물이 본질적으로 새끼를 낳고 기르는 데 얼마나 다양한 방식을 진화시켰는지 살펴보면 참으로 놀랍다. 부모는 새끼 동물의 요구에 맞추어 자궁을 내어주고, 피부를 내주고, 심지어 자기 개체의 생명 주기 자체를 다 소진하는 등 도저히 믿어지지 않는 적응 반응을 보여주었다.

어떤 관점에서 진드기 모체는 새끼를 위해 자신을 희생한다. 또 다른 관점에서 모체의 죽음은 전적으로 자신의 이해관계에서 발생한다. 어떻게든 자신의 유전자를 다음 세대로 전달하겠다는 뜻이다. 결국 이것이 진화생물학에서 정의하는 '적합도'이자 '번식 성공도'다. 하지만 부모와 자식의 이해가 항상 일치할까? 그걸 우리가 어떻게 분별할 수 있을까? 그리고 만약 이해관계가 일치하지 않는다면 어찌 될까?

⊙ 새끼가 기생 생물이라면?

언젠가 인터넷 블로그에 '아기가 기생 생물이 아닌 이유'라는 제목의 글을 올렸고, 그게 지금까지 내가 쓴 글 중에서 가장 논란이 많았다. 당시 나는 한창 행복한 마음으로 임신 중일 때였다. 더구나 근 2년간 임신하려고 노력하다 실패하고 얻은 결실이라 조금씩 자라고 있는 내 새끼에 대한 마음이 각별했다. 기본적으로 나는 생물학자로서 더구나 첫 번째 연구 지도교수가 기생충 학자였기에 태아와 모체의 상호작용, 그리고 기생 생물과 숙주의 상호작용 사이에 존재하는 유사성을 이미 잘 알고 있었다. 말하자면 면역 반응의 억압, 영양분을 놓고 벌이는 싸움 등에 익숙했다. 하지만 기본적으로 기생 생물을 숙주의 적합도를 낮추는 공생체라고 설명하는 진화적 정의를 그냥 지나칠 수 없었다. 실은 조금 흥분하고 화가 나기도 했다. 내가 앞서 언급한 블로그 글에서도 논증했듯이 당연히 아기는 부모의 적합도를 증가시킨다.

혹시라도 자신이 생각하는 바를 인터넷에서 솔직히 논쟁해보려고 한 적이 있다면, 그 자체가 얼마나 격한 논란을 불러일으킬 수 있는지 잘 알 것이다. 다행히 내 블로그의 독자 수는 얼마 되지 않아 제대로 된 충돌 같은 걸 경험할 영광은 얻지 못했다. 그러나 포스팅하고 수년이 지난 지금도 어쩌다 들어오는 방문자가 그 기생 생물 글에 답글을 남겼고, 그럴 때마다 항상 격렬한 반박이 일어났다. 지금껏 내 글에 의견을 단 사람들의 주장은 이랬다. “아기는 기생 생물입니다. 그 점은 과학에도 그대로 나와 있습니다.”

이제 부모가 된 지 10년이 지났고, 옛날과 다른 글을 써야겠다는 생각이 든다. 우선 포유동물 태아 발달과 면역체계에 대한 연구, 그리고 그 둘 사이의 상호작용에 대한 연구가 크게 발전했다. 그것과 관련된 생각과 논의는 엄청나게 많다. 이미 언급했듯이 공생에 대해서라면 긍정적 상호작용과 부정적 상호작용 사이의 경계선이 흐릿하고 환경 조건에 따라 얼마든지 변한다. 박테리아는 우리 몸의 어느 부분에서는 이롭지만 다른 부분에서는 해롭다. 둥지 밖으로 숙주 새끼를 밀어내는 새끼 뻐꾸기 사례처럼 친족 관계가 아닌 부모가 키운 알은 숙주 부모의 적합도를 해칠 수 있다. 혹은 반대로 훔쳐온 알을 자랑하려고 더 많은 알을 수정시키는 큰가시고시 부계 사례처럼 오히려 숙주 부모의 적합도를 도와줄 수도 있다.

많은 숙주가 그렇듯 임신한 모체는 태아에 염증 반응을 증가시키고, 많은 기생 생물이 그렇듯 태아는 거부 반응을 막기 위한 일련의 기술을 진화시켰다. 그렇지만 저명한 발생생물학자 스콧 길버트Scott Gilbert가 지적했듯이 이런 적응 반응은 모체와 태아 양 주체가 서로 함께 진화시킨 것이다. "태아가 이렇게 말하는 거라고 보시면 돼요. '그래, 나를 두고 기생 생물로 비유하는 거 다 알아. 그거 마음에 안 들어. 나, 그 기생 생물 비유랑 협상할 거야. 그런데 여기에 적대감 같은 건 없어. 엄마는 엄마의 숙제가 있어, 나도 나만의 숙제가 있어. 그런데 더 큰 숙제는 말이야, 우리가 아홉 달 동안 생명을 계속 유지하는 거야.'"[12]

길버트의 관점은 생물학뿐 아니라 과학 철학과 과학사에 대한 평생의 열정을 통해 나온 것이다. 비록 초창기 연구에서는 유전학을 연구하기로 결심했지만 그 과정에서 오히려 배아의 경이로움에 사로잡혔다. 배아 발달을 지켜보는 일은 전 세계에서 가장 많은 논박이 오가는 일을 목격하는 것이다. 그 논박은 유전자만이 유기체를 규정한다는 환원적 개념에 대해 일어난다. 배아 세포가 분할하면서 각 세포는 정확히 똑같은 유전자를 물려받지만, 어느 정도 환경적 신호 때문에 (그 환경이 주로 동배 세포라 할지라도) 특정 유전자가 특정 세포에서 발현되거나 발현되지 않게 할 수 있으며, 그 결과 혈액, 골격, 두뇌 사이에 엄청난 차이가 발생한다. 길버트는 언젠가 여름을 서부 해안의 또 다른 해양발생학 강자인 오레곤 해양생물학 연구소Oregon Institute of Marine Biology에서 보냈다. 그곳은 몬터레이와 프라이데이 하버 중간에 있었다. "거기에 있는 사람들이 다 알고 있었어요. 만약 바닷물 속에서 배아를 발견하면 나한테 주기로 했거든요. 그때 나는 배아의 미학에 대한 연구 논문을 썼어요."[13]

그가 자못 철학적 어조로 이야기하는 동안 나는 주의 깊게 들으면서 푹 빠져들었다. 그의 말대로 유전학 미학은 추상적이다. 유기체는 모형처럼 재현되고, 유전자 상속에 대한 수학적 예측은 주목을 받는다. 이와 정반대로 발생학 미학은 역사적 의미에서 낭만적이다. 독일의 낭만주의 전통은 발달을 뜻하는 두 개의 단어를 제공했다. '빌둥Bildung'과 '엔트윅룽Entwicklung'이다. 빌둥은 '태어나다, 형성되다'라는 뜻이고 보통 문학의 성장소설을 뜻하는 빌둥스로만bildungsroman에서 볼 수 있다. 엔트윅룽은 사진 현상을 뜻할 때도 쓰이는데, '잠재적인 양상이 실제로 전개되고 구현된다'는 것을 의미한다. 두 단어 모두 처음부터 아무것도 없이 유기체를 발달시키는 현실 세계의 과정에 초점을 맞춘다.

길버트는 이 분야의 기본 교재인《발생생물학》을 집필할 정도로 발달과 관련해 저명한 권위자가 되었다. 1985년 첫 출간된 이 책은 이후 새로운 세대 학생들을 위해 정기적으로 업데이트되었다. 2000년대 초반 내가 학부생으로 이 책을 읽고 있을 때, 길버트는 전체적으로 그 책과 그 분야에서 골칫거리가 되는 빈틈을 해결하려고 노력하던 중이었다. 그 빈틈은 바로 환경적 영향이었다. 어느 네덜란드 과학 역사가가 그 교재에 나오는 환경에 대한 모든 언급이 "우연히 얻은 정보와 추측"으로 "소외되었다"고 지적했다. 길버트는 이렇게 회상했다. "그때 나는 그랬어요. 발달과 환경 문제를 체계적으로 정리할 만한 논리적이고 일관된 틀을 알지 못한다고요. 그랬더니 그녀가 나보고 그걸 찾으라고 말하더군요."[14]

이 대화와 그 뒤를 이은 역사학 연구와 당대 연구에 대한 깊은 탐구는 2015년 교재《생태 발생생물학Ecological Developmental Biology》을 탄생시켰다. 그 교재에서 길버트는 발생생물학 연구의 절대 다수가 초파리,

개구리, 병아리, 쥐 등 아주 적은 수의 유기체로만 시행되었음을 강조했다. 그런 유기체는 실험실에서 쉽게 키워 연구에 가장 적합한 개체로 만들어지지만, 전체적으로 동물 생명체를 대표하지 못한다. 모델 생물은 실험실 생활에 쉽게 적응하기 때문에 진짜 모델이 아니라 별종에 불과하다. 그런데 최근 몇 년 동안 전 세계 연구자들은 야생 자연에서 발달을 연구하는 초창기 발생학 전통으로 되돌아가는 중이다. 혹은 최소한 좀 더 현실적인 실험실 조건에서 연구하거나 더 많은 유형의 종을 조사하는 것으로 변화하고 있다. 이제 우리는 딱정벌레, 나비, 지렁이, 오징어 등 더욱 다양한 유기체로부터 발달상의 통찰을 얻고 있다.

환경적으로 영향을 받는 발달에 대해 이보다 더 미묘한 이해와 지식은 인간의 임신이라는 주제로 향한다. 이는 인간 발생과 자궁 환경의 상호작용 관련 최근의 연구와 함께 자연스럽게 이루어졌다. "어떻게 자궁이 아홉 달 동안 배아를 유지할 수 있는지, 그 내용을 살펴보면 정말 믿기 어렵고 놀랍기만 합니다." 길버트의 말이다. 배아가 나팔관 내 수정 지점에서 자궁까지 이동한 직후, 그러니까 배아가 자궁 안에 맨 처음 도착하면 체내 외래 물질이 들어왔을 때와 똑같은 유형의 면역 반응을 유발한다. 마치 배아가 기생 생물이라도 된 것 같다. 그런데 그때 자궁은 행동을 취한다. 정상적인 반응이라면 백혈구가 침입자를 공격하려고 소환될 테지만, 자궁 세포가 면역 반응의 이 부분을 차단시켜 버린다.[15] 이 결과에 대해 길버트는 기쁘고 놀라운 심정으로 설명한다. "염증 반응은 지엽적인 상태를 유지하면서 위험한 상태로 변하지 않고, 오히려 자궁 조직을 완화시켜요. 날카로운 칼을 무던한 쟁기로 바꾸어버리는 것이죠."

말하자면 배아와 자궁은 일종의 틈새시장 구축에 함께 참여한다. 이는 쇠똥구리와 번식용 소똥 경단이라는 틈새 구축과 완전히 다르면서도 아주 비슷하기도 하다. 번식용 소똥 경단은 모체가 준비하고 미생물과 벌레들이 함께 씨앗을 심는 환경이다. 쇠똥구리 유충은 그 환경에 참여해 자기 똥을 먹고 자라는 동시에 그 똥을 번식용 소똥 경단과 혼합시킴으로써 활발하게 주어진 환경을 바꾼다. 그것이 번식용 소똥 경단 바깥의 환경과 떨어져 보호받는 것처럼, 인간 배아도 자궁 바깥의 어떠한 조건에서도 잘 격리되어 보호받아야 하는 것처럼 보인다.

그렇다 하더라도 위험은 아직 그대로 존재한다.

⊙ 서로 엇갈리는 위험

임신 기간 동안 배아는 성체 동물이라면 전혀 영향을 받지 않을 여러 내적 요인과 외적 요인에 취약하다. 만약 환경 독소가 심각한 문제를 안겨준다면, 특히 배아 단계부터 그런 독소를 축적하기 시작한다면 그 위험은 훨씬 더 높아진다. 나중에 성체가 될 때까지도 그로 인한 해로운 결과를 직접 마주하지 못할, 그러니까 생애 후반기가 되어서야 발현될 위험 요인을 폭탄처럼 껴안고 발달하는 것이다. 하지만 만약에 유전자가 몸의 한 부분을 잘못 만들거나 아예 기관을 발생시키지 않음으로써 곧바로 배아를 죽이려고 한다면, 그런 상황은 십중팔구 발달의 아주 초기에 발생한다. 물론 그런 상황이 얼마나 자주 발생하는지는 아직 풀기 어려운 문제다.

둥지에 놓여 있건 어미가 품고 있건, 단단한 껍데기로 싸여 있건 부드러운 피막으로 둘러싸여 있건 간에 모든 알은 비교적 쉽게 수집해서 살펴볼 수 있다. 그럼에도 불구하고 헤밍스의 연구를 통해 끝까지 살아남지 못한 초기 조류 배아의 숨겨진 비율을 알아낼 수 있는 기술을 진전시킨 것은 최근 들어서다. 모르긴 해도 임신 동물의 초기 배아 사망률은 꽤 높겠지만, 사실 그 문제를 연구하는 일은 훨씬 더 어렵다. 인간의 경우 자연유산되는 수정란 비율의 추정치는 31퍼센트에서 89퍼센트인데, 대부분 극히 임신 초기에 발생해 재흡수되는 경향이 있다는 데 모두가 동의한다.[16]

배아의 재흡수는 실험실 쥐에서 연구가 가장 잘 이루어지지만, 그것은 포유류의 흔한 특성이기도 하다. 재흡수는 모체의 면역 세포가 분해되어 죽은 배아의 세포를 운반할 때 일어난다. 이는 면역 세포가 병원체, 공생체 혹은 일반 체세포 등 뭐가 되었건 여타 죽은 세포를 청소하는 것과 동일한 방식이다. 만약 배아가 임신 후반기에 소실되면 너무 커서 재흡수할 수 없으므로 모체에서 유산되거나 방출된다. 재흡수와 유산은 둘 다 배아 사망의 원인이 아니라 결과다. 그렇다면 그 불행의 동인은 무엇일까? 간혹 너무 단순하게는 굶주림에 기인한다. 특이한 '쌍둥이 소실' 증후군에서는 다태 임신에서 단 하나의 배아만 소실된다. 때로는 그 소실 상황은 절대 발견되지 않거나, 초음파 검사로 발견되거나, 어떨 때는 출생 시점에야 확인된다. 연구자들이 제시한 이론에 따르면 이는 한정된 자원을 놓고 벌인 경쟁의 결과로 발생한 것이다. 물론 포유류 동배는 서로를 잡아먹을 순 없지만 어느 한쪽이 더 많이 먹을 순 있다. 말하자면 동배가 모두 살아남기엔 충분하지 않은 모체의 영양분을 어느 한쪽이 훨씬 더 많이 가져가버리는 것이다(우리 포유류 부모들이 너무나 잘 알고 있듯이 함께 자라는 형제자매들은 태어난 이후에도 자원을 놓고 경쟁할 수 있다. 다만 예외적으로 점박이하이에나는 동배를 죽이는 유일한 개체로 유명하다. 강력하게 말하자면 이런 행동은 극도로 먹이가 제한되는 상황 때문에 발생하는 것 같다).[17] 쌍둥이 소실과 기타 초기 임신 상실은 유전적 문제로 일어날 수도 있다. 그것은 부화되고 나서 병아리나 새끼 시절 사망으로 이어지는 문제이기도 하다.

두 아이의 엄마이기도 한 헤밍스는 이렇게 되새겼다. "제가 임신 중일 때도 연구하느라 알에서 죽은 배아를 자주 분해하고 자르곤 했어요. 실험실 연구 작업으로 죽은 배아를 쳐다보면서 내 안에서 자라고 있는 배아에 대해 생각하고 있다는 것 자체가 너무 이상하더라고요. 뭐랄까 초현실주의 같다고 할까요." 그녀는 발달에 관한 전문가로 어느 누구보다 발달 과정이 얼마나 자주 실패할 수 있는지 잘 알고 있었다. 발달을 원래 궤도에서 탈선시킬 수 있는 수많은 유전적 요인과 환경적 요인에 대해서도 꾸준히 깊이 있게 연구해왔다. "제 임신 기간 대부분을 보낸 것 같아요. 배아 발달 과정에 어떤 일이 발생하는지, 그리고 얼마나 깨지기 쉬운 일인지 모든 걸 다 절실히 알아내고 싶었거든요. 마찬가지로 임신이 얼마나 놀라운 일인지도요."

발생생물학자들은 예의 특이한 입장 때문에 임신 불안에 걸리기 쉬운 성향이 될 수도 있지만, 몸소 모든 세부사항을 접하고 파악함으로써 더 깊이 알게 된 임신 과정에 경외심을 갖기도 한다. 가령 임신 중에 누구나 받는 표준 의학상 조언은 건강한 음식을 먹는 것이고, 그것은 아기가 성장하기 위해 좋은 영양소를 필요로 한다고 이해된다. 그러나 쥐 실험에 따르면 모체의 식단은 새끼의 유전자에도 영향을 줄 수 있다고 판명되었다. 과학자들은 쥐를 키웠고, 그 배아가 비만과 노란색 털을 생성하는 부계 유전자를 물려받게 했다. 이 유전자는 '메틸기'라고 불리는 화합물에 의해 비활성화될 수 있다. 그런 다음 어미 쥐가 임신 중에 메틸 보충제를 공급받았고, 새끼는 그 유전자가 비활성화된 상태로 태어났다. 그리고 살아 있는 동안 이 새끼들은 비만과 노란색 털을 결코 발현하지 않았다. 물론 이런 특정한 상황이 인간에게는 존재하지 않지만, 메틸기를 유전자에 추가하는 과정, 즉 메틸화methylation는 인간의 발달에도 중대한 역할을 한다. 최근 연구에 따르면 엽산이 선천성 결손증을 막는 데 도움을 주는 이유가 바로 메틸화 과정에서 이루어지는 엽산의 역할 때문일 수도 있다.[18]

우리는 아기에게 엽산을 넘겨주려는 의도적인 목적을 갖고 엽산과 기타 보충제를 섭취한다. 하지만 불행하게도 수많은 환경성 화학물질과 독소는 우리의 의지에 반해 자기 갈 길을 갈 수도 있다. 그런 물질의 농도는 모체 안에 있을 때보다 배아 안에 있을 때 훨씬 더 높아질 수 있다.[19] 출산 전 화학물질 노출은 오늘날 사회적 정의의 심각한 이슈다. 산업시설에서 방출한 중금속 위험은 1950년대부터 계속 기록으로 입증되어 왔지만, 기업들은 연구 결과를 차단하고 오랫동안 이미 손상을 입은 공동체를 계속 오염시키고 있다.

중금속 오염인자보다 훨씬 더 가까이 언제 어디서나 볼 수 있는 것은 내분비 교란 물질, 이른바 환경 호르몬이다. 이는 호르몬을 생성하는 우리 내분비계를 교란하는 화학물질이다. 흔히 호르몬이라고 하면 10대 아이들처럼 기분이 쉽게 변하는 것만을 생각하지만, 호르몬은 그보다 훨씬 더 많은 중요한 기능을 한다. 다름 아니라 살아 있는 동안 우리 몸의 생명작용을 규제하고 조절한다. 성인이 환경 호르몬에 노출된다면 일반적으로 중대한 문제가 아니지만, 살면서 환경 호르몬을 접하고 축적하기 시작하는 시점이 빠르면 빠를수록 그것이 우리 몸을 교란할 수 있는 기회가 더 많아진다. 환경 호르몬은 플라스틱, 살충제, 난연제難燃劑, 화장품, 자외선 차단제 등 다양한 것을 통해 오늘날 세상을 꽉 채우고 있다. 동물 새끼들은 그런 환경 호르몬 영향에 가장 취약한 개체다. 어느 정도냐면, 여러 세대에 걸쳐 복합적인 상호작용을 통해 계속해서 부정적 영향을 입을 수도 있기 때문이다.

살충제 DDT(디클로로디페닐트리클로로에탄)이 바로 그와 같은 교란 물질이며, 그 해로운 특성 때문에 전 세계적으로 주목받은 최초의 물질이다. 그것은 직접 중독을 일으키지는 않지만 환경적으로 매개된 엄청난 영향을 통해 유기체를 죽인다. 가령 성체 조류 몸에 축적되면 DDE라는 또 다른 화학물질로 분해되는데, 이 물질 때문에 암컷 조류는 오염되지 않았을 때보다 훨씬 더 얇은 알껍데기를 생성한다. 물론 이렇게 얇아진 껍데기 안에서도 배아는 성공적으로 자란다. 하지만 부모가 그 알을 품고 있는 무게를 더 이상 지탱할 수 없기 때문에 알은 으스러지고 그 안에서 새끼는 죽게 된다. DDT는 1972년 미국에서 금지되었지만 환경 안에는 여전히 남아 있다. DDT 영향을 입은 조류 개체 수는 대체로 회복되긴 했으나, 일부 증거에 따르면 수십 년 된 DDT는 오늘날 인간의 건강 문제에도 일정 부분 원인으로 지목되고 있다.[20]

DES(디에틸스틸베스트롤)은 또 하나의 파괴적인 교란 물질이다. 그것은 1950년대와 1960년대에 시판되었고, 임신 중에 특히 호르몬에 영향을 줄 목적으로 처방되었다. 이는 사실상 비극적인 역사의 아이러니다. 당시 의사들은 그 약이 자연유산으로 이어질 수도 있는 '호르몬 불균형'을 바로잡을 수 있다고 생각했다. 실상 그 약은 자궁 내 발달 중인 여아 생식 계통을 심각하게 교란했다. 그리하여 DES를 먹은 엄마에게 태어난 여성들은 말년에 자궁 등 생식 계통 종양과 암에 걸릴 위험성이 증가하는 등 여러 가지 문제에 직면했다. 다행스럽게도 DES는 1971년에 금지되었지만 새로운 내분비 교란 물질은 언제라도 새로 나타난다. 2000년대 초반 BPA(비스페놀 A)를 둘러싼 논쟁이 터져 나왔다.

그것은 자궁 내 발달 중인 인간 배아에 상당히 위험한데, 신경계와 생식 계통에 영향을 주고 유산의 위험도 증가시킨다. 게다가 언론에서 무자비한 혹평을 받으면서 시중에 'BPA가 없는' 대체제가 우후죽순 쏟아졌다. 당연히 (미국을 제외한) 많은 나라에서 젖병에 이 물질을 사용하는 것이 금지되었다.

내분비 교란 물질의 가장 충격적인 특성 중 하나는 그 영향이 맨 처음 노출된 이후 세대를 거치면서 계속 남게 된다는 것이다. 자궁 내 태아 단계에서 DES에 노출되었던 여성들이 자식을 낳았는데, 그렇게 낳은 딸들이 생애 단 한 번도 그 약에 직접적으로 노출되어 본 적 없음에도 똑같은 위험을 마주했다. 살균제 '빈클로졸린'도 있다. 생쥐 실험에서 자궁 안에 있을 때 그것에 노출되었던 수컷 배아의 생식 계통에 문제가 유발되어 비정형 고환과 전립선, 그리고 비정형 간을 생성했다. 심지어 그들이 빈클로졸린을 다시 접하는 일이 없었음에도 새끼들과 손자 세대까지 똑같은 문제를 겪었다. 어떻게 그런 환경적 영향이 상속될 수 있을까? 동요 〈눈 먼 쥐 세 마리Three Blind Mice〉의 새끼 생쥐와 손자 생쥐는 농부 아주머니가 휘두른 조각칼에 꼬리를 잘렸는데, 이 환경 호르몬 사태는 마치 조각칼 따위가 없는데도 꼬리를 잘린 것처럼 너무 이상하게 보인다. 그러한 세대 전달의 기제가 바로 메틸화다. 자, 다시 이 단어가 등장했다. 내분비 교란 물질은 어떤 동물이 자손에게 물려주는 것을 바꿀 수 있는데, 직접적으로 자손의 DNA를 편집하는 게 아니라 DNA에 부착된 메틸기를 변형시키는 것이다.[22] (빈클로졸린의 확산과 분포에 관한 현장 연구를 시행하는) 환경학과 더불어 (생식선이 새끼 동물에서 어떻게 발달하는지 주의 깊게 관찰하는) 발생학, (메틸화를 발견하기 위해 DNA를 분석하는) 유전학이 21세기에 서로 융합하면서 과거 어느 때보다 새끼 동물에 가해지는 인간의 영향에 대해 좀 더 빈틈없이 갖춰진 큰 그림을 볼 수 있게 되었다.

◎ 새끼들을 끄집어 올리는 생물학적 펌프

인간은 진화의 티끌만 한 시간을 가졌을 뿐인데도 화학물질을 만들고 환경을 오염시키는 유일한 존재다. 그런데 그 독성 화학물질 화합물은 훨씬 더 오랫동안 동물 생활의 일부가 되고 있다. 어떤 물질은 우연히 발생한 대사성 부산물이며, 또 어떤 물질은 다른 동물, 식물, 균류, 혹은 조류藻類가 의도적으로 벌이는 방어수단에 의해 발생한다. 따라서 동물은 이른바 '전달체'라고 부르는 아주 작은 펌프를 진화시켰다. 이는 자기 세포에서 위험한 화학물질을 제거할 수 있는 기관이다. 이런 전달체는 발달을 방해하는 오염인자의 침입에 맞선 배아의 최상급 방어 수단이다. 인간을 포함한 포유류 태반에서는 특별한 화학물질 전달체가 작동한다. 그것은 배아의 일부로 스며들어 발달 문제를 일으키는 화학물질을 빼낸다. 우리는 전달체가 거기에 있는 것도 알고 어떤 일을 하는지도 아는데, 막상 그 전달체가 특정 화학물질에 얼마나 효과적인지 알아내기는 어렵다. 윤리적 문제로 인간에 대한 연구는 제한되고, 대신 실험실 쥐로 연구한 결과는 모순된 내용일 수 있기 때문이다.

이 전달체의 작용을 이해할 수 있는 가장 직접적인 방법은 먼저 그것을 제거한 다음, 있을 때와 없을 때의 결과를 비교하는 것이다. 그래서 과학자들은 생쥐 가족이 전달체를 생성하지 못하도록 유전자를 조작했다. 이 가족 중 어미에게 임신 기간 동안 다양한 화학물질을 투여하면, 어떤 화학물질은 태반 전달체 보호를 받지 못하는 배아를 손상시킨다. 이런 유전자 변형을 하지 않은 보통의 실험실 생쥐 배아는 이와 유사한 문제를 겪지 않는다. 하지만 태반에 전달체가 있든 없든 모든 배아에게 똑같이 영향을 주는 화학물질도 있다. 과학자들은 이 전달 체계에 대한 이해와 정보를 확대하기 위해 생쥐를 벗어나 탐색하기 시작했다. 이렇게 하면 첫째는 인간의 임신과 발달 기간 중에 발생하는 화학적 위기상황에 대해 더 큰 통찰을 얻고, 둘째로는 동일한 화학물질을 처리하는 다른 종의 능력에 대해 더 포괄적인 견해를 얻는 이중의 혜택이 기다릴 것이다. 이 목적을 위해 또 하나의 모델 체계가 부각되고 있다.

아니, 더 정확히 말하자면 다시 부각되고 있다. 과거 저스트가 성게를 이용해 동물의 수정을 알게 된 이후로 성게는 발생생물학의 초기 역사에서 중심적인 역할을 했다. 크게 한 바퀴 돌아 다시 성게로 돌아온 과학자 가운데 한 사람이 바로 암로 함둔Amro Hamdoun이다. 내가 존스홉킨스대학원에 다닐 때 알게 되었는데, 당시 그는 박사 후 연구원이었다. 그가 어떤 사람이냐면 신혼여행으로 지중해를 여행하던 중에도 즉석 실험을 하려고 성게를 수집할 정도였다(다행히 아내 줄리아 카르도사도 이런 걸 아주 좋아하는 유형의 사람이었다). 함둔은 성게는 전 세계 어디서든 찾을 수 있기 때문에 과학계에서 매우 매력적인 대상이 된다고 설명한다. "온대 기후든 열대 기후든 어느 바다에 가든지 몇몇 종의 성게를 얻을 수 있어요."[23] 게다가 그것은 한 번에 수백만 개의 알을 생산한다.

성게의 두 번째 장점은 후구동물이라는 정체성이다. 척추동물처럼 낭배기 첫 번째 자국이 입이 아니라 항문이 된다. 인간과 성게는 공통의 후구동물 조상을 공유하기 때문에 유전자의 대다수, 약 70퍼센트를 공유한다. 그 말은 태반 내 화학물질 전달체 등 의학적 관심사를 다룰 때, 인간 유전자와 비슷하면서도 다른 성게 유전자를 연구할 수 있다는 뜻이다. 직접 인간의 유전자를 연구할 수는 없으나 유사 버전으로 다양한 성게 유전자 연구가 가능한 것이다. 물론 성게는 태반이 없지만, 성게 배아가 바닷속을 떠돌 때 그 고아 배아를 똑같은 형태의 전달체가 보호해준다.

함둔은 샌디에이고에 위치한 스크립스 해양학 연구소Scripps Institution of Oceanography의 실험실에서 좀 더 다양한 전달체 연구 체계의 필요성을 해결하기 위해 앞서 생쥐 사례처럼 성게 가족을 전달체 유전자 없는 상태로 조작했다. 함둔 연구팀은 '크리스퍼CRISPR', 이른바 유전자 가위라고 불리는 기술을 활용해 개가를 올렸다. 《뉴 사이언티스트New Scientist》는 이것이 "유전자를 편집하기 위해, 그리고 흔히 말하듯 어쩌면 세상을 변화시키기 위해 쓸 수 있는 기술"이라고 간명하게 설명했다.[24] 함둔은 이렇게 표현한다. "이렇게 상상해보세요. 문서를 작성하는데 문장을 잘라 붙일 수 없는 워드 프로세서라고요. 그러면 당연히 누군가가 그 문제를 해결하려 들겠죠."[25]

그가 성게를 키우는 시설을 확인하기 위해 연구실을 찾아갔을 때, 비닐로 완전히 감싼 건물 하나를 발견했다. 문은 죄다 잠겨 있었고 그 비닐에 사람 손 크기만큼 찢어진 틈으로 손잡이에 닿을 수 있었다. 마침내 건물에서 나온 누군가가 나를 안으로 들여보내 주었을 때, 내부는 북적북적 평범한 대학 건물이었다. 그래서 함둔에게 왜 비닐로 감쌌는지 물었다. 그의 차분한 설명에 따르면 건물 주변의 콘크리트가 바다 소금 성분을 흡수해 철근에 녹이 슬기 시작했다. 그러자 콘크리트가 갈라지며 부서졌고 그것이 "죽음의 위험 요소를 유발한다"고 했다.

하지만 안으로 들어서자 전반적으로 아늑했다. 그는 나를 작은 방으로 데리고 갔는데, 그 옆으로는 성게 유생으로 소용돌이치는 대형 원형 통부터 유전자를 조작한 귀한 새끼를 한 마리씩 담아놓은 작은 직사각형 통까지 형태와 크기가 서로 다른 수족관이 죽 놓여 있었다. 그는 유생 단계부터 성체까지 성게를 키우는 어려운 과제에 비하면 크리스퍼 기술 자체는 쉽다고 말해주었다. "과거에 우리는 이런 모든 일을 문헌 자료로만 하고 있었죠. 말도 안 되는 소리였고, 그게 효과도 없었어요." 그는 집에서 여섯 살짜리 딸아이와 킬리피시를 키우면서 과학 프로젝트와 씨름했다. 킬리피시는 휴면기에 진흙 안에 알을 낳는 일년생 담수어였다. 그들은 킬리피시 취미 애호가 커뮤니티에서 8리터짜리 통 안에서 치어 키우는 간단한 방법을 배웠다. 이것이 그대로 지금 성게 실험실로 바뀐 것이다.

그의 아내 카르도사도 실험실에 함께 와서 지금껏 성게와 과학자 양측이 겪은 어려운 문제를 공유해주었다. 2020년 4월, 샌디에이고 해안의 거대한 해조류 번식이 바닷물 속 독성 환경을 유발했는데, 당시 그 바닷물은 실험실로도 유입되고 있었다. 세상의 많은 비극이 그러하듯 그것은 큰 재앙의 간접적 결과였다. 그러는 동안 건물 안으로 사람들이 들어갈 수 없었고 수질 점검도 되지 않았다. 바닷물이 실험실에 유입되었어도 연구자들이 들어가 수질 점검을 했다면 줄일 수 있었을 텐데, 조류 독소는 그보다 더 많은 피해를 일으켰고 결국 수많은 귀한 동물을 죽이고 말았다.

"모든 면에서 이건 재앙의 프로젝트였어요." 함둔이 덧붙인다. 그 사건이 있기 전에 수년 동안 실험실 연구자들은 각자 자기만의 프로젝트를 운용하고 있었다. 그래서 각자 동물을 돌보고 자기들만의 과학을 추구하기 위해 날마다 실험실에 오곤 했다. "하지만 그 사건 이후 사실상 실험실에 오지 못하게 되면서 지금까지 연구했던 그대로 처음부터 다시 시작해야 했어요. 무엇보다 다 함께 한 가지 일에 초점을 맞추어야 했어요. 그래야 앞으로 밀고 나아갈 수 있었으니까요. 그렇게 하지 않았다면 지금의 결과는 없었을 거예요. 실험실 모두가 물을 바꾸어야 했고, 성게가 잘 먹는지 살펴야 했어요."[26] 그 결과, 현재 함둔 연구실은 생쥐 외에 중요한 전달체 유전자가 없는 최초의 동물 모델을 보유하게 되었다. 2022년 그들의 첫 번째 성게 연구는 개념 증명이었다. 유전자가 편집된 성게는 확실히 전달체 없이 자라는 1세대와 2세대 자손을 생산한다. 전달체가 없으면 약물과 독소를 퍼낼 수 있는 능력이 제한적으로 나타난다. 생쥐 발달은 모든 상황이 모체의 자궁 안에 숨겨져 있다. 이와 다르게 성게 발달은 실시간으로 현미경으로 볼 수 있다. 그래서 앞으로 진행할 연구에서도 배아를 안전하게 지키는 데 이런 화학물질 전달체의 역할을 훨씬 더 상세하게 점검할 수 있다. 이렇게 본다면 임신하지 않는 동물이 우리의 임신과 임신이 가진 보호 메커니즘을 이해하는 열쇠가 될 것 같다.

⊙ 좋은 벌레를 줍기 위한 안내서

한창 발달 중인 인간 배아에 화학물질이 도달할 수 있음을 우리가 미처 알기도 전에, 감염 질환은 자궁을 배아와 환경 사이 철통 방어벽이 아니라 일종의 중재자로 드러내 보였다. 풍진 바이러스는 맨 처음 모체 내 병원균이 배아에게 영향을 줄 수 있다는 사실, 더구나 생애 후반기 단계보다 배아 단계에서 훨씬 더 급격하게 영향을 끼칠 수 있다는 사실을 의사들에게 환기시켰다. 풍진 바이러스는 아동과 성인에게는 가벼운 풍진 증상을 일으키지만 배아에게는 실명, 귀먹음, 심장과 두뇌 결함을 야기할 수 있다. 요즘처럼 백신이 널리 사용되는 곳에서는 임신 중의 풍진 바이러스는 더 이상 커다란 걱정거리가 되지 못한다. 그 대신 고양이 똥과 멀리 떨어져야 한다는 경고를 받는다. 고양이 똥은 기생충, 톡소플라즈마 곤디*Toxoplasma gondii*를 옮길 수 있다. 이것은 흔히 성인에게서는 아무런 증상을 일으키지 않지만, 자궁 내에서 걸리면 눈과 두뇌 손상을 일으킬 가능성이 있다(내가 아이들을 배에 품고 있는 동안 남편이 우리 집 고양이 두 마리의 화장실 청소를 도맡아 했다).

건강한 임신과 출산을 둘러싼 이런저런 걱정을 하면서 정작 우리가 모체에게서 "받은" 중요한 공생체를 기꺼이 축하해야 한다는 생각은 거의 하지 않는다. 생쥐는 장내 혈관의 적절한 성장을 위해 출생 시점에 올바른 장내 미생물을 모아야 한다. 심지어 이 장내 미생물은 두뇌 발달에 영향을 끼칠 수 있다.[27] 아마도 놀랐겠지만, 모계로부터 받은 미생물은 면역체계 발달에 매우 중요하다. 면역체계는 한때 자기가 아닌 것은 무엇이든 공격할 준비가 된 방어기제로 간주되었다. 하지만 길버트가 "면역체계는 미생물이 없으면 성숙하지 못한다"고 강조했듯이 이제는 점차 숙주와 공생체 간의 협력 작업으로 기술된다.[28]

다양한 연구에 따르면 미생물은 세상에 태어나기 전의 한창 발달 중인 배아에 정착할 수 있다. 일부 과학자들은 양수 내 미생물이 있다는 증거를 발견했다고 하지만, 나머지 과학자들은 여전히 회의적이다. 생쥐 실험에 따르면 임신한 어미에게 공급된 박테리아는 어미의 똥으로 확실히 전달될 수 있다. 이는 아마도 어미의 면역체계가 중재하는 과정 속에서 이루어지는 것 같다. 하지만 우리 몸의 박테리아 정착화 대다수는 출생과 동시에 시작된다. 출산의 순간 양막낭이 터지면서 우리는 미생물이 바글거리는 외부 세상과 마주친다. 산도를 빠져나와 얻은 미생물이 가장 이로운 것이므로 제왕절개로 태어난 신생아는 불리한 상황에 처한다. 최근 연구에서는 제왕절개 출산 신생아에게 어머니의 질 분비물이나 배설물로 구성된 '프로바이오틱스(활생균)'를 공급함으로써 회복시키는 효과를 발견해냈다[29](일반적으로 분변 박테리아는 질 출산 중에 만나게 된다. 여러 가지 이유로 내가 굳이 상세하게 설명하지 않아도 상상할 수 있으리라 생각한다. 이런 상호작용은 코알라의 팹*과 쇠똥구리의 밀밥을 연상시킨다). 나는 질 출산이라는 원초적인 혼돈을 두 번 겪고 나서 그것이 내 자식에게 나만의 친밀한 미생물 파트너, 한평생 나와 제휴해온 친구들을 갓 태어난 새로운 숙주 두 명에게 소개하는 목적을 수행했다는 사실을 알게 되어 기뻤다.

태어나고 몇 분 안에 아기는 차례대로 젖꼭지에 달라붙어서 완전히 새로운 영양소와 미생물의 이동 과정을 시작했다.

모체로부터 양분을 공급받는 것은 태어난 후에도 멈추지 않는다. 젖먹이기, 포유, 수유 등 그것을 무엇으로 부르길 원하든 포유류는 초기 생명체의 수일에서 수년까지 모체 포식에 참여한다. 그리고 태반이 있는 포유류는 젖꼭지로 젖을 먹이지만 그게 유일한 방식은 아니다. 원래 커다란 알을 낳지만 키울 때는 새끼에게 젖을 먹이는 단공류가 있다. 가시두더지와 오리너구리는 현존하는 유일한 단공류다. 이 새끼들은 어미 피부의 모공에서 땀처럼 분비되는 젖을 핥아 먹는다. 이걸 보면 포유류가 난생한 것조차 전혀 이상할 게 없어 보인다.

---

* 어미 코알라가 유칼립투스 잎을 먹고 나서 반쯤 소화된 상태로 나온 배설물을 가리켜 팹이라고 한다. 새끼는 어미의 항문에 입을 대고 이 팹을 빨아 먹는다. 이를 통해 새끼 코알라는 독한 유칼립투스 입을 분해하는 장내 미생물을 만들 수 있게 된다.

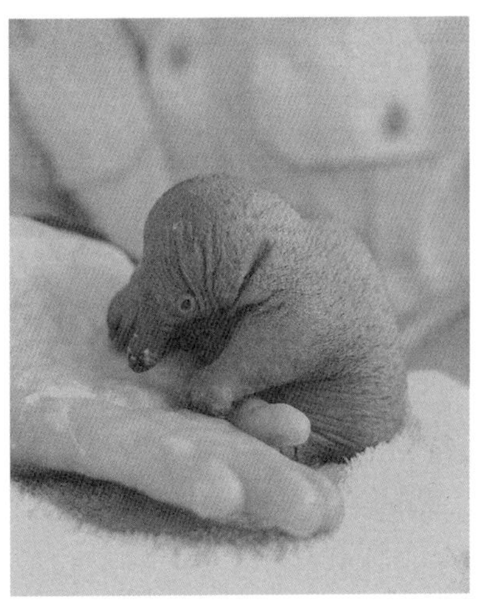

이 사진에서 보듯이 가시두더지 새끼와 오리너구리 새끼에게 '퍼글스(puggles)'라는 별명이 붙었다. 한 연구자가 '퍼글스'라는 이름의 봉제 인형과 그 새끼들이 닮았다는 사실을 언급하면서부터다.

그러나 단공류가 알을 낳고 땀젖을 먹인다는 사실은 수유의 진화적 기원을 들여다볼 수 있는 하나의 창을 제공한다. 과학자들의 이론적 가설에 따르면 수유는 알에게 수분을 유지시키는 방식으로 시작되었다. 앞서 새끼들이 말라 죽지 않게 하려고 알 무더기에 오줌을 누는 개구리를 만나보았다. 초기 원시형 포유류도 아마 같은 목적을 위해 알에 땀을 분비했던 것 같다. 시간이 흐르면서 그들은 배아가 흡수할 땀에 영양분을 추가했고, 그렇게 특화된 땀이 젖으로 진화되면서 영양 공급과 수분 유지라는 이중의 목적을 가진 물질로 성공을 거두었던 것이다. 수분 유지는 오늘날에도 수유의 중요한 목적이다. 알다시피 신생아는 적어도 6개월이 되어서야 비로소 물을 마실 수 있기 때문이다.

포유류 새끼는 단순히 젖을 받아먹는 수동적 주체가 아니다. 그들이 가진 여러 특성은 특별히 주 영양 공급원을 먹기 위해 적응한 결과다. 신생아는 젖꼭지를 찾으려고 엄마의 몸을 기어 올라갈 수 있는데, 이 능력은 나중에는 상실하게 되고 새삼 다시 찾으려면 몇 달이 걸린다.

더구나 혀부터 편도선까지 풍부하고 널리 분포된 미뢰가 있으며, 천성적으로 다른 맛과 향보다 모유의 단맛을 선호한다. 아기들이 젖을 빠는 행동은 모체와 대화를 하게 만들고, 그것은 아기가 자라는 단계에 맞추어 젖의 영양 성분에 영향을 미친다. 캥거루 같은 유대류 새끼는 먼저 태어났거나 나중에 태어난 동배들과 육아낭을 공유할 수 있지만 유두는 공유하지 않는다. 새끼마다 자기 젖꼭지가 있으며 성장 단계에 적합한 젖을 생성한다. 포유류 새끼의 입은 젖을 빠는 행동에 적합한 형태를 갖추고, 앞발은 젖이 생성되는 것을 자극한다. 그래서 새끼들이 혼자 움직일 수 있게 되면 어미의 젖을 다 말려버리고는 심지어 피도 섞이지 않은 다른 모체의 젖을 훔치기도 한다. 이렇게 젖을 훔치는 행동은 바다사자, 물개, 순록, 낙타, 그리고 기린에게서 흔한 일이다. 물론 일부의 경우는 어느 정도 서로 합의한 상호작용일 수도 있다. 젖이 넘치는 젖꼭지는 해당 개체에게 확실히 불편한 상황이므로 젖이 필요한 다른 새끼에게 먹여 비우면 어느 정도 불편함을 가라앉힐 수 있다. 가령 어미 박쥐는 자기 새끼들 배가 차면 피붙이가 아닌 다른 새끼들을 찾아 나서기도 한다. 다시 날아가려면 그 전에 젖의 무게를 없애야 하기 때문이다.[30]

젖은 이로운 미생물과 더불어 미생물에게 필요한 양분까지 함께 운반한다. 내가 수유를 하는 동안 우리 아이들도 이제 막 생겨난 작은 장속에서 나름의 미생물 공동체를 키우고 있었던 것이다. 이 유익한 공생체는 소화를 도울 뿐 아니라 질병을 막아 보호한다. 아기 원숭이가 엄마 젖에서 얻은 박테리아는 특정 종류의 백혈구를 장으로 불러들인 다음 살모넬라를 비롯한 병원균과 싸운다.[31] 이 주제 관련 연구는 최근 몇 년 사이에 크게 증가했다. 그래서 독자들이 이 책을 읽을 때쯤이면 미생물, 젖, 그리고 아기들 사이에 새로운 관계성이 밝혀져 있을 것이라고 기대한다.

수유는 당연히 암컷의 일이다. 하지만 그렇다고 절대로 수컷의 일이 아니라는 뜻은 아니다. 관찰한 결과, 여러 박쥐 중에서 최소한 두 가지 종의 수컷이 젖을 생성해 새끼들에게 먹이고 있었다. 암수 조류도 종에 따라서 소낭유를 생성할 수 있다. 소낭유는 유선에서 분비되지 않고 특정 구멍을 통해 빠져나오지도 않는다. 오히려 소화계에서 생성되어 일반 먹이처럼 역류된다는 점에서 포유류 젖과 확연히 다르다. 하지만 그것은 특별히 새끼용 먹이로 부모의 몸에서 생성되며, 놀랍게도 그 영양 성분은 포유류 젖과 비슷하다. 흥미롭게도 거미 젖은 2018년에 사상 최초로 발견되었다. 앞으로 더 많은 '젖' 종류가 포유류가 아닌 동물에서도 발견될 것 같다.

다리가 없는 양서류 나사caecilian가 생성하는 비액체형 새끼 먹이조차 영양 성분 면에서 포유류 젖과 비슷하다. 여러 나사 종은 외부에서 어미를 깨무는 것과 내부에서 어미를 깨무는 것 사이에서 모체 포식형 연속체로 진화한 것으로 보인다. 어떤 종의 알은 유충으로 부화하면서 성체와 아주 다른 특별한 이빨을 갖게 되는데, 이것은 모체의 피부 외층을 벗기는 데 최적화되어 있다. 그 피부 외층은 이 목적에 맞게 지방과 영양분이 풍부하다.[32] 그와 다른 나사 종은 태생할 수 있으며, 이 경우 새끼는 모체 안에서 앞서 말한 특별한 이빨을 발생시킨다. 그 이빨은 새끼를 둘러싼 내벽으로부터 영양분을 긁어먹는 데 사용된다.

이와 유사하게 개구리 중에서도 올챙이가 필요로 하는 모든 먹이를 제공하기 위해 자기 몸을 이용하는 종도 있다. 지금은 멸종된 것으로 보이는 랩스 청개구리 올챙이는 부계의 피부 세포를 먹으면서 초기 영양분을 섭취한다. 여러 진기한 종 가운데 최소한 한 가지 종의 호주 성게가 유사한 습성을 보여주는 것 같다. 해양생물학자 리처드 엠렛Richard Emlet은 이 성게 어미가 자기 등에서 알을 품는 모습을 관찰했다. "알 하나를 세 개의 작은 점액 끈으로 제자리에 고정시켜요. 그리고 알이 부화하면서 관족管足이 생겨납니다. 그걸로 어미한테 달라붙을 수 있는 거예요. 가시도 없이 부화하니까 그냥 보면 관족 달린 작은 머핀 같죠. 여기 빨갛게 피부가 까져서 상처가 난 부분이 바로 어미에게 달라붙어 있는 위치예요. 제 생각엔 아무래도 새끼가 어미를 먹은 것 같아요."[33]

집게벌레는 앞서 나온 배불룩진드기처럼 새끼를 위해 최후까지 희생한다. 이 커다란 벌레는 특유의 집게발, 그리고 무엇보다 바위 밑이나 가구 뒤에서 갑자기 꼬불꼬불 기어 나오는 성질 때문에 사람들을 질겁하게 만든다. 하지만 실제로 사람을 물어 상처를 낼 수는 없다. 그리고 일단 이 집게벌레가 새끼를 위해 하는 일을 알면 그런 까칠한 마음이 아주 조금 누그러질지도 모르겠다. 많은 집게벌레 종의 어미는 부화할 때까지 알을 보호하고 부화한 새끼한테는 먹이를 갖다주다가, 결국 자기 몸을 먹어 치우게 한다.[34]

그냥 야생에 풀어놓고 키우는 다른 종의 동물과 비교한다면 이렇듯 헌신적으로 새끼를 키우고 먹이는 습성 때문에 새끼가 끝까지 살아남는 데 보다 유리한 입장이 되긴 한다. 이 점은 부모가 새끼를 키울 때 필요한 여러 자원을 갖고 있을 때도 마찬가지다. 하지만 부모와 새끼 간에 형성된 이런 친밀한 관계성에는 우리 눈에 잘 보이지 않는 그것만의 대가가 존재한다. 만약 부모나 그 부모가 새끼를 위해 만든 서식지에 무슨 일이라도 생긴다면 생존을 위한 선택 사항은 제한된다. 변동이 심한 환경은 밀접하게 잘 짜인 생명 순환 주기를 망가뜨릴 수 있지만, 동시에 독립적이고 모험심 강한 유충을 낳는 종에게는 나름의 유리한 점을 제공한다.

이제 이 세상의 수많은 유생 형태를 살펴보고, 그들이 스스로 독립할 때 무슨 일이 일어나는지 알아볼 때가 왔다.

2부

철부지 어린 시절

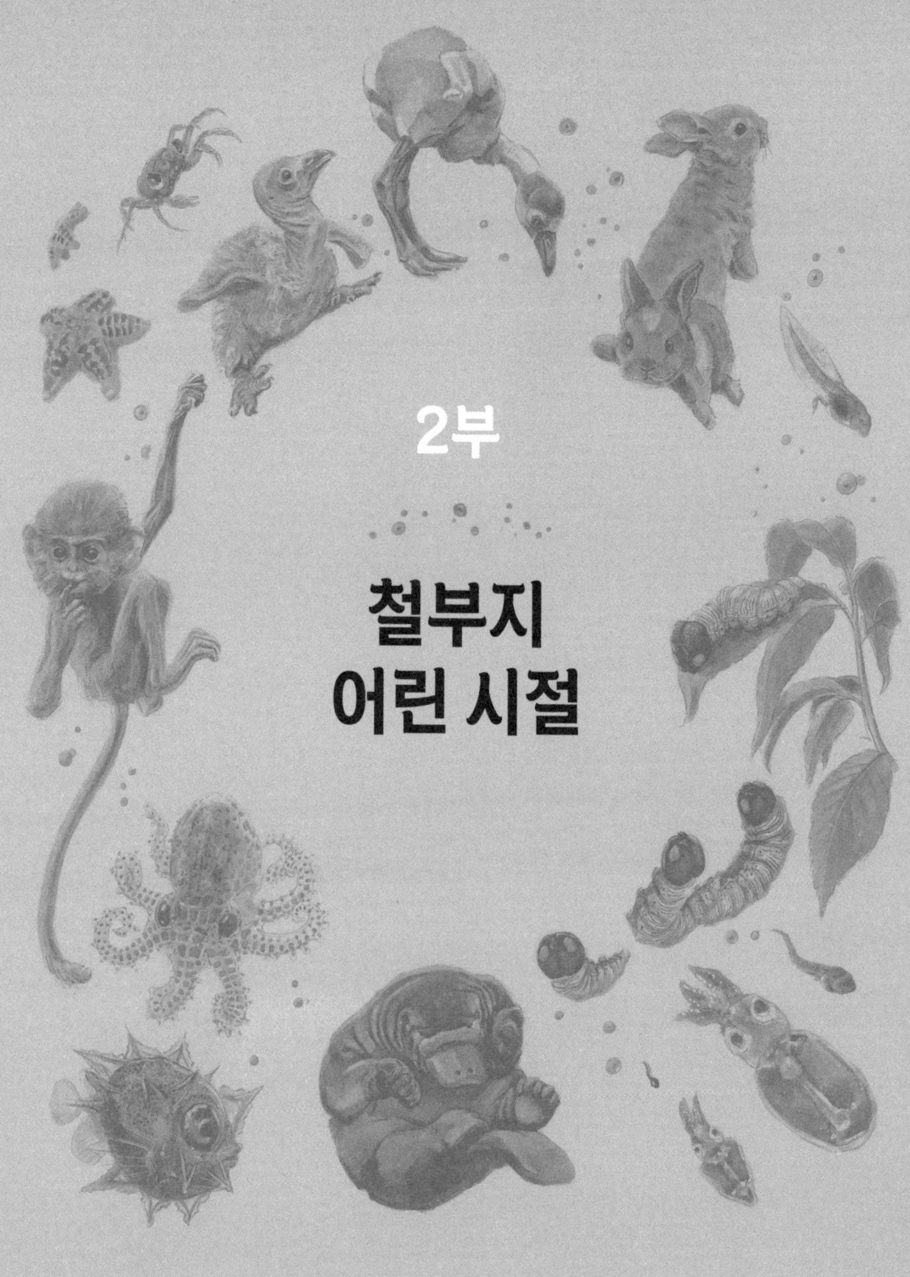

부모 없는 새끼들

달팽이는 어디에서 왔을까

우리는 좀처럼 꺾이지 않는 식물의 씨앗이니,

우리 심장의 충실함과 충만함 속에서

우리는 바람에 맞서 흔들리고 산산이 부서진다네.

- 칼릴 지브란, 〈작별〉 중에서 [1]

언어학적으로 정액을 뜻하는 '시멘semen'과 씨앗을 뜻하는 '시드seed'는 동일하지만, 생물학적으로 식물의 씨앗에 해당하는 것은 동물의 알egg이다. 알과 씨앗에는 배아가 자랄 수 있는 영양분과 더불어 배아가 들어 있다. 둘 다 보호용 외막이나 외층이 있으며, 많은 경우 개체 확산에 필요한 수단도 갖고 있다. 씨앗과 알은 크기가 작지만 유능하고 희망찬 존재다. 그것은 시간과 공간으로 보내는 타임캡슐처럼 바로 지금 여기와 바로 그때 거기 사이를 연결한다.

확산 행위는 생명체가 새로운 장소에 가게를 차리고 시작하는 것과 같다. 그것은 이주migration와는 다르다. 가령 제왕나비 같은 동물은 기존 서식지 사이를 정기적으로 이동한다. 이주형 나비는 옛날부터 조상대대로 잡아놓은 이동 경로를 따라 인디애나에서 멕시코까지 날아간다. 확산형 나비는 바람을 타고 바다로 날아가서 운이 좋으면 알을 낳을 수 있는 섬에 착륙할 수도 있다. 이렇듯 확산은 미풍을 탄 나비와 민들레부터 해류를 탄 오징어와 홀씨까지 언제나 우연히 발생하는 일이다. 분명히 성체도 확산할 수 있지만, 자연환경의 대부분은 너무 작아서 육안으로 볼 수 없는 새끼들로 이루어진다. 나중의 결과가 좋든 싫든 야생초와 잡초는 그들의 티끌만 한 씨앗이 데려다주는 곳이라면 어디든 나타난다. 그래서 새로운 거주지나 서식지에서 쉽게 정착하고 번성하는 동물 종을 묘사할 때 '잡초 같은'이란 표현을 쓰기도 한다.

보통 확산은 '포착되지' 않는다. 얼마나 자주 확산하는지 정확하게 알지 못한다. 매번 실패한 경우를 정리할 수 없기 때문이다. 경로를 벗어난 나비는 죽었을 것이며 콘크리트 바닥에 떨어진 씨앗은 싹을 틔우지 못했을 것이다. 하지만 한 가지는 확실하다. 인간의 활동이 확산의 기회를 엄청나게 늘려주었다는 점이다. 부모 동물은 겉으로 안전해 보이는 장소에 알을 낳지만 결국 그 알은 신발 바닥이나 배 밑바닥으로 휩쓸리기도 하고, 농축수산물이나 목재와 함께 포장돼 세계 곳곳으로 실려 가기도 한다. 씨앗은 크루즈선과 제트 여객선을 타고 이 세상의 항구와 공항을 오가며 흩어진다. 새로운 서식지에 도착한 모든 유기체가 그곳을 자기 집으로 만들 수는 없지만, 그렇게 할 수 있는 개체는 새 거주지를 사정없이 파괴할 수 있는 능력이 있다. 현지에 급속히 퍼져간 유기체는 그동안 방어기제를 진화시킬 만한 기회가 전혀 없었던 지역 토종 종을 먹어 치우거나 감염시키면서 생태계를 붕괴시킬 수 있는 것이다. 알다시피 그와 같은 외래종의 침범은 우리 인간이 지구상에 나타나기 훨씬 전에도 때때로 일어났다. 결국 오늘날 그곳에서 살아가는 동물이나 식물은 조상이 그 장소로 확산되었기 때문에 그렇게 된 것이다. 하지만 현재 그 현상과 관련된 속도와 빈도는 전례가 없을 정도다.

인간은 어떻게 보면 매사 너무 열정적으로 행한다. 인간의 성장 단계로 보자면 늘 걸음마를 배우는 아기가 연상된다. 그처럼 우리는 아직도 우리 자신을 규정하기 위해 끊임없이 학습하는 과정 속에 존재한다. 여전히 정원에 물을 너무 많이 뿌리고, 여전히 고양이를 너무 꽉 껴안고, 눈앞의 쿠키를 내일이나 모레까지 아껴둘 생각 없이 다 먹어버린다. 먹을거리, 기계와 장비, 장난감과 인형을 전 세계로 실어 보내며, 심지어 배와 비행기에 태워 우리 몸도 세계 곳곳으로 이동한다. 아무 생각 없이 이리저리 왔다 갔다 하는 것 말고 다른 건 없는지 잠시 생각할 여유도 갖지 않은 채, 여전히 너무 열심히 움직이고 있다.

이를테면 북미의 수로에 유럽의 얼룩무늬담치zebra mussel가 차고 넘치게 된 게 바로 그런 방식이다. 현재 토종 개체보다 훨씬 많아진 얼룩무늬담치 때문에 취수마저 막혀버렸다. 얼룩무늬담치는 민물에서만 살 수 있으니 생각해보면 성체가 대양을 횡단하는 배에 붙어서 확산한 것은 아니었다. 민물에 사는 종이므로 소금기 가득한 대서양 바다에서는 살아남지 못했을 것이다. 그 대신 미세하고 투명한, 자유 유영하는 유생이 큰 배의 물 저장용 밸러스트 탱크 속에서 대륙 횡단을 했던 것 같다. 밸러스트 탱크는 일종의 안정 장치다. 항해하는 동안 물의 중량으로 배 뒷부분이 가라앉지 않고 중심을 잡을 수 있도록 출항 전 항구에서 배에 올려 태우곤 한다. 이 탱크의 중량은 화물 적재량에 따라 천차만별이며, 대개 이 항구에서 물을 들이붓고 저 항구에서 버리는 식이다. 당연히 그 물탱크 안에 살고 있는 모든 것도 같이 버려지는 것이다.[2]

우리가 세상의 생명체에 근본적으로 갖고 있는 직관 중 하나를 들자면, 동물은 어디든 돌아다닐 수 있지만 식물은 제자리에 뿌리를 내린다는 것이다. 이렇듯 식물이 이동하지 않는 특성을 감안한다면 씨앗의 특별한 '확산 단계'가 왜 필요한지 이해할 수 있다. 이를테면 바람을 타고 가다 내리거나, 중간에 숲속 갈색 곰의 털을 얻어 타거나, 하늘 위 새의 위장 안에서 마음껏 날아다닐 수 있어야 한다. 얼룩무늬담치 사례는 많은 동물, 특히 해양동물이 이런 면에서는 식물과 놀라울 만큼 비슷하다는 사실을 잘 보여준다. (영원히 한 곳에 붙어 사는) 착생동물이든 (이동하여 한 곳에 머무르는 경향의) 정주동물이든, 둘 다 매우 움직임이 자유로운 혁신적인 유생 형태를 발달시켰다. 이 유생이 바로 파도와 조류를 타고 자유롭게 떠다니는 플랑크톤이다. 우리가 연못과 파도 수영장을 헤집고 다닐 때 흔히 보는 성체나 산호초는 정착에 성공한 개체들로 위태로운 이동 단계를 잘 이겨낸 결과물이다.

앞서 성게 유생이 모체를 씹어 먹는 모습을 찾아낸 해양생물학자 리처드 엠렛은 낮이나 밤이나 썰물이 되면 눈을 뜨고 잠에서 깨는 것으로 연구 작업을 시작했다. 그리고는 작은 배를 타고 파나마 해안에서 약 24킬로미터 떨어진 바위섬까지 찾아갔다. 그 바위섬은 열대의 아침 해가 뜨면 티끌만 한 그늘도 찾을 수 없는 곳이었다. 거기로 따개비, 게, 물고기 등 성체 서식지를 확인하러 갔으나, 실제로 그곳의 전체 생태계 구성이 그 동물들이 옛날 플랑크톤에서 새끼 모습으로 도착한 장면 그대로라는 것을 깨달았다.

"그러니까 온 천지에 저기도 유생, 여기도 유생, 유생뿐이었어요. 그곳엔 연구할 만한 가치가 있는 게 하나도 없었어요."[3]

⊙ 식물 평행선

지아푸샹賈福相은 발생생물학 연구로 널리 알려졌지만 고전 문학에 조예가 깊은 시인이기도 했다. 그는 시간과 공간을 가로지르는 인연의 참뜻, 상호 연결의 영혼을 구현하면서 온 세상으로 퍼져 나가는 유생처럼 뜻밖의 만남과 그 속에서 관계를 만들어가는 유연함을 노래한다. 1931년에 태어나 2011년 세상을 떠난 그는 원래 중국 산둥의 시골에서 살다가 대만 타이베이, 미국 시애틀, 그리고 캐나다 에드먼턴에서 살았다. 수백 편의 연구 논문과 더불어 독창적인 시집을 발표했으며, 세계에서 가장 오래된 서정시집《시경》중〈국풍〉을 영어와 현대 중국어로 번역 출간했다.

그는 프라이데이 하버에 있을 때 유생 착저settlement를 연구했다. 착저는 동물이 성체용 서식지를 선택하기 위해 플랑크톤으로서의 생활 방식을 버려야 하는 매우 힘겨운 사건이다. 그는 자신의 선행 연구를 기반으로 태어난 지 11일이 된 말미잘 유생이 '충관상 구조worm tube'에 착저하려는 모습을 발견했다. 하지만 실험실에서 평평한 접시에 놓여 있을 때는 태어난 지 27일이 지날 때까지만 해도 착저하지 않으려 했다. 결과적으로 이 발견은 오늘날 미생물이 중재하는 착저에 대한 최신 연구에 대한 기대로 이어졌다.(9장 참조)[4] 그의 제자 한 명도 후기 유생 달팽이가 조류를 따라 떠돌아다니는 점액질 가닥을 이용해 플랑크톤 유생에서 성체가 되기 전 단계로 확산될 가능성을 늘린다는 사실을 밝혀냈다. 이 행동은 고전 아동 도서《샬롯의 거미줄》에 등장하는 새끼 거미들과 비슷하다. 이 작은 새끼 거미들은 부화작업에 직접 참여해 비단실을 짓는다. 그들을 바람에 실어 벌판 너머까지 데려다줄 수 있는 이동 수단을 직접 만든 것이다. 몇몇 애벌레 종류도 바람을 타고 이동하기 위해 비단실을 이용한다. 나무에 매달려 있는 애벌레를 미풍이 불어와 얼른 데려가는 식이다.

유럽매미나방 애벌레는 바람을 타고 이동하는 영역이 다른 개체보다 더 높고 더 넓다. 1800년대 실크 산업을 시작해보려는 희망으로 미국에 들여왔던 그 나방은 정작 해당 재배지를 벗어나 야생에서 자라기 시작했다. 문제는 이 애벌레들이 다양한 식물에서 너무 많은 잎을 갉아먹는 바람에 급기야 중대한 해충이 되어버렸고, 널리 확산되는 출중한 능력 때문에 인간이 통제할 수 없는 수준에 이르렀다. 게다가 종종 도시의 자동차와 트럭에 알을 낳아 아주 먼 곳까지 이동하곤 한다. 그래서 유럽매미나방 방역선을 통과해 이동하는 사람들은 혹시 그 알이 붙어 있을 수도 있어 장난감과 자전거부터 야외용 접이식 의자와 정원용 갈퀴까지 모든 야외 제품을 샅샅이 검색받아야 한다. 이런 조치는 종의 확산을 늦추는 데는 도움이 될 수 있지만, 유럽매미나방 애벌레가 공기 구멍으로 꽉 찬 뻣뻣한 털이 자란다는 사실을 바꿀 수는 없다. 그것 때문에 애벌레는 몸이 가벼워져서 최대 상공 610미터까지 더 높이, 8킬로미터까지 더 멀리 바람을 타고 이동할 수 있다.[5] 그들은 동물판 민들레 홀씨인 셈이다.

식물 씨앗의 확산은 놀라울 정도로 다양하다. 바람을 붙잡는 보송한 솜털부터 양말에 들러붙는 꺼끌꺼끌한 가시 털까지, 그리고 포유류 위장을 통해 전달되어 비료 더미 속에 가라앉은 과일 씨앗부터 조류 위장을 통해 전달되어 새로운 숙주 나뭇가지 위에 툭 떨어지는 겨우살이 씨앗까지 그 유형도 가지각색이다. 따라서 개별 식물은《반지의 제왕》에 나오는 '나무 인간' 엔트처럼 뿌리째 뽑아 산책을 할 수는 없지만, 식물군과 종은 씨앗 확산으로 '움직일 수' 있다. 이 방식은 새로운 서식지에 떨어져서 풍부한 자원을 찾는 개체에게는 유리하다. 또한 환경 조건이 변할 때도 더 끈질기게 살아남는 종에게도 역시 유리하다. 이런 장점은 확산형 동물에게도 그대로 적용된다.

그리고 씨앗은 동물에 견준다면 단일 미수정 난자나 정자 세포가 아니라 다세포 유기체인 배아에 해당한다. 씨앗과 배아의 다세포성 때문에 식물과 동물 배아는 확산에 필요한 복잡한 구조를 키울 수 있게 된다. 씨앗 속 식물 배아는 어느 지점까지 발달했다가 계속 발달해도 좋은 조건이 될 때까지 잠시 쉬는 등 진행을 자체 정지하기도 한다. 이와 비슷하게 몇몇 동물도 발달이 정지된 배아나 유생을 생산하는데, 앞서 본 일년생 물고기의 휴면 알이나 회충의 다우어 유충이 좋은 예다. 가늠할 수 없는 시간 동안, 사실상 무기한으로 발달을 쉬면 변동하는 환경에서 자기 나름의 유연성을 얻는다. 대개 식물과 동물은 번식 작업을 계절에 맞추면서 한 해의 특정 시간에만 새끼를 생산한다. 만약 새끼들이 그 시점에 자기 발달을 중단할 수 있다면 해마다 온도, 햇빛, 그리고 먹이의 가용성이 변화하는 추이를 잘 이용할 수 있다.

대부분의 알, 특히 물고기의 알은 지방이 풍부한 난황으로 싸여 있다. 바로 이 성분 때문에 물에 둥둥 뜰 수 있으며, 해저에서 올라와 해류 속으로 들어가게 된다. 난황은 보통 부화 전후에 소진되므로 자유롭게 떠다니는 유생 안에는 상당한 양의 난황이 들어 있다. 그러다 유생이 자라면서 난황을 다 먹어버리면 몸의 구성 성분도 변한다. 그러면 당연히 주변의 바닷물보다 더 무거워지면서 바닥으로 가라앉는다. 바닥에 가라앉는 행동은 중요하다. 물론 모든 해양성 유생이 나중에 성체로 살아가기 위해 바닥이나 바위로 돌아가야 하므로 그들에게는 필수 기본값이다. 유생이 어느 정도까지 깊이 내려가느냐면 적어도 빛해파리 같은 포식자가 그것을 먹이로 삼을 수 있을 만큼이다. 투명하고 게걸스러운 빗해파리는 입을 크게 벌린 채 몸을 거꾸로 해 유영하는 것으로 관찰되었다. 이는 바닥으로 가라앉는 달팽이와 조개 유생을 주워 담기에 효과적인 접근법이다. 바다달팽이와 조개 유생은 빗해파리 위장 안에서 흔히 발견되는 먹잇감이다.[6]

물에 둥둥 떠다니는 것과 바닥에 가라앉는 것이 유용한 행동이긴 하지만 그렇다고 유생들이 그렇게만 움직이진 않는다. 오징어 같은 두족류 유생은 분사 추진력으로 헤엄치며, 어류 유생은 파도를 타거나 파도처럼 구불구불 꿈틀거리며 헤엄친다. 아마 가장 효과적인 방법은 자기보다 몸집이 더 크고 강한 상대에 올라타서 이동하는 것으로 보인다. 민물홍합unioid clam은 가장 좋은 사례 중 하나다. 보통 유속이 빠른 민물에 사는데, 그 유생에게 곰을 잡는 덫처럼 생긴 특별한 겉껍데기가 발

민물홍합은 숙주 물고기가 자기 유생을 실어 나르도록 속임수를 쓰려고 그림에서 보이듯 피라미, 벌레, 가재를 닮은 정교한 미끼 전략을 활용한다.

생한다. 이것은 물고기 아가미에 고리처럼 걸릴 수 있다. 성체의 알주머니는 주변 환경에 맞춰 살아 있는 피라미처럼 보이도록 적응되어 있어 포식자 물고기가 더 가까이 오도록 유도한다. 큰 물고기가 충분히 가까이 왔다 싶으면 부모는 유생을 풀어주고, 그러면 유생은 물고기를 움켜쥐고 자유 유영을 한다. 이들 물고기 전용 택시는 상류로, 하류로 마음껏 유영할 정도로 힘이 센 녀석들이다. 그 덕분에 민물홍합 유생은 사방팔방으로 확산된다.[7]

수생동물은 심지어 물새들이 제공하는 승강기를 탈 수도 있다. 외딴 섬과 호수에 무척추동물과 어류가 나타나는 현상을 보고 오래전부터 그들이 새의 발이나 깃털을 타고 도착하지 않을까 추측해왔지만 아무도 그 점을 입증해낼 수가 없었다. 그런데 최근 연구를 통해 새를 매개로 하는 확산에 대해 지금까지의 추측과 다른 놀라운 메커니즘이 등장했다. 바로 새똥이었다. 새가 먹어 치운 유생과 알은 대부분 완전히 소화되지만, 놀랍게도 적지만 유의미한 일부가 소화관을 거치는 이동 과정에서 생존해 소화관 맞은편 끝에서 여전히 살아 성장할 수 있다.[8]

한편 육지에 사는 대벌레는 겉으로 맛있어 보이는 씨앗을 흉내 내는 알을 진화시켰다. 한 연구에 따르면 이 알도 새에게 잡아 먹혀 배변으로 나올 때까지 생존할 수 있다. 심지어 개미가 씨앗을 흉내 낸 알과 씨앗까지 끌어 모은다는 사실은 학계에 자리 잡은 지 오래다. 이렇게 살아남은 대벌레 유충은 개미 왕국으로 들어가 땅 밑에 숨어 지내면서 포식자와 기생충으로부터 보호된다. 이 경우 확산은 부차적인 혜택이거나 아예 상관없을 것 같기도 하고, 오히려 진짜 이득은 안전이다.[9]

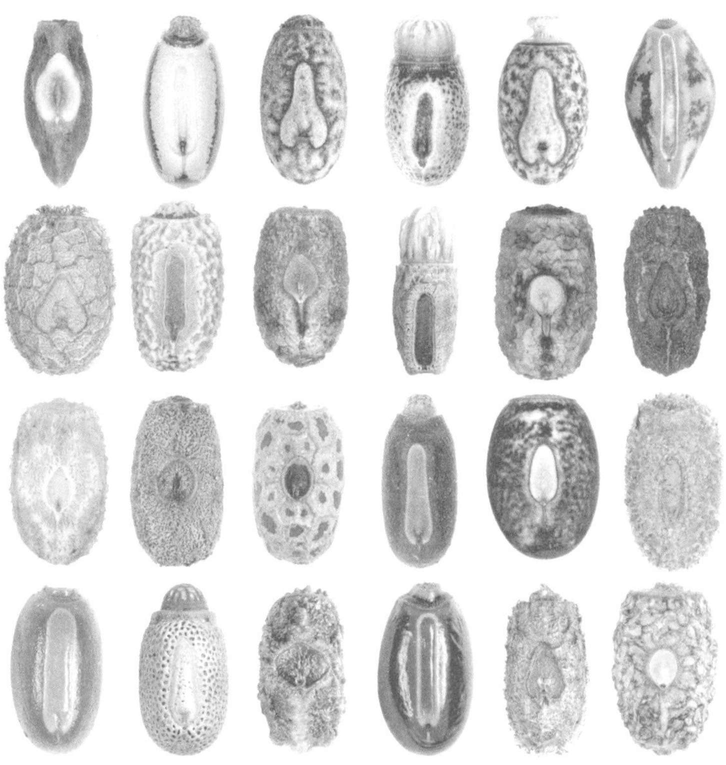

많은 식물 종은 식용 지방 덩어리가 부착된 씨앗을 생산한다. 이것으로 개미를 끌어당기는데, 개미는 씨앗을 개미집으로 다시 데려간다. 위의 대벌레(stick insect) 알은 이런 선물을 모방한다. 개미들은 이 알을 수집해 새로운 장소에 가서 분산시키고, 부화할 때까지 땅 밑에서 잘 보호해 준다.

⊙ 화산 타고 휙 날아가기

로렌 멀리노Lauren Mullineaux는 본래 씨앗 확산에 관심을 갖고 있다가 유생으로까지 연구 관심이 이어졌다. 흥미롭게도 사막 인근 지역 대학에 다니면서 그때부터 오아시스 사이에 사막 식물의 확산에 궁금증을 품기 시작했다. 마침 심해 크루즈에 동행할 기회가 생겼을 때, 사막과 심해라는 두 환경 사이의 유사성에 관심을 갖게 되었다. 사막과 심해는 둘 다 넓게 펼쳐진 지역이지만 자원은 한정돼 있고, 그것도 물(사막)과 먹이(심해)가 더 풍부한 장소는 국지적으로 띄엄띄엄 흩어져 있다.[10] 대체 동물은 그런 안식처를 어떻게 발견하고 이곳에서 저곳으로 이동하는 걸까?

19세기 후반까지도 과학계의 지배적 견해는 심해에 아무것도 살 수 없다는 것이었다. 너무 깊고, 너무 차갑고, 너무 어둡기 때문이다. 물론 어쩌다 우연히 심해 준설을 통해 그 견해와 반대되는 몇몇 생명체 사례가 올라오긴 했지만, '생명체가 살지 않는' 패러다임은 1868~1870년 어느 탐사를 통해 심해 914미터에서 수백 가지 새로운 종을 수집하는 시점이 되어서야 비로소 뒤집혔다.[11] 심지어 그때 수정된 견해조차 동종의 균질한 환경에 국한되었다. 과학자들은 그곳에 사는 동물은 확산에 필요한 유용한 도구가 없을 것이라 생각했다. 거기서 달리 갈 수 있는 곳도 없고 가보았자 원래 살던 곳과 다를 바가 없었기 때문이다. 그런데 1977년 우리는 열수분출공을 새롭게 알게 되었다.

지구의 어떤 지역에 가면 지각 틈이 열려 생명을 지탱하는 화학물질과 강한 열이 뿜어져 나오는 곳이 있다. 이미 우리는 발달 중인 배아의 양육을 위해 따뜻한 물을 사용하는 몇몇 종을 만나보았지만, 기타 많은 유기체가 특별히 지구의 내부에서 새어나오는 유황과 메탄을 먹고 살아가도록 진화했다. 이 동물들은 생존을 위해 화산 활동에 의존하지만, 그 화산이 계속 분출하며 영원히 활화산으로 존재할 순 없다. 열수분출공도 짧게는 5년, 길게는 20년 정도만 지속된다. 결국 펄펄 끓어오르며 분출되는 활동은 가라앉아 그 장소는 식어버리기 때문에 장차 살아남게 될 유일한 종은 새로운 분출공을 타고 확산되는 능력을 가진 개체들이다.

현재 우즈홀 해양학 연구소Woods Hole Oceanographic Institution에 재직 중인 멀리노는 이들 중 많은 종이 난황이 풍부하고, 물에 뜰 수 있는 커다란 알을 생산한다는 사실을 발견했다. 이런 특성은 배아가 쉽게 해저에서 멀리 떨어져 해류를 탈 수 있게 해준다. 게다가 어떤 종은 2세포 단계에서 발달 정지 상태에 들어가 훨씬 더 포괄적인 확산을 도모한다.[12] 그렇다면 그들은 실제로 얼마나 멀리 갈까?

가장 풍부한 열수분출공 동물 가운데 하나이자 내가 아는 한 최초로 발견된 열수분출공 동물은 바로 거대 관벌레인데, 겉으로는 거대한 립스틱 모양을 닮았다. 이 대단히 흥미로운 벌레는 무리를 지어 아주 빽빽하게 자라기 때문에 마치 풀밭처럼 보인다. 관벌레는 위장이 없어 열수분출공 화학물질을 대사시키는 공생 박테리아에게 전적으로 의지한다. 흰색 관 위로 흔들거리는 거대한 붉은색 깃털은 박테리아가 바글거리는 사육장과 같다.

관벌레는 너무 낯설어 보이는 개체였기 때문에 당초 그들만의 새로운 생물 분류 위계 '문phylum'을 구성할 것이라 내다보았다. '문'은 동물계 분류에서 가장 높은 위치다. 맥락상 어류와 양서류부터 암탉과 인간까지 척추가 있는 전체 동물은 동일한 문에 속하고, 그 고유 명칭은 척삭동물이다. 새로운 종류의 벌레 하나 때문에 완전히 새로운 위계를 세운다는 게 이상하게 들리겠지만, 사실 현재 생물 분류 체계에는 최소한 여섯 가지 벌레 문이 있다.

'벌레worm'라는 단어만 해도 사람들은 대개 지렁이earthworm를 떠올리며, 강아지를 수의사에게 데려가본 적이 있거나 의학 계통에서 일한다면 회충roundworm과 촌충tapeworm 같은 기생충을 떠올린다. 흥미롭게도 이 세 가지 종류의 벌레는 서로 너무 달라서 모두 다른 문에 속할 정도

이며, 이보다 훨씬 더 많은 벌레 문으로 구분하면 유형동물ribbon worm, 모악동물arrow worm, 성구동물peanut worm, 새예동물penis worm이 있다. 이렇게 이름이 정해진 건 해당 이름을 가진 사물과 시각적으로 유사한 데서 유래한다. 물론 내가 보기엔 성구동물이 땅콩과 닮은 정도는 새예동물이 음경과 닮은 정도를 따라갈 수가 없다(자벌레inchworm, 밀웜, 밀랍나방waxworm은 사실상 그 벌레의 유충 단계이므로 절지동물문에 속한다). 어째서 우리는 죄다 길고 얇고 다리도 없고 물렁물렁한 동물에게 그렇게나 많은 분류 위계인 문을 배치했을까? 자, 여기서 표면적인 형태의 유사성은 특별한 차이를 숨기고 있다. 물론 이 차이는 생명 주기와 각 무리의 유충 단계보다 더 놀라운 것은 아니다.

사실 열수분출공 벌레들이 최종적으로 기존의 벌레 문 가운데 하나에 속하는 것으로 확인한 이유는 바로 그것의 유충 때문이었다. 심해 생물학자 크레이그 영Craig Young은 열수분출공 벌레의 알을 수집해 그

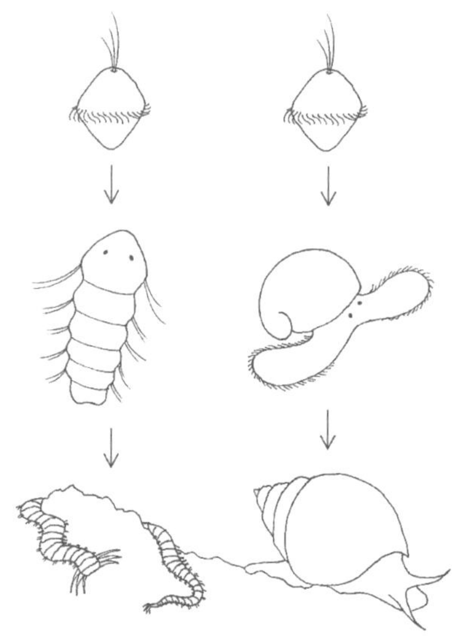

서로 비슷해 보이는 트로코포어 유충은 점점 자라면서 급격한 차이를 드러낸다. 왼쪽 그림처럼 강모가 있는 세티거(setiger)로 발생한 다음 성체 벌레가 되기도 하고, 오른쪽 그림처럼 면반(面盤)이 있는 유생으로 발달해 성체 달팽이가 되기도 한다. 그림에서 크기는 고려하지 않았다.

것이 트로코포어라고 불리는 독특한 유충 형태로 발생하는 모습을 지켜보았다. 이 유충은 팽이와 닮았고, 섬모라고 불리는 털 모양의 돌기를 덮개처럼 두르고 있으면서 상투같이 생긴 또 하나의 섬모 다발이 자라기 시작한다. 크레이그 영은 트로코포어를 확인함으로써 열수분출공 벌레를 지렁이, 갯지렁이와 동일한 문에 배치했다[13](흥미롭게도 크레이그 영과 동료들은 열수분출공 벌레의 알과 정자를 열심히 수집해 실험실에서 혼합한 후, 수정에 성공하면 서로 축하를 보내곤 했다. 하지만 몇 년 후 당시 수집했던 알이 수집하기 전에 이미 수정된 상태였음을 깨달았다).

크레이그 영과 로렌 멀리노는 사상 처음으로 실험실 안에서 가압 수족관을 이용해 열수분출공 벌레의 새끼를 키우기 위해 함께 연구 작업을 했다. 그리하여 배아가 34일 만에 발생해 유영하는 유충이 되었지만 구조상 입을 발달시키지 못했음을 알아냈다. 이렇게 되면 먹을 수가 없기 때문에 이 배아의 수명은 내부 난황 비축분으로 한정될 수밖에 없다. 과학자들은 이 배아가 부모가 미리 싸준 연료인 난황을 얼마나 빠르게 소진하는지 알아내기 위해 배아의 대사량을 측정했다. 이 실험을 통해 그 과정은 34일에서 45일까지 이루어졌고, 이 기간 동안 유충이 확산될 수 있을 것으로 보았다. 만약 그 시기 동안 성충으로 살아갈 서식지를 발견하지 못한다면 새끼는 죽고 말 것이다.

또한 이들 유충의 가능한 이동 경로 모델을 만들기 위해 열수분출공 위와 그 주변의 해류 흐름에 대한 정보를 활용했다. 연구자들에 따르면 그 지역 해류의 잦은 변동과 역행은 유충이 얼마나 멀리 갔는지, 그리고 그들이 원래 부모가 있던 열수분출공으로 다시 돌아올 가능성이 있는지, 아니면 새로운 장소에 정착할 가능성이 있는지를 결정하는 데 아주 중요했다. 관벌레가 낳은 부유 유충이 마주한 상황은 이렇게 말해도 괜찮다면 사실상 기회의 바다다. 상당한 수의 유충은 불과 수십 킬로미터 이내에 착저할 것으로 예상하는데, 이는 태어난 열수분출공으로 되돌아올 수 있을 만큼 가깝다. 다시 말하면 열수분출공 하나에 너무 많은 개체가 몰려 밀도가 높아진다는 뜻이다. 나머지 유의미한 극소수의 유충은 새로운 열수분출공에서 새로운 개체를 형성해 퍼뜨린다. 오래 유충으로 살아온 몇 안 되는 녀석이 열수에서 완전히 벗어날 수도 있겠지만, 이럴 경우 대개는 다 죽는다고 봐야 한다. 하지만 때때로 행운을 잡아 이전까지 아무도 살지 않았던 장소에 정착할 수도 있다.[14]

⊙ 확산과 불멸

아주 많은 동물 개체군에는 '건국의 아버지'가 아니라 '건국의 새끼들'이 존재한다. 조수 웅덩이에 사는 불가사리와 홍합, 배 뒷면 바닥에 사는 따개비와 벌레, 그리고 농가 마당에 사는 거미는 모두 한창 자랄 때 각자의 서식지에 도착했다. 새끼 동물은 과거에 아무도 존재하지 않았던 곳에 새로운 개체군을 형성함으로써 생태계를 개조하고 새롭게 만들어나갈 수 있다는 사실을 우리는 잘 알고 있다. 하지만 이 현상이 전형적으로 어느 정도의 규모로 발생하는지는 여전히 해답을 찾아 나가는 중이다.

"유생 생물학의 할아버지 중 1인"으로 손꼽히는[15] 루디 셸테마Rudi Scheltema는 미국 동부 연안 지대에서 대서양 한가운데 먼 바다까지 유생을 확인함으로써 극단적인 확산 가능성을 측정한 최초의 과학자다. 당시 이미 어느 정도의 가능성은 마련되었으나 멀리 떨어져 있는 유생의 함축적 의미에 대해 여전히 많은 의문이 남아 있었다. 그들은 정확히 어디에서 왔을까? 성체까지 성숙할 수 있었을까? 혹은 이동해온 거리 때문에 결국 불행한 운명을 맞이한 것일까? 드넓은 바다 해류는 심해 열수분출공 간의 작은 규모 해류보다 모델화하기에 더 복잡하고 더 힘겨운 대상이다. 그리고 특정 유생의 기원 시점을 입증하기 위한 기술이 발달하기까지 많은 세월이 필요했다. 어느덧 시간이 흘러 물리학, 화학, 그리고 유전학 조합이 그 대답을 찾아 정보를 밝히기 시작했다.

레이철 콜린Rachel Collin은 멀리노와 함께 연구할 계획으로 학부생 시절 '우즈 홀 연구소'에 갔다. 하지만 당시 멀리노는 육아 휴직 중으로, 말하자면 인간 배아 발달에 분주한 상황이었다. "그런 연유로 연구소에서 저를 루디 셸테마 랩으로 보냈어요. 그때 연세가 여든 살쯤 되었으니 당연히 은퇴하셨고요. 뭐, 이렇게 생각했던 것 같아요. '음, 어째서 연구소에서 여기 이 학생을 급히 집어넣은 거지?'" 콜린은 웃으면서 말했다. 하지만 셸테마는 여전히 연구 항해를 짜고 있었다. 학계에서 '은퇴했다'는 것이 연구를 그만둔다는 뜻은 아니기 때문이다. 그때 콜린이 참여한 프로젝트는 먼 바다 유생이 제대로 된 알맞은 기질基質을 만나면 변태를 거칠 수 있는지 조사하는 작업이었다. 안타깝게도 그 항해는 악천후를 만나 고생했고, 폭풍우가 몰아치는 와중에도 플랑크톤을 수집하려고 노력했지만 결국 실패로 판명되었다.[16]

초기 현장의 작은 사고에도 단념하지 않은 채, 콜린은 프라이데이 하버에서 대학원 과정에 진학해 번식과 발달에 관한 연구 경력을 쌓아갔다. 현재 파나마의 스미스소니언 열대 연구소Smithsonian Tropical Research Institute에 재직하면서 대서양 한가운데의 불가사리 유생 일부가 전 세계 절반을 돌며 이동해 성공적으로 새로운 개체군을 확립할 수 있다는 사실을 발견했다. 그 증거는 다름 아닌 스스로 교묘한 전략을 덤으로 품고 있던 유생에게서 나왔다. 바로 무성생식, 좀 더 구체적으로 '출아법

budding' 복제였다. 불가사리와 성게를 포함한 극피동물문 내에서 유생 복제는 아주 흔한 일이며, 그 방식은 포식자부터[17] 풍부한 먹이까지[18] 주변 모든 것으로부터 자극을 받을 수 있다. 그들은 번식이라는 케이크를 갖고 있으면서 동시에 먹을 수도 있는 방식을 발견했다고 할 수 있다. 시간이 흐름에 따라 그들은 유성생식(다양성 증가에 필요한 유전자 뒤섞기)과 무성생식(파트너를 찾을 필요 없이 재빠른 증식)이라는 두 가지 보상을 동시에 거두게 된다. 기생말벌의 배아 복제와 파충류와 조류의 단위생식은 여러 다양한 동물군이 번식 전략을 창의적으로 결합함으로써 유리하게 작용했다는 사실을 잘 보여준다.

복제형 불가사리는 1989년 대서양과 카리브해에서 발견되었으나 그것이 어느 종에 속하는지 알지 못했다. 콜린은 유전학으로 그 수수께끼를 해결했다. 단순히 정보가 알려지지 않은 유기체의 DNA 배열 순서를 밝힌다고 해서 자동으로 그 종의 정체성을 알 수는 없다. 이미 정보가 알려진 유기체 DNA와 일치하는 짝을 찾아야 한다. 그래서 콜린은 복제 유생의 DNA를 유전자 데이터베이스에 올렸고, 그 결과 구스타프 파울레이Gustav Paulay가 배열 순서를 밝혀놓은 종에서 일치하는 대상을 찾았다. "그도 예전에 프라이데이 하버에 계셨던 분이었어요. 그러니까 저보다 훨씬 선배죠." 콜린은 구스타프에게 연락해 그 DNA를 모오레아섬에 사는 성체 불가사리에서 수집했다는 사실을 알아냈다. 그곳은 남태평양의 섬으로 콜린이 발견한 카리브해 샘플로부터 8000킬로미터 이상 떨어져 있다. 만약 그 유생이 파나마 운하를 거쳐 한 번에 직통으로 왔다면 그야말로 대서사시 같은 여정이었을 것이다. 하지만 해류 패턴을 보면 그 경로를 타지 못하고 대신 케이프 혼을 돌아 이동한 것으로 나온다. 이는 파나마 운하 경로보다 최소 두 배 이상 걸리는 여정이다. 그 유생은 이동 중에 자기 복제를 하면서, 그리고 다수의 자손 '세대'와 함께 물속에서 보낼 수 있는 시간을 늘리면서 긴 거리를 주파했을 것이다. 카리브해에서 만난 이 특정 종의 성체를 아직 아무도 찾지 못했지만, 역시 복제형 유생을 가진 다른 불가사리를 성체 상태로 인도태평양과 카리브해에서 모두 발견했다. 이는 그와 같은 장거리 이동으로 새로운 개체군을 만들 수 있다는 개념을 뒷받침했다.[19]

연구자들은 보통 해류 패턴과 원양성 유생의 지속 기간(부유자어기), PLDpelagic larval duration라 불리는 수치를 기초로 유생이 얼마나 멀리, 그리고 어느 방향으로 이동할 것인지 계산한다. 이 수치는 해당 종의 유생이 실험실 내에서 변태하는 데 걸리는 시간을 모의 실험함으로써 계산한다. 가령 열수분출공 관벌레는 자기 난황 보유분으로 약 34일간 생존한다고 밝혀졌다. 그런 다음 연구자들은 확산에 필요한 수학적 모델을 만든다. 그리고 정착하기에 적합한 장소를 찾지 못한 채 PLD 끝에 도달하는 유생이 있다고 가정한다. 이렇게 말해서 미안한데, '물속에서 죽는 것이다'.

PLD에 의존하는 것은 오해의 소지가 있을 수 있다. 이건 단순히 복제가 지속 기간을 재조정하기 때문만은 아니다. 야생 자연에서 유생은 일반적인 실험실 환경과는 전혀 다른 조건과 마주칠 것이다. 사실 어떤 종은 착저할 좋은 장소를 기다리면서 거의 무한히 플랑크톤 상태로 머무를 수 있다는 증거가 있다. 앞서 독소 전달체가 없는 성게를 만들어 냈던 암로 함둔은 고형 먹이 없이 성게 유생을 키우는 두 번째 '재난급 프로젝트'를 시도했다. 그는 그 시도를 "정상적인 환경 아래서는 절대 시도하지 않을 이상한 짓"이라고 말하면서도 그렇게 되면 발달이 전혀 이루어지지 않을 것이라 예상했고, 결과는 예상대로였다.[20] 일반적으로 이들 성게는 3주 안에 착저하고 성체로 변태한다. 실험 내용은 이랬다. 유생에게는 용해된 영양소만 제공한다. 그 영양소는 피부를 통해 물에서 흡수할 수 있다. 이런 식으로 정상 상태보다 두 배 이상 플랑크톤 상태를 유지할 수 있다. 결과는 이랬다. 유생의 내장이 쪼그라들었고 변태를 거치지 못했다. 하지만 다시 적합한 조건을 만들어주면 그들은 내장을 다시 자라게 하고 발달을 계속할 수 있다.

그것이 바로 현재 하와이대학교의 생물학자 에이미 모런이 우연히 발견한 사실이다. 모런은 냉장 실험 공간, 차가운 방에 성게 유생 한 무리를 갖다 놓고 딱 한 번 먹이를 주고 나온 이야기를 들려주었다. 그 유생은 특정 실험의 주체가 아니라 잉여분이었기 때문에 몇 주 동안 존재 자체를 잊고 지냈다. 그러다 그들을 확인했을 때, 놀랍게도 아직 살아 있어 두 번째 먹이를 주었다. 그다음에 다시 확인하러 갔을 때, 그들은 아주 작은 새끼 성게로 변태를 한 상태였다. "걔들한테 먹이를 두 번 주었어요." 그녀는 믿을 수 없다는 듯 이야기했다. "이후로 그 점에 대해 줄곧 생각하고 있었어요. 그게 성게를 키우는 방식이라고 생각하면 안 되겠죠."[21] 하지만 자연이 실험실 규약을 그렇게 잘 따르는 존재일까? 유생은 일반적인 PLD 실험이 제시하는 것보다 훨씬 더 오래, 그리고 훨씬 더 척박한 환경에서도 살아남을 수 있을까? 모런은 성게 실험과 그것과 유사한 결과를 낸 굴 실험을 통해서 동기를 얻어 자연환경 속에서 살아가는 유생의 유연성을 다루는 새로운 연구 프로젝트를 시작하게 되었다. "나는 그들이 아주 오랫동안 플랑크톤으로 살아가면서 어디로든 갈 수 있을 거라 생각해요. 문제는 얼마나 자주 그렇게 하느냐는 것이죠."[22]

◎ 온도에 유연하거나 까다롭거나

연어와 바닷가재 같은 일부 바다 생명체는 예전부터 인간의 엄청난 사냥감이었다. 우리가 수렵 감시 부서를 새롭게 설치해 어획량을 추적하기 위한 스프레드시트를 만들기 훨씬 전부터 그래왔다. 반면 큰 바다달팽이 켈레티아 켈레티*Kelletia kelletii* 같은 바다 동물은 이따금 채집되었던 것 같고, 최근 들어서야 어업 사업체의 상당한 관심을 끌게 되었다(오래된 어장이 붕괴하면서 새로운 어장이 부상하는 것은 결코 우연이 아니다). 우리가 식품 공급원을 과도하게 수확하기 시작한 이후로는 어쨌든 한 종에서 다음 종으로, 또 다음 종으로 차례를 바꾸어야 했다. 켈레티아 켈레티는 캘리포니아 해안에 서식하는 바다달팽이다. 예쁜 나선형 껍데기를 가진 개체로 최대 사람 얼굴 턱에서 이마까지 길이만큼 자랄 수 있다. 그만큼 육질이 풍부해서 수프, 샐러드, 스파게티 등등 많은 요리로 조리해서 먹을 수 있다. 20세기 후반 수십 년 동안 사람들은 이것을 점점 더 많이 잡기 시작했고, 이에 따라 업체 관리자들과 과학자들의 관심을 끌게 되었다. 과연 이렇듯 더디게 자라는 종이 한껏 높아진 수확 요구에 대응할 수 있을까? 이와 동시에 이 바다달팽이는 원래 서식 범위 한계선 북쪽에서도 모습을 드러내기 시작했다. 이미 바하 캘리포니아에서 샌타바버라에 이르는 해안가에서도 친숙한 서식종이 되어버렸으며, 이제는 몬터레이까지 모든 곳에서 찾을 수 있으니 최대 322킬로미터까지 확장된 것이다. 샌타바버라 북쪽에 바다 쪽으로 뾰족하게 돌출된 포인트 컨셉션Point Conception곶이 있다. 그곳에서 바다가 상당히 더 차가워지기 때문에 처음에는 켈레티아 켈레티 서식 범위 변화가 바다 온도 변화로 일어난 것이라고 추측했다. 혹시 샌타바버라와 몬터레이 사이에 바닷물이 따뜻했다면 예전부터 살기 힘든 서식지가 이 큰 바다달팽이를 환영했을지도 모른다. 하지만 생물학자 다니엘 자헤를Danielle Zacherl은 온도 영향이 제한적이라는 증거를 알았기 때문에 혹시라도 유생 확산이 더 많은 통찰을 주지 않을까 알아보고 싶었다.

아주 흥미롭게도 바다달팽이는 바다 벌레와 똑같은 유생 형태를 낳는다. 바로 트로코포어 유생이다. 이 유생은 빠르게 종 고유의 형태로 발달하는데, 그 형태는 마치 거대한 베일을 쓴 새끼 달팽이처럼 보인다. 벨리저veliger는 면반인 '벨룸velum'을 발달시킨 시기를 말한다. 벨룸은 '베일'을 뜻하는 라틴어다. 따라서 이들 유생은 베일을 쓴 자, 피면자라는 뜻으로 '벨리저'라는 이름이 붙었다. 예리한 관찰력의 발생학자이자 기발함을 겸비한 시인이었던 월터 가스탱은 1928년 다음과 같은 시를 썼다.

> 벨리저는 활기찬 뱃사람, 세상에서 가장 활기차게 항해 중,
> 양쪽에 빙빙 도는 바퀴로 작은 배를 나아가게 하지.
> 하지만 위험 신호가 바삐 움직이는 자기 잠수함에 경고를 하면
> 금방 엔진을 멈추고, 좌현을 닫고, 눈에 띄지 않게 스르르 사라진다네.[23]

여기서 "빙빙 도는 바퀴"가 바로 면반이고, 이 면반을 따라 트로코포어 유생을 둘러싼 것과 동일한 섬모가 늘어서 있다. 섬모는 따뜻한 해류를 만들기 위해 작은 노처럼 다 함께 펄럭거린다. 이렇게 하면 작은 입자 먹이를 모을 수 있고 동력도 제공할 수 있다. 벨리저의 "작은 배"는 바깥 껍데기이며 대체로 투명하다. 이것이 장차 평생 성체 달팽이가 계속 짓고 살아갈 중심부가 된다. 그리고 껍데기 안에서 면반이 가볍게 펄럭이는 행동은 특정 포식자의 손에 닿지 않는 곳으로 가라앉을 수

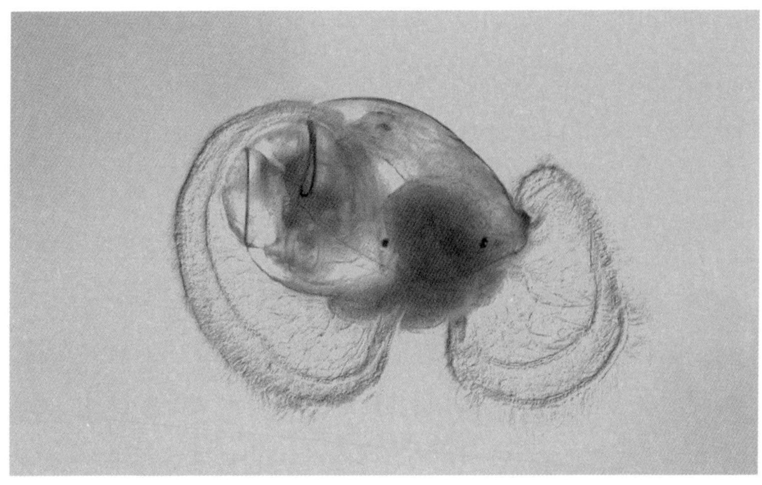

이 벨리저 유생은 나중에 다 자란 성체 달팽이처럼 껍데기 안에 살면서 한 쌍의 눈으로 내다본다. 하지만 성체의 형태와 달리 헤엄치고 먹이를 잡기 위해서 날개처럼 생긴 두 개의 엽을 사용한다. 이 엽에는 한 무리의 섬모가 죽 늘어서 있다.

있게 해주는 일종의 반작용이다(그렇지만 탐욕스런 빗해파리한테는 아마 안 될 것이다).

벨리저는 다양한 실험 조건하에 실험실에서 유지될 수 있는 작은 동물이다. 그래서 바다 산성화 연구에 가장 효과적인 '실험실 쥐' 중 하나다. 바다 산성화는 기후변화와 함께 발생하는 과정이며, 대기 중 이산화탄소 과잉으로 촉발되는 상황과도 동일하다. 바다도 이런 이산화탄소 일부를 흡수함에 따라 바닷물은 점차 산성을 띠게 된다. 하지만 바닷물이 성체 조개껍데기를 약화시킬 정도로 산성으로 변하기 전에 이미 물속 새끼들은 힘들어하기 시작한다. 따라서 벨리저와 외골격을 생성하는 다른 유생 형태들은 바다 산성화의 전조이자 지표 역할을 할 수 있다.

벨리저의 단단한 부위는 환경 변화 연구뿐 아니라 유생 확산을 계산하는 데도 유용한 정보를 제공한다. 이 점이 바로 자헤를이 수행한 바다달팽이 연구의 열쇠였다. 그녀는 자연에서 바다달팽이 유생을 많이 수집해 지도 위에 그 포획 위치를 표시할 수 있었다. 하지만 벨리저 하나하나가 어디서 자기 여정을 시작했는지는 어떻게 알아낼 수 있을까? 벨리저의 단단한 부위는 그들이 성장하면서 주변 바닷물의 화학물질을 결합한다. 그러니까 특정 화학물질을 내장하게 되는 것이며, 그 물질은 서로 다른 바닷물의 고유한 화학물질 특성과 일치시킬 수 있다. 유생은 자기 출생 위치의 '지문'을 갖고 다니는 셈이다.

여기서 나는 '껍데기'가 아니라 '단단한 부위'라고 말하고 있다. 왜냐하면 화학적 지문 채취에 매우 유용한 특정 조각이 바로 그 동물의 미세한 귀 뼈인 평형석이기 때문이다. 이 미세한 칼슘 덩어리는 바다달팽이가 신호를 알아들을 수 있게 해주는데, 이것은 인간의 귀 안쪽에서 평형을 유지하는 이석과 아주 유사하다. 평형석은 달팽이가 성장하면 함께 자란다. 나이테처럼 겹겹이 층으로 쌓인다. 그래서 가장 안쪽 층의 화학 성질이 바로 그 달팽이의 가장 초기 환경에 대한 정보를 말해줄 수 있다. 자헤를은 새끼 달팽이의 미세한 평형석을 채취하지 못한 좌절을 극복하고 결국 그들이 어디서 태어났는지 밝혀냈으며, 이로써 얼마나 멀리 이동해왔는지 정확한 그림을 얻을 수 있었다.

그 연구 결과에 따르면 바다달팽이의 서식 범위가 확대된 것은 유생의 확산과 밀접한 관련이 있었다. 대개 포인트 컨셉션 주변의 해류 때문에 바다달팽이 유생은 북부 바다를 건너가지 못했다. 그런데 엘니뇨 때문에 이 패턴이 바뀌면서 유생은 북쪽으로까지 주기적으로 갈 수 있게 되었다. 이와 동시에 기후변화로 수온이 올라가면서 유생과 이후의 생존율이 증가한 것으로 보인다. 결국 서식 범위 확대는 온도와 해류의 변화로 생긴 결과였으며, 더구나 그 요인이 성체가 아니라 초기 생애 단계에 끼친 영향이라는 점이다[24](자헤를은 너그럽게도 자신의 논문 제목 '달팽이는 어디에서 왔을까'를 이번 장의 제목으로 사용할 수 있도록 허락해주었다).

어떤 경우에는 유생 확산이 손상된 자연환경을 복원하는 데 중요한 역할을 할 수 있다. 호주 해안의 대보초, 그레이트 배리어 리프는 2016년과 2017년에 산호초의 중대한 백화 현상을 겪었다. 해수 온도 상승으로 많은 산호초가 그들의 조류 공생체를 쫓아내면서 본래 색깔을 잃어버리게 되고, 급기야 산호초 자체 생명마저 잃게 되었다. 백화 현상 자체는 산호초를 죽이지 못하지만, 산호초는 먹이로 조류에 의존하기 때문에 보통 조류가 사라지면 굶어 죽게 된다. 이 현상은 멀리 떨어진 리저드섬의 해저를 비롯해 대보초의 많은 부분에서 발생했다. 하지만 2021년에 리저드섬의 전체 산호초가 다시 자라났는데, 알아보니 이곳에서 훨씬 멀리 떨어진 데서 이동해온 유생들이 자라난 결과였다. 그 회복 현상은 황폐화라는 백화 현상 교향곡 뒤에 따라 나와 큰 힘을 북돋우는 음률과도 같았다.[25]

슬픈 사실이지만, 모든 유생이 그들이 처한 환경에서 엄청난 이동에 적응할 수 있는 건 아니다. 과학자들은 미국 대서양 해안의 달팽이 유생 확산에서 기후변화가 참으로 우려할 만한 영향을 주고 있음을 발견했다. 태평양 해안의 칼레티아 칼레티와 달리 이들 대서양 달팽이들은 더 낮은 온도를 선호한다. 그럼에도 불구하고 종의 확산은 계속해서 크게 줄어들고 있다. 더 차가운 깊은 바다에서 나와 따뜻해지고 있는 얕은 물로 들어가는 것을 꺼리기 때문이다. 발생생물학자와 물리해양학자들이 함께 그 문제를 붙잡고, 그 체계의 거주 서식 측면과 비거주 측면을 분석했다. 그들은 기후변화로 성체 달팽이가 본래 번식 시기보다 조금씩 더 빠르게 알을 낳게 되었다는 사실을 밝혀냈다. 그 시기는 남쪽으로 흐르는 해류가 더 강할 때다. 해수 온도 상승이 아니었다면 차가운 심해에 착저해 살 수 있었을 유생들이 이제는 열대성 바닷물을 타고 흘러가면서 살기 좋았던 고향에서 멀어지고 있다.[26]

콜린의 연구에 따르면 열대 토착종의 경우, 초기 생명 단계에서 해수 온도 상승에 더 민감하다. 그녀는 여덟 종의 카리브해 성게 배아와 성체를 비교한 결과, 일반적으로 배아가 높아진 온도에 손상을 입기 쉽다는 사실을 알아냈다 이들 종의 지리적 범위는 그 배아의 내한성으로 결정된다. 다시 말해 각 서식 범위에서 가장 차가운 부분은 그 종의 발달이 성공하는 가장 낮은 온도와 일치한다. 그렇다면 열기는 어떨까? 바닷물이 가장 따뜻한 곳에서는 유생이 이미 최대한의 한계에 도달해 있다. 만약 뜨거운 파도가 덮치면 그들은 사라지고 만다.[27]

환경에 대응하는 유생의 반응은 해당 종의 서식 범위를 넓히거나 줄일 수 있다. 먼저 유생은 영웅적인 구원자가 될 수 있다. 죽음과 파괴 이후에 한 장소를 재건할 수 있는 것이다. 혹은 환영받지 못한 불청객이 되어 사전 준비가 되지 않은 생태계에 침입해 죽음과 파괴를 일으킬 수 있다. 이 생명 단계가 품은 유연성과 연약함의 절묘한 결합은 곧 해당 종의 생존과 멸종 사이에 결정적 역할을 할 수 있다.

유생들이 이 바다와 저 바다, 이 해안과 저 해안을 따라 빙빙 도는 담대한 모험을 할 때, 그들이 어떻게 저렇게 큰 영향을 끼칠 수 있는지 알아내는 건 어렵지 않다. 하지만 도로에서 우적우적 갉아먹으며 살아가는 애벌레처럼 상대적으로 정적 생활을 하는 새끼들은 자기 종족, 그리고 인간을 비롯한 다른 많은 종 사이에 중요한 연결고리를 형성한다.

6

그냥 단계일 뿐이야

어째서 새끼들은 외계인처럼 보일까

이 인동 덩굴 아래
배고픈 솜털북숭이 애벌레인
나는 나만의 앞뒤 흔들리는 높은 회전의자로 기어 올라가
그러곤 먹고, 먹고, 또 먹지, 그냥 그래야 하는 것처럼 말이야.

- 로버트 그레이브스, 〈애벌레〉 중에서[1]

어린 새끼가 형상과 행동 면에서 축소형 성체와 비슷한 경우는 매우 드물다. 망아지와 새끼 오리는 제각기 태어난 지 몇 시간 안에 걷고 헤엄칠 수 있다. 하지만 대부분의 갓 태어난 새끼는 모습도 기능도 부모와는 매우 달라 보인다. 이는 중요한 연결고리다. 새끼는 성체와 다르게 기능해야 하기 때문에 모습도 부모와 다른 것이다. 다시 말하면 새끼 동물이 주변 환경과 맺는 상호작용은 생애 단계에 따라 서로 다르게 적응하는 상황을 촉진한다. 매와 왜가리 등 만성조는 눈이 보이지 않고 깃털도 없는 상태로 태어나기 때문에 그냥 보면 매나 왜가리는커녕 물에 흠뻑 젖은 쥐를 닮았다. 그렇다고 그저 그렇게 미완성인 성체

냐 하면 그것도 아니다. 오히려 새끼 조류는 어미가 쉽게 알아보고 먹이를 넣어줄 수 있게 진화된 색색의 부리, 그리고 조심스럽게 음을 맞추어 짹짹거리는 소리 등 그들만의 복잡한 특성을 갖고 있다. 포유류 새끼도 조류처럼 눈이 보이지 않는 상태로 태어나지만, 유대류인 캥거루의 새끼에게는 어미의 육아낭을 찾아 올라갈 만큼 강한 팔다리가 있다. 그리고 새끼 미어캣은 배가 고플 때 자기 근방에 있는 모든 어미 미어캣의 관심을 끌 수 있을 만큼 먹이 달라고 조르는 소리를 정확하게 낼 줄 안다. 랑구르 원숭이는 태어날 때는 눈길을 끄는 오렌지색이지만, 그들에게 필요한 열렬한 어미의 관심을 받고 나서는 성숙한 흑백의 성체로 변해간다.

형상 면에서 어떤 차이는 단순히 크기의 제한 때문이다. 새끼의 몸이 단순히 성체 몸 형태의 축소형일 경우 대개는 기능을 제대로 하지 못한다. 내가 오징어 발생 단계에서 찾은 파라라바paralarvae가 좋은 예다. 파라라바는 오징어와 문어를 위해 만든 용어다. 두족류의 초기 발생 단계는 뚜렷한 몸의 형태, 지느러미, 촉수를 갖춘 성체와 완전히 다르다. 그렇지만 애벌레가 변태를 거쳐 나비가 되는 경우처럼 그만큼 새끼와 성체 형상이 완전히 다르진 않다. 오징어 파라라바는 성체처럼 분사 추진 방식으로 헤엄치지만, 아주 작은 규모에서는 유동체가 다르게 작동하기 때문에(가령 개미 한 마리는 사실상 아주 작은 물방울 하나를 운반할 수 있다) 파라라바가 성공적으로 물을 뚫고 나가려면 자기 몸에 비해 상대적으로 훨씬 더 큰 구멍이 필요하다. 따라서 파라라바는 절묘한 지느러미와 촉수 외에도 거대한 깔때기를 갖고 있다. 그들은 헤엄치는 동안 효율성을 최대로 높일 수 있도록 이 깔때기를 조절한다.[2]

그럼에도 오징어 파라라바는 오징어라고 인식할 수 있다. 우리가 아기를 인간으로 인식하는 것과 같다. 이와 정반대로 새끼 나비가 벌레와 비슷하고, 새끼벌레가 팽이와 비슷하고, 새끼 불가사리가 촉수 달린 테디 베어를 닮았다고 생각해보라. 이런 유생 형태는 너무 기괴하고 이상해서 그들 중 몇몇은 애초에 부모와 전혀 다른 별개 종으로 기술될 정도였다. 심지어 오늘날까지 우리 대부분은 세상이 우리에게 보내준 유생의 다양성, 그 가운데 극히 일부분도 보지 못했다. 이 기괴함 뒤편에 숨은 이유는 무엇일까? 설마 대자연이 변덕스럽고 엉뚱해서 새끼들에게 마음대로 화풀이를 한 것일까? 그렇지 않다. 저마다의 이상한 특성은 환경에 맞춘 반응이며, 가시와 척추와 촉수는 새끼 시절의 작은 크기와 힘겨운 서식지에 맞추어 적응한 형태다.

우리가 으레 동물이라고 하면 머릿속에 떠오르는 그림은 거의 언제나 성체의 형상이다. 이제부터 왜 성체 대신 유생의 형태를 떠올려야 하는지, 아니 적어도 유생과 성체를 나란히 떠올려야 하는 이유를 알아보도록 하자.

⊙ "그들이 본 게임이야"

살아가려면 그만한 비용을 치러야 한다. 우리 생명체는 그저 하루를 보내려 해도 우선 숨 쉴 수 있는 공기부터 깨부수어 먹을 설탕까지 어느 정도 수량의 연료가 필요하다. 그리고 어미 게가 새끼에게 호흡과 수분을 공급하려고 배를 펄럭이거나 바다달팽이 유생이 난생 처음 껍데기를 만드는 등 무언가 특별한 과제를 해내려면 추가 연료가 필요하다. 실제로 점점 발달해 성장하는 일은 값비싼 과정이다. 호주 연구자 더스틴 마셜Dustin Marshall은 다양한 범위의 동물들이 서로 다른 온도에서 발달할 때 드는 비용을 계산해보았다. 그리고 정말 놀랍게도 대부분의 종이 자신의 최적화된 온도에서 이미 발생하고 있음을 알아냈다. 조금 더 따뜻해지거나 조금 더 차가워지면 그 발생 과정은 훨씬 더 비싼 값을 치러야 한다. "그러니까 동물들이 칼날 위에 서 있는 것과 같아요." 어느 쪽이든 온도 편차가 발생하면 성장 발달은 최적 온도에 비해 희생이 클 수밖에 없다.[3] 환경이 더 따뜻해지면 새끼들의 발달 속도가 더 빨라질 뿐 아니라 먹이와 산소를 원하는 대사활동의 욕구도 더욱 커지기 때문이다.

나는 마셜에게 이 새끼 동물들의 회복 탄력성에 대해 물었다. 그렇다면 이 한정된 저항력이 새끼 동물이 얼마나 취약한 존재인지를 드러내는 것이냐, 아니면 오히려 그들에게 꼭 맞는 자리에 맞추어 아주 잘 적응하고 있음을 보여주는 것이냐. 그는 둘 다 맞는 말이라고 답했다. "한편으로 그들은 작은 알이니까 모든 게 무섭죠. 그래서 많이 죽어요. 그게 사실이에요. 하지만 동시에 생명 역사 단계에서 자연선택만큼 결과가 좋은 건 없을 거예요." 진화를 뒤에서 추동하는 힘, 자연선택은 가장 어린 생명 형태에게 가장 강력하게 작동한다. 번식할 시점까지 생존하게 해줄 유전자는 개체군 안에 보존되지만, 혹시라도 해를 끼칠 유전자는 제거될 것이다. 그러나 이 자연선택의 결과가 항상 명백한 것은 아니다. "가령 독수리와 새끼 독수리를 본다고 쳐요. 그러면 독수리가 하는 걸 보곤 놀랍군, 완벽하게 자연에 적응했네, 아름답고 멋져, 라는 식으로 생각하면서 새끼 독수리는 뭐든 서툴고 잘 못하는 끔찍한 솜털 새끼니까 보호해야 할 존재라고 생각하곤 해요."[4] 마셜의 지적이다. 하지만 만약 새끼 독수리가 진짜로 "뭐든 서툴고 잘 못한다면" 전체 독수리 개체군이 순식간에 사라지고 말 것이다. 조금만 더 면밀하게 살펴보면 솜털보다 더 보송보송한 깃털이 어떻게 작은 몸을 따뜻하게 유지시키는지, 그리고 신축성 좋은 부리 모서리는 부모가 먹이를 입안에 넣어줄 때 어떻게 도움이 되는지 다 드러난다. 부모 독수리는 새끼 독수리가 가진 환경의 커다란 부분이기 때문에 새끼들은 이렇게 부모를 잘 활용하도록 적응되었다. 이와 반대로 부모는 고사하고 해당 종의 성체가 하나도 포함되지 않은 환경에 적응해야만 하는 동물도 많다.

바다 성게는 자기를 낳아준 성체와 완전히 달라 보이도록 환경에 적응해왔다. 얼마나 기괴하게 보였는지 미국 드라마 〈엑스파일〉에서 세상에 없는 희귀한 생명체를 만들려고 플루테우스 유생을 차용할 정도였다.[5]* 성체 성게는 앞뒤 구분 없이 그냥 위아래만 있는 바늘꽂이처럼 생겼다. 성게의 플루테우스 유생은 만약 대칭을 맞출 만한 엄지손가락만 하나 더 있으면 영락없이 사람 손 모양이다. 사실 플루테우스와 손이 이렇듯 비슷한 모습에 정말 놀랐다. 프라이데이 하버에 있는 동안 어린 시절 누구나 한번 해봤듯이 손과 손가락을 따라 칠면조 형상을

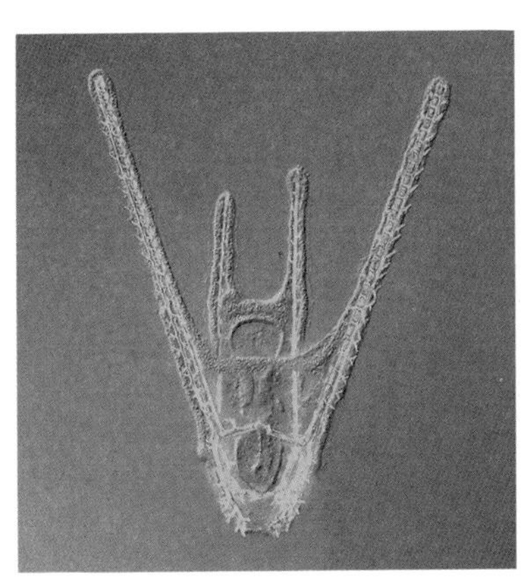

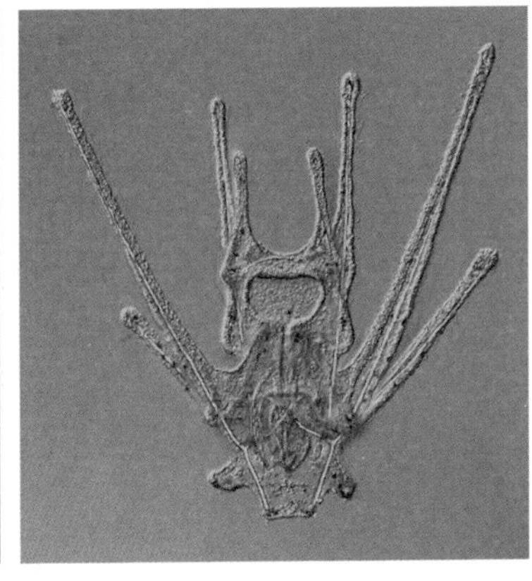

이 플루테우스 유생은 카리브해 성게에서 나온 것으로 워낙 몸이 투명하기 때문에 왼팔 네 개, 오른팔 여덟 개를 가진 골격체가 그대로 보인다. 아무 표시 없이 단순한 것도 있고, 몇몇 천공이 있는 것도 있고, 천공으로 꽉 찬 것도 있다. 이 유생의 몸 바깥에는 섬모가 늘어서 있는데 이것은 헤엄치고 먹이를 모으는 데 사용한다.

그려본 일이 생각나서 그때처럼 손을 놓고 플루테우스를 그려보았을 정도였다. 자, 한쪽 손의 윤곽을 따라 선을 그린다. 그다음 나머지 한 손을 그 위에 올려놓고 추가로 엄지손가락 선을 그린다. 플루테우스 유생은 투명하기 때문에 내부 해부학 구조가 다 보인다. 그러니 이제 세 번째로 손가락 하나하나 속에 작은 사다리처럼 유생의 뼈대를 그려준다. 마지막으로 입과 위를 추가하면 된다. 위는 각 '손가락'을 따라 늘어서 있는 섬모가 모아주는 작은 녹조류 세포를 소화시키는 기관이다.

손가락과 비슷한 플루테우스 유생의 기다란 사지가 어떤 목적을 가진 기관인지는 과학사에 불가사의 같은 문제를 던져준다. 유생이 잡아먹히는 걸 어렵게 만드는 방어용 가시일까? 연구실 실험을 통해 플루테우스 유생은 작은 포식자에게 손쉽게 소비되는 양상을 보여주었기 때문에 그 추측은 해답이 아니었다.[6] 그렇다면 유생이 준비가 다 될 때까지 바다 밑으로 가라앉지 않게 해주는 낙하산 같은 역할일까? 그도 아니면 단순히 촉수로 덮인 표면을 늘려서 더 많은 조류를 잡아 모으기 위한 방법일까? 각 조류 세포는 플랑크톤이 가장 풍부하면서 가장 쉽게 잡을 수 있는 먹이다. 그 세포 하나하나는 아주 작지만 순전히 숫자로만 바다 생태계를 유지해주는 존재다. 서로 다른 수많은 종의 바다 유생 형태는 이 조류를 잡을 수 있는 엄청나게 다양한 촉수를 진화시켰다. 바로 앞 장에서 만난 바다달팽이의 벨리저 유생부터 이제 곧 만

---

* 〈엑스파일〉의 각본가 크리스 카터는 스컬리의 과학적 캐릭터 등을 만들 때, 매사추세츠대학교의 식물 바이러스 학자 앤 사이먼(Anne Simon)에게 개인적 자문을 받곤 했다고 한다. 《뉴욕타임스》 기사 〈일하는 과학자, 앤 사이먼: 무엇까지 자문을 하느냐고?〉에는 이런 부분이 나온다. "몇 가지 후일담도 나왔다. 그중 이상한 극지 생명체를 묘사하려면 바다 성게의 유생 단계인 플루테우스를 이용해보라고 했다는 이야기가 있었다."

우리 모두가 알과 정자를 담은 비커를 들고 실험실에 접근하지는 못하지만, 종이와 연필이 있다면 누구나 그들만의 성게 유생을 창조할 수 있다. 왼쪽부터 시작해 오른쪽, 위에서부터 아래쪽으로 단계를 따라 해보라. 먼저 손의 윤곽선을 따라 그리고, 다른 손의 엄지손가락을 추가해 그리고 나서 해부학적 세부사항을 채워 넣으면 두 손으로 플루테우스 유생을 만들어낼 수 있다.

나게 될 봉제 인형을 닮은 편형동물 유충에 이르기까지 정말 다양하다.

의학계에서 가장 흔한 편형동물은 촌충이다. 과학 수업에서는 보통 플라나리아를 말한다. 하지만 편형동물의 어마어마한 다양성은 바다에서 발견된다. 대부분 쨍하게 밝은 색깔에 무늬가 있는 성충으로 로브를 걸친 듯 여러 개의 엽이 달리는 유생 단계를 거친다. 편형동물 유충은 너무 이상하면서도 아주 귀여운데, 내가 소셜 미디어에서 스크롤을 죽 내리는 중에 이런 사진 설명이 달린 포스트를 우연히 마주친 적이 있을 정도다. 물론 이 책을 쓰기 위해 연구하는 척한 것도 아니었는데 정말 우연히 이런 설명이 달린 사진을 만난 것이다. "정말이지 어떤 바다 편형동물 유충이 어떻게 생겼는지 보면 감당 못 할 거예요. 여러분한테 직접 보여주면 만질 수나 있을지 확실히 잘 모르겠지만 말이죠. 만약 마음의 준비가 되었다고 생각하면 진짜로 한번 보는 게 좋을 거예요. 진짜요." 그리고 이어서 뮐러 유충Müller's larva이라고 알려진 유충의 유쾌한 이미지 여섯 장이 따라 나왔다. 이 작은 헤엄치기 유충은 섬모가 달린 여덟 개에서 열 개 정도의 엽으로 치장을 하고 있다. 그 엽은 수탉 목 부분에 늘어진 붉은 턱 볏 형태인데 누가 봐도 유충의 몸에 비해 훨씬 더 크다. 두 개의 엽은 둥글고 작은 다리처럼 다른 엽 아래에 늘어져 있다. 그리고 많은 유충은 까만 안점eyespot이 있는데 이것 때문에 보는 사람을 깊은 생각에 잠긴 듯 응시하는 것처럼 보인다. 플루테우스와 벨리저 유생처럼 뮐러 유충도 물속에서 헤엄치고 조류 세포를 모으기 위한 두 가지 기능으로 섬모를 활용한다(유충의 이름은 19세기 과학자 요하네스 페터 뮐러Johannes Peter Müller의 이름을 딴 것이다. 그는 어류, 파충류, 유

풍성한 엽을 아래로 늘어뜨린 편형동물의 뮐러 유충은 트로코포어와 아주 비슷하다. 과학자들은 이들의 유사성이 어떤 수렴 현상의 결과가 아닐지 의심스럽게 생각한다. 둘 다 큰 바닷속에서 아주 작은 생명체로 삶에 적응해야 하는 유충의 형태이기 때문이다.

충 형태뿐 아니라 의학과 철학도 연구했다. 또한 여러 작품을 출간한 작가였지만 다른 발생학자들처럼 문학적으로 시를 쓰는 성향은 없었던 것 같다. 뮐러의 시는 찾을 수 없었다).

섬모는 바닷속 유충의 생애에 매우 중요하기 때문에 결정적 의미를 규정하는 특성으로 부르고 싶은 마음이 굴뚝같지만, 섬모가 달렸다는 것만으로 '진짜 유충'이라고 정체성을 주장하기에는 충분하지 않다. 무엇이 유충이고, 무엇이 유충이 아닌지를 결정하는 것은 놀랍게도 논란의 여지가 많다. 1부에서 페르난다 오야르준의 연구에 나왔던 형제 포식 갯지렁이 유충도 과연 유충이라는 용어를 사용할 만한지 항상 의문시되곤 한다. 페르난다가 "사후 검토가 필요해서 보내는 거의 모든 연구 논문에 대고 이렇게 말하는 검토자가 꼭 한 명씩은 있어요. '그건 유충이 아닌데요'"라고 씁쓸하게 주장했듯이 말이다.[7]

'유생, 유충'이라는 단어를 두고 벌어진 과학적 불일치는 발달과 생태계 사이의 관점 차이에서 유래한다. 유생은 특정한 발달 단계가 될 수 있다. 성체의 몸과 구별되는 몸의 형태로서 그렇다. 또한 유생은 자연 세계와 관계를 맺는 특정한 단계가 될 수도 있다. 성체의 환경과 구별되는 그들만의 환경과 상호작용하는 발달 유기체이기 때문이다.

가령 치어는 표준 성체 물고기와 너무 닮았음에도 일반적으로 유생으로 불린다. 심지어 이 둘은 플루테우스 유생과 성체 성게 관계보다 훨씬 더 많이 닮았다. 이렇게 된 데는 보통 치어가 성체와 너무나 다른 환경을 차지해 서식할 수 있기 때문이다. 그래서 성어와 치어 관계는 과학적 충격으로 받아들인다. 장어 성체는 민물 서식지에 살지만 유생은 탁 트인 공해에서 발견되기 때문에 맨 처음에는 렙토세팔루스 leptocephalus라는 완전히 새로운 이름을 붙였다. 그러다 그것의 진짜 정체

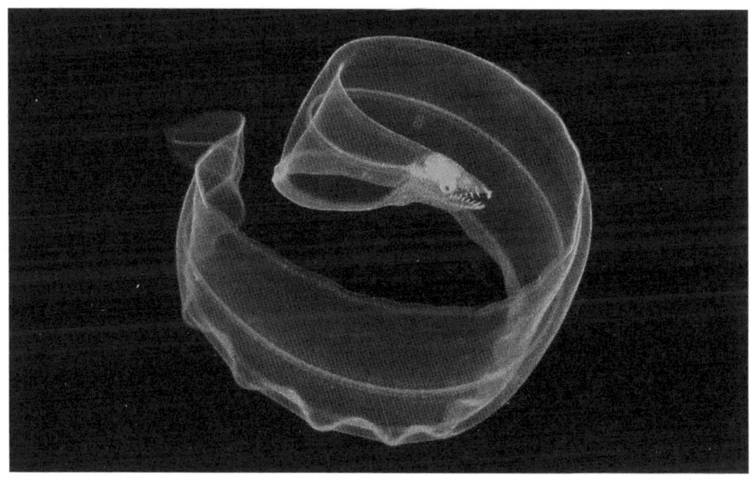

북미와 유럽산 장어의 렙토세팔루스는 대서양 사가소 바다에서 태어난다. 우리는 아직 그 이유를 모르지만, 그 유생은 부모가 사는 대륙에 도착하기 위해 동쪽으로 갈지, 아니면 서쪽으로 갈지 이미 알고 있다.

성이 밝혀지자 그 이름은 장어의 유생 단계를 뜻하는 특별한 이름으로 유지되었다. 유생 생물학 역사에서 '종 이름'이 '유생 단계 이름'으로 변하는 일은 여러 번 반복해서 일어났다.

애벌레를 뜻하는 'caterpillar'라는 단어조차 나방과 나비 같은 동물의 정체성 확인에 앞서 이름이 붙었다. 자나방 애벌레인 자벌레를 일컫는 'inchworm'도 똑같은 경우다. 바위 사이의 작은 웅덩이 바위와 해초 표면에 납작하게 붙어 자라는 이끼벌레는 결국 섬모가 달려 자유롭게 유영하는 유충을 생산하는 것으로 밝혀졌다. 그러나 유충은 성충과 별개로 일찍이 발견되어 이미 키포노테스cyphonautes라는 라틴어 이름이 붙은 상태였다. 적어도 연구자 한 사람은 키포노테스를 유충 단계로 보는 것에 너무 회의적이었다. 그래서 그는 그것 자체로 하나의 동물이 되어야 한다고 주장하는 논문을 발표했다.[8] 한때 자기만의 온전한 가계

비벌레 성충은 이 사진에 나온 유충에게 이름을 붙인 지 10년이 지나서야 보고되었다. 그리고 그 둘이 똑같은 생명 주기의 서로 다른 부분이라고 연결시키기까지 다시 10년이 걸렸다.

가 존재했던 또 하나의 유충 무리로 악티노트로카actinotrocha가 있다. 잠깐 그 독특한 외양을 기술하자면, 촉수가 달린 아주 작은 하마를 닮았다. 현재 그것은 관에 기생하는 추형동물 비벌레류의 악티노트로카 유충으로 알려져 있다(아, 벌레 문이 또 하나 있었군).

인간도 유생을 갖고 있을까? 나를 포함해 많은 생물학자가 사춘기 이전의 아이들을 습관적으로 유생이라고 언급하지만, 그건 생물학적 명제라기보다 평소 즐겨 쓰는 재미있는 농담일 뿐이다. 하지만 인간의 아기는 성인과 확실히 다르다. 아기의 거주지는 완전히 구별되지 않지만, 성인과 공간이 겹치는 시기 동안 자기 행동과 음식 재료를 구별하는 나름의 선호도와 취향을 드러낸다. 성인은 좀 더 쓴맛이 나는 음식을, 아기는 좀 더 단맛이 나는 음식을 소비하는 경향이 있다. 누군가는 바로 이런 성향 차이 때문에 아기들이 가용 자원을 놓고 성인과 경쟁하지 않으면서 같은 환경에서 살아갈 수 있다고 주장하기도 한다(물론 아기들도 부모 접시에 담긴 음식을 쉽게 집어 먹을 순 있다).

유아들이 마구 뛰어다니면서 입안에 사탕을 밀어 넣는 시기가 있는

데, 사실 이보다 훨씬 앞서서 이미 그들은 유별나고 독특한 생명체라고 할 만하다. 생애 첫해 동안 아기는 배아에 더 가까운 존재다. 다른 거대한 유인원과 비교한다면 모든 인간의 탄생은 미성숙하다. 우리 인간 종의 크기와 수명에 기초한다면 인간의 임신 기간은 거의 2년 가까이 되어야 한다. 하지만 정말로 그렇게 임신 기간이 길어진다면 아기의 머리가 너무 크게 자라 성인의 골반을 거쳐 나올 수 없을 것이다. 그래서 우리는 이런 계획을 진화시켰다. 인간의 신생아는 일찍 세상에 나와 자궁을 빠져나온 처음 몇 달 동안 기본적인 신체 발달을 계속한다는 진화상의 계획이다. 보통 전체 임신 기간을 3개월로 나누어 1기(초기), 2기(중기), 3기(말기)로 말하는데, 여기에 빗대어 간혹 태어난 후 발달을 계속하는 처음 몇 달을 "임신 4기(후기)"라고 부르기도 한다.[9] 그래서 우리는 산도를 거치는 출산길을 용이하게 하고 생후 신속한 두뇌 성장을 촉진할 수 있도록 두개골이 통합되지 않은 상태로 태어나는 양상으로 진화해왔다.

다른 영장류와 비교할 경우, 바로 이 특성이 인간을 고유한 존재로 만들어준다. 하지만 나머지 동물계와 비교할 경우에는 다르다. 여전히 발달을 진행하는 배아 상태로 더 넓은 세상에 태어나는 일은 실제로 매우 흔하기 때문이다. 산호와 성게 종은 많은 경우 바닷속에 알을 낳기 때문에 처음부터 새끼들은 고아 배아로 생애를 시작한다. 고아 배아는 본질적으로 미성숙한 새끼들이다. 그들은 바다 해류 위에서 깐닥거리며 포식자, 화학물질, 온도 변화, 자외선 방출 등에 노출된 상태로 접합체 수정란에서 낭배기까지 배아 단계를 차례로 거친다. 우리 인간의 '생후 자궁 밖 배아'들은 일반적으로 훨씬 더 온화한 환경에 존재할 수 있어 다행스럽다. 유아들은 애지중지 사랑받고, 부모와 성인들이 안아주고 업어주고, 먹을 것도 잘 챙김 받으면서 자라기 때문에 처음에 언뜻 보면 독수리 새끼들마냥 그리 특별할 게 없어 보인다. 하지만 역시 독수리 새끼들처럼 가만히 더 가까이 지켜보면 유아들도 근육 반사작용, 귀를 찢을 듯한 울음소리, 민감한 후각과 미각 등 주변 환경 속에서 아주 풍부한 적응 양태를 보여준다.

마셜은 강연에서 이렇게 말한다. "저는 한 살짜리 제 아들 사진을 보여주면서, 누구라도 그 갓난쟁이가 자기 환경에 완벽하게 적응했다고 생각하지 않을 거라고 말하곤 하죠. 하지만 제 아들은 완벽하게 적응했거든요." 우리 인간의 아기들도 다른 동물 새끼들처럼 생존을 위한 만반의 준비를 갖추고 있다. "이들이 아무 계획 없이 어쩌다 나중에 추가된 것이 아니라 새끼로서의 세상이 바로 본 게임이기 때문이죠."[10]

⊙ 유생 통생명체

인간의 아기도 이제 갓 태어난 다른 모든 생명 형태와 마찬가지로 처음부터 숙주와 공생체의 혼합체가 되어가느라 분주하다. 이런 과정을 통해 우리 각자는 통생명체holobiont로 만들어진다. 통생명체는 숙주와 마이크로바이옴(미생물 군집체)이 합체한 '완전한' 개체를 포괄하는 용어다. 인간의 초기 시절은 새로운 파트너를 만나 관계를 형성하는 일로 꽉 차 있으며, 이 과정을 거치면서 우리 자신을 생태계 일원으로 만든다. 인간은 세 살이 될 때까지 필요한 미생물 친구들 대부분을 받아들이게 된다.[11] 좋은 미생물을 가장 필요로 하는 욕구는 우리 소화관, 위장에서 나온다. 장내 미생물은 음식물 소화를 돕는 것 이상의 많은 역할을 한다. 아직도 계속해서 장내 미생물의 영향이 어느 정도인지 파악하는 중이지만, 인간 면역체계의 적합한 발달은 몸 바깥의 미생물뿐 아니라 장내 미생물과의 화학적 대화에 달려 있다. 실제로 천식, 알레르기, 그리고 염증성 장 질환 같은 면역 관련 건강 문제가 전 세계 산업화 지역에서 성행하고 있는 점은 세균공포증, 청결에 대한 강박이 늘어나면서 소독제를 지나치게 사용한 것과 연관된다. 이런 '위생 가설'에 따르면, 미생물이 최소화된 환경에서 성장한다면 우리 면역체계는 함께 말을 걸어줄 충분한 파트너 없이 엉망이 될 수 있음을 암시한다.[12]

이것은 위생 자체를 반대하는 주장이 결코 아니다. 우리 중 어느 누구도 외과 의사가 환자를 보기 전에 손을 씻지 않았던 시절로 되돌아가고 싶어 하지 않는다. 심지어 우리처럼 평범한 사람들에게도 규칙적으로 손을 씻고, 내가 아프거나 상대가 아플 때 남들과 접촉을 피하는 행동이 건강에 이롭다는 증거는 눈사태처럼 차고 넘친다. 게다가 코로나 팬데믹을 거치면서 개인과 공공의 건강을 위한 마스크 사용이 아주 표면화되었다. 위생 가설은 질병을 일으키는 병원체에 일부러 노출시키거나, 우리를 안전하게 지켜주는 백신과 마스크 같은 도구를 회피하자는 논리가 아니다. 오히려 생애 초반기에 우리의 몸과 이로운 미생물을 연결시키자는 뜻이다. 발생생물학 연구자 중 아이를 낳아본 사람들에게 자신의 연구와 부모로서의 삶이 어떻게 서로 중첩되는지 물어보았다. 그러자 다들 약속이나 한 듯 미생물에 초점을 맞추어 대답했다.

"내가 이 분야 연구를 하지 않았다면 아마 우리 아이들한테 미친 듯이 깨끗함을 강조하는 사람이 되고도 남았을 거예요."[13]

"아이들을 어쨌든 밖으로 나가게 하려고 노력했어요. 그렇게 해야 농장의 가축, 개, 먼지나 흙에 노출되니까요. 우리 애들이랑 손자들도 밖에 나가 손발에 흙도 묻히고 더러워졌으면 좋겠네요."[14]

이런 측면에서 우리 인간은 동물계의 대표 주자다. 우리는 모두 부모에게서 물려받았거나 주변 환경으로부터 받아들이거나, 혹은 이 둘이 혼합된 상태에서 얻은 미생물을 품고 있는 통생명체다. 하지만 만약 젖을 빨아 먹을 수 있거나 먼지를 집어넣을 수 있는 입이 없다면 무슨 일이 생길까?

관벌레 같은 많은 무척추동물의 유충은 따로 먹이를 먹지 않는 형태다. 심해와 극지 인근, 햇빛이 제한된 곳에서 조류 먹이도 제한되어 있으므로 해양 유충은 난황에 더욱 의존하는 경향을 보인다. 그래서 이들 유충은 대개 변태 시점 이후까지도 입과 소화관이 없거나 어떤 경우엔 둘 다 없다. 하지만 이런 특수한 분화가 극한 환경에만 해당되는 것은 아니다. 얕은 물에 사는 몇몇 무척추동물 새끼들은 모체가 제공한 난황 비축분만 먹으며 살아간다. 그리고 아마도 주변 바닷물에 용해된 영양소를 피부를 통해 흡수하는 방식으로 양분을 보충할 것이다. 대부분의 경우 활발하게 먹이를 먹는 유충은 조상의 상태에 있으며, 입이나 소화관이 없는 상태로 먹이를 먹지 않는 유충은 진화의 시간을 거치면서 그것을 상실한 것이라고 과학자들은 예측한다. 그에 대한 이유는 아직 알려지지 않았지만, 이를 통해 입이 없는 미생물 군집체를 연구할 수 있는 기회가 생긴 것이다.

먹이를 먹지 않는 성게 유생은 방울 모양의 새끼처럼 매우 큰 알에서 부화한다. 그 새끼는 다른 성게 종에서 볼 수 있는 여러 개의 팔이 달린 우아한 플루테우스 유생과 전혀 닮지 않았다. 소화관도 없는 이 유생은 자기 난황을 소진하면 곧바로 변태를 거쳐 아주 작은 성게 유치자로 변한다. 호주의 생물학자 마리아 번Maria Byrne은 이 발달의 영향과 의미를 알고 싶어 했다. "동물에게 가장 중요한 미생물 군집체는 소화관과 관련된 미생물이죠. 수년 동안 우리는 그 사실을 알고 있었어요. 그건 인간부터 무척추동물까지 다 중요해요. 그렇다면 위장 소화관을 상실하면 무슨 일이 일어날까요?"[15]

마리아는 서로 관련성이 높은 호주 성게 한 쌍에 들어 있는 미생물을 비교했다. 한쪽은 먹이를 먹는 유생을 낳는 성게이고, 나머지 한쪽은 그런 유생이 없는 성게였다. 예상대로 먹이를 먹는 유생은 자기 환경으로부터 박테리아를 모았고, 이 박테리아는 먹이를 소화시키고 숙주에게 필요한 영양소를 공급하는 데 도움을 주었다. 먹이를 먹지 않는 유생은 이런 미생물이 빠져 있었는데, 사실 그 자체가 놀라운 게 아니라 이로운 미생물 대신 무엇을 갖고 있었는지 알게 되었을 때 한마디로 충격이었다. 바로 월바키아였다. 앞에서 보았듯이 곤충 발달을 사정없이 파괴하는 것과 동일한 미생물이다.[16] 그러면 성게 안에서 월바키아는 무슨 일을 하고 있을까? 밝혀진 내용에 따르면, 이 특정한 유형의 월바키아는 그 동물의 난황으로부터 에너지를 끌어내고 그 보답으로 정상적인 장내 미생물이 먹이를 먹는 유생에게 해주는 역할과 똑같이 중요한 영양소를 숙주에게 제공하고 있었다. "우리는 깜짝 놀랐어요. 그건 제 눈을 활짝 열어줄 정도였죠. 동물들은 자기 환경에서 결여된 상태로 살지 않아요. 어떻게든 다른 것으로 채워나가는 거죠." 새끼 동물은 당장 함께 운영할 수 있는 환경에 기초해 서로 다른 미생물과 함께 서로 다른 전략을 진화시킬 수 있다.

박테리아와 다른 미생물이 발달에 끼치는 영향은 아무리 강조해도 지나치지 않다. 곤충에 관해서라면 인간과 곤충의 상호작용은 엄밀히 말해 곤충 통생명체와의 상호작용이다. '콩벌레'라고도 하는 톱다리개미허리노린재는 그 완벽한 사례다. 그것은 유충 단계에서 주변 흙먼지로부터 공생체를 집어 찾아온다. 콩벌레는 콩과 작물 해충이며 사람들은 그것을 통제하려고 살충제를 뿌린다. 특정 종류의 토양 박테리아는 살충제 화학물질을 무해한 상태로 만들어버릴 뿐 아니라 먹이 자원으로 사용함으로써 살충제 통제를 실패로 몰아갈 수 있다. 이런 박테리아 유형을 전달받은 콩벌레 유충은 즉시 살충제 저항력을 갖게 된다.

그 외에 곤충 유충은 부모로부터 공생체를 물려받으며 이 상황은 더욱 복합적인 성질을 띤다. 완두수염진딧물은 흔히 볼 수 있는 농업 해충이다. 어떤 농작물에 주로 등장하는지 짐작할 수 있을까? 바로 자주개자리다(물론 완두콩도 맞다). 완두수염진딧물은 매우 다양한 박테리아의 숙주가 될 수 있고, 결과적으로 다양한 바이러스에 감염될 수도 있다. 하지만 '감염된다'는 단어는 잘못된 인상을 초래할 수 있다. 우리는 감염을 나쁜 일로 생각하기 때문이다. 하지만 완두수염진딧물 유충이 적합한 박테리아를 물려받고 그 박테리아가 적합한 바이러스를 갖고 있다면, 그 바이러스는 기생말벌에 대항해 보호해주는 화학물질을 방출한다. 기생말벌의 공격이 성공하면 유충, 박테리아, 바이러스로 이어지는 세 마리의 파트너가 모두 죽음에 이를 수 있다. 따라서 그들 셋은 말벌의 공격을 피하기 위해 서로 협력한다(그 바이러스성 화학물질 작동 방식은 말벌이 완두수염진딧물 안에 알을 낳지 못하게 막는 것이 아니라, 이미 진딧물 안에 낳은 말벌 유충이 제대로 발달할 수 없도록 만드는 것이다. 발달 자체가 이루어지지 않게 하는 것이다).[17]

"하나의 팀이라고 말하는 게 제가 찾아낼 수 있는 가장 좋은 비유 같아요." 스콧 길버트는 각 유기체를 통생명체라고 생각해야 하는 필요성을 언급하며 이렇게 설명했다. "가령 세상에서 가장 훌륭한 골키퍼가 있어도 좋은 공격수가 없으면 결승전에 진출할 수가 없어요. 그러니까 성공을 이끄는 요인은 쿼터백이나 골키퍼 각자가 아니라 그들이 다 함께 팀으로 경기할 때죠."[18]

⊙ 같은 종 및 다른 종과 맺는 유충의 상호작용

유충이 마주치는 미생물은 성충이 되었을 때 짝짓기 습성까지도 결정지을 수 있다. 과학자들에 따르면 초파리는 유충 시절에 먹은 것과 똑같은 먹이를 섭취한 짝을 더 선호한다. 그런데 이런 선호도는 순전히 그 먹이 안에 살고 있는 박테리아 때문에 촉발된다. 만약 초파리 유충이 항생제 처리된 먹이를 제공받는다면, 그들은 성충이 되어 짝짓기 선호도를 전혀 드러내지 않는다.[19]

지금까지 이루어진 방대한 초파리 연구와 마찬가지로 이 연구도 실험실에서 실시되었다. 하지만 곤충학자 줄리아노 모리모토Juliano Morimoto는 과연 초파리가 야생 자연에서도 그렇게 하는지 궁금해졌다. 어찌 되었건 초파리는 정글부터 인간이 사는 주방까지 세계 곳곳에 자기 집을 만든다. 모리모토는 초파리 유충이 실험실에서처럼 배양 접시에 먹이를 담아준 것도 아닌데 어떻게 먹이를 찾아내는지, 무엇을 좋아하는지, 그리고 같은 유충끼리 서로 어떻게 상호작용 하는지 알아내고 싶어 했다. 실험실 연구에서는 어딜 가나 초파리가 존재하지만, 정작 야생 자연에서의 초파리 연구는 찾아볼 수 없었다. 그래서 그는 직접 자연에서 연구를 진행하기로 했다. "초파리는 과학 역사상 세상에서 가장 연구가 많이 이루어진 곤충입니다. 그런데 초파리에 관한 이런 기본 지식은 없거든요."[20]

모리모토의 연구에 따르면 초파리 유충은 먹이 공급원에 대한 선호도가 따로 있을 뿐 아니라 사회적 군집 생활을 한다. 우리는 성체 동물에게서 주로 사회적 행동을 떠올리곤 한다. 짝을 차지하기 위한 경쟁과

나뭇잎에 매달린 애벌레는 흔히 먹이를 먹는 기계 정도로만 생각되지만, 실제로는 놀랍도록 다양한 사회적 행동을 보여준다.

새끼를 키우기 위한 협동 등이 거기에 해당하는데, 동료들과의 상호작용은 유충에게도 상당한 혜택을 안겨준다. 예를 들어 촘촘한 집단 형태로 먹이를 모으면 각자 움직였을 경우 뺏길 수 있는 상황을 사전에 차단하는 데 도움이 된다. 그리고 유충이 집단으로 행동하면 하나씩 포식자에게 잡아먹힐 수 있는 위험이 낮아지기 때문에 포식자에 대항해 보호해줄 수도 있다. 게다가 모리모토는 깜짝 놀랄 이야기를 전해주었다. 어떤 남미 나방의 애벌레는 집단으로 초음파 비명 소리를 만들어냄으로써 포식자에 대응할 수 있다. 그 소리가 경고나 퇴치제 역할을 하는 것으로 보인다.[21]

일반적으로 곤충은 대부분의 생애를 유충으로 보내는데, 일부 종은 성충이 되었을 때 아예 먹이를 먹을 수 없게 되는 경우가 있다. 그래서 그런 곤충의 평생 영양분은 유충 시절 먹이에 달려 있다. 유충은 이 책임을 진지하게 감당한다. 수생곤충 유충은 물고기를 잡아먹을 수 있을 만큼 크게 자란다. 명주잠자리, 일명 개미귀신 유충은 다른 곤충, 특히 개미를 잡아 육즙을 빨아먹기 위해 함정을 파는 습성이 있다. 이런 사나운 특성 때문에 이름도 그렇게 지어졌다. 정반대로 성충은 잠깐 살다가 잊힌다. 평생 둥지 안에서 응석받이처럼 지내는 군생 곤충 유충도 자기 종의 성충들에게 필요한 것을 제공한다. 군체를 이루는 일부 말벌은 유충에게 고기를 먹이로 가져다주고, 그 유충은 과즙 비슷한 침을 만들어 성충을 먹여 살린다. 이것은 어릴 때는 쉽게 소화되는 설탕을 더 선호하고 어른이 되면서 좀 더 짭짤한 단백질 공급원을 더 선호하는 인간의 성향과 완전히 반대 현상이다. 정말이지 절묘한 반전이다.[22]

한편 제왕나비와 그 친척들은 명주잠자리처럼 영양분이 아니라, 보호 역할을 유충에게 의존한다. 원래 제왕나비는 포식자에게 맛이 없기로 악명 높은 곤충이다. 애벌레 시절에 독성이 있는 박주가리를 먹으면서 독성을 몸속에 쌓기 때문에 성충을 잡아먹으면 몹시 역겨운 맛이 나기 때문이다. 한데 성충이 되면 박주가리 대신 달콤한 꽃의 꿀을 먹으며 살아가기 때문에 유충처럼 독성물질을 다시 공급할 수가 없다. 사실 2021년 이전까지는 아주 오랫동안 각각의 성충이 유충 시절에 엄청난 독소를 축적한다고 생각했다. 하지만 2021년 연구를 통해서 일부 종의 성충이 자신을 방어할 독성물질을 보충하려고 애벌레를 공격해 피를 빨아먹는다는 사실이 밝혀졌다(이 행동 양상은 대표 격인 제왕나비에게서 관찰되지는 못했고, 다만 일부 가까운 친척 종에게서만 관찰되었다).[23]

바닷속에서는 유생의 먹이와 성체의 먹이가 좀 더 분리되는 경향을 보인다. 대개 육지의 곤충 유충은 변태할 시점이 되면 성충보다 몸집이 더 크거나 무겁다. 그래서 날아가려면 체중을 줄여야 한다. 이와 반대로 전형적으로 바다 무척추동물 유생은 변태를 거치면서도 줄곧 성체보다 훨씬 더 몸집이 작다. 앞에서 살펴보았듯이 여기에는 한 가지 이유가 있다. 성체가 바닷속의 전체 동물을 상대로 먹이를 구하는 동안 유생은 종종 저녁 식사용으로 바다 조류 세포를 모으는 데 열중하기 때문이다.

가령 악마불가사리는 산호를 먹어 치우는, 그래서 결국 산호초 전체를 파괴할 수 있는 성체를 어마어마하게 발생시키는 것으로 악명이 높다. 반면에 악마불가사리 유생은 아주 작은 초식 동물로 바다 조류와 박테리아를 모아서 먹거나, 심지어 주변 물속에 용해된 영양소를 조용히 흡수할 뿐이다. 이런 습성이 무해한 것 같지만, 사실상 성체가 급격히 증가하는 원인이 될 수 있다. 농업용 빗물이 범람해 과도한 영양분을 품은 연안수까지 침수시킬 때, 불가사리 유생이 넘쳐날 정도로 자라나서, 급기야 어마어마한 숫자로 착저할 수 있다.

또한 악마불가사리 연구는 개체군 통제에서 고무적인 가능성을 제공한다. 이들 유생은 한때 포식자를 방해한다고 생각되었던 독소를 품고 있다. 과학자들이 그 독성을 추출해 물고기의 먹이 알갱이 안에 집어넣었을 때, 물고기들이 독소가 없는 알갱이를 더 선호했다. 최근에 과학자들은 이보다 생태적으로 더 적합한 시나리오를 만들어낼 수 있었다. 여러 종류의 살아 있는 불가사리 유생을 포식자 어류에게 던져준 것이다. 그 결과 수많은 종의 어류가 많은 양의 불가사리 유생을 쉽게 먹는다는 사실을 알아냈다.[24] 분명한 점은, 맛있는 유생 전체가 메뉴에 있으면 그 독성도 포식자를 억제하기에는 충분하지 않다.

유생을 먹어 치우는 일에 대해 말하자면, 유형동물도 종에 따라 유충이 초식도 하고, 육식도 한다. 그 흥미로운 사례가 바로 물 근처에 서식하는 장구벌레다. 아마 질퍽거리는 해변이나 해안 바위 사이 작은 웅덩이에서 한 번쯤 보았을지도 모른다. 성충은 보통 벌레와 외양이 비슷한데, 딱 먹을 것을 발견하기 전까지만 그렇다. 그러다 가시 돋은 주둥이로 먹이를 찌르면서 무시무시한 포식자 모습을 드러낸다. 한편 유형동물 유충은 언뜻 보면 전혀 벌레 같지가 않다. 이 이상한 유형동물의 세계적 권위자 스베틀라나 마슬라코바Svetlana Maslakova는 이렇게 설명한다. "어떤 건 모자처럼 보이고, 또 어떤 건 양말처럼 보이죠."[25] 그럼에도 그것과 다른 유형동물 유충은 '섬모가 달린 방울' 모양 그 자체다. 외양은 그렇더라도 부모처럼 돌연 육식성 곤충으로 변하는 특성은 그대로 물려받았다. 마슬라코바와 동료 연구자 조지 폰 다소우George von Dassow는 최근에 바로 그런 유충의 놀라운 습성을 기록했다. 이 특별한 유형동물의 성충은 바닷게알을 먹고 산다(여기서 다시 배아가 중요한 먹이 공급원으로 등장한다). 그리고 극도로 작은 자기 알을 낳는다. 마슬라코바가 플랑크톤 안에서 이 유형동물 종의 유충을 발견했을 때, 그것은 자기가 부화했던 본래 알보다 열 배나 더 크게 자라 있었다. 그걸 보고 그녀는 유충이 분명 뭔가를 먹었다고 판단했다. 과연 무엇을 먹었을까?

그 해답은 어느 날 연구생 몇 명이 그 벌레 유충에서 DNA를 추출하려고 시도할 때, 먹이로 먹은 바닷게 DNA를 발견하면서 나왔다. 그 DNA는 유형동물 위에서 소화되고 있는 먹이에서 나온 것이었다. 그리고 그 먹이는 유형동물의 부모가 먹고 살았던 것과 똑같은 형태의 바다게 유생이었다. 마슬라코바는 너무 놀랐다. 그도 그럴 것이 흔히 '조에아zoea'라고 불리는 이들 바닷게 유생은 아주 작은 유형동물 유충이 잡을 수 없는 먹이로 보였기 때문이다. 사실 조에아는 그 유형동물보다 몸집이 훨씬 컸고, 심지어 갑옷과 비슷한 단단한 외골격으로 뒤덮여 있었다. 마침내 폰 다소우는 그 유충이 움직이는 모습을 지켜보았다. 그들은 성충과 똑같이 주둥이를 이용해 조에아를 내려친 다음 단단한 뼈대 안으로 올라가서 살아 있는 혀처럼 안쪽에서부터 후루룩 들이마셨다. 그건 정말이지 바닷게 유생에게는 힘들고 가혹한 삶이었다. 만약 배아 시절에 성충 유형동물에게 잡아먹히지 않는다 하더라도, 부화한 후에는 먹이를 찾아 헤매는 유충들의 잔인함을 마주해야 한다.[26]

유충과 유생이 서로 포식자 먹이 관계로 행동하는 양상은 바다부터 연못과 나뭇잎까지 자연 세계 어디서든 발견된다. 일본 북부의 어떤 개구리 올챙이는 너무나 자주 도롱뇽 올챙이의 먹잇감이 되다 보니 유연한 방어 전략을 진화시켰다. 그래서 포식자 도롱뇽 올챙이가 보이면 머리를 불룩하게 키워서 잡아먹기 더 어려운 모습으로 변화한다. 하지만 거기서 멈추지 않는다. 이번엔 도롱뇽 올챙이가 그렇게 머리가 불쑥 커버린 올챙이를 잡아먹으려고 특별히 주둥이를 더 크게 늘릴 수 있기 때문이다. 평소에는 작은 주둥이로 곤충을 잡아먹다가, 일단 개구리 올챙이가 주변에 나타나면 이렇게 대응하는 것이다.[27] 환경에 따른 대응으로 몸의 형태나 행동을 조정하는 능력은 동물의 발달 측면에서 귀중한 유연성을 밝혀준다.

⊙ 애벌레의 특이한 행동과 발달상의 적응성

"애벌레가 되는 게 쉬운 일이 아닙니다. 수많은 개체가 그걸 먹고 싶어 하고, 그 안에 자기 알을 낳고 싶어 하니까요." 조지타운대학교의 생태학자 마사 와이스Martha Weiss의 말이다.[28]

뒤에 나온 말을 듣고 기생말벌을 언급한 것이라고 생각한다면, 그 생각이 전적으로 맞다. 와이스는 수십 년간 애벌레를 연구한 결과, 야생 자연에서 수집한 애벌레의 절반이 말벌이나 파리에게 포식 기생을 당했다는 사실을 알게 되어도 이제 놀라지 않는다. 애벌레에서 번데기가 되면 "한 마리의 나비가 아니라 1000마리의 말벌"을 갖게 되며, 심지어 그 포식 기생자들이 해당 애벌레 안에서 서로 포식 기생을 하는 경우도 일어날 수 있다. "그건 마치 한 번에 동시에 발생하는 유충 발달의 터덕킨turducken 같은 거예요. 원래 터덕킨이 뼈 없는 칠면조 고기 안에 뼈 없는 오리 고기를 채우고, 또 그 안을 뼈 없는 닭고기로 채우는 요리잖아요." 어쩐지 신이 난 듯, 고소해하는 듯 와이스가 덧붙인다.

애벌레는 엄연히 곤충이고, 기술적으로 단단한 외골격을 갖고 있지만 포식자로부터 전혀 보호받지 못할 만큼 너무 얇고 유연한 개체다. 하지만 어떤 애벌레는 특이한 방어수단으로 그 어려움에 적응해왔다. 애벌레는 자라면서 묵은 허물을 벗고 탈피해야 한다(한 번 탈피할 때마다 탈피와 탈피 사이 유충 발달의 단계인 영齡, instar을 보여준다). 많은 곤충은 포식자를 저지하려고 묵은 허물을 계속 갖고 살아간다. 나는 그것이 꽤 괜찮은 억지력이 된다는 데 동의한다. 나 같아도 오래된 허물을 쌓아놓은 '미친 모자장수 애벌레'*는 먹지 않을 것 같다. 이미 허물을 벗은 옛날 머리를 지금 머리 꼭대기에 차곡차곡 쌓아놓는 애벌레와 엇비슷한 동료도 있다. 금자라남생이잎벌레는 몸통에 묵은 허물은 물론 배설물까지 다 싣고 다닌다.

그 외에 다른 유충도 자라면서 포식자를 물리치는 다양한 전략을 거

* '우라바 루겐스*Uraba lugens*'라는 학명을 가진 나방의 애벌레인 'mad hatterpillar'는 책《이상한 나라의 앨리스》에 나오는 캐릭터 '미친 모자장수mad hatter'와 애벌레를 뜻하는 단어의 'caterpillar'를 합친 말이다. 묵은 허물 머리를 이고 다니는 이 애벌레는 호주와 뉴질랜드에 주로 서식하면서 유칼립투스 나무를 파괴한다.

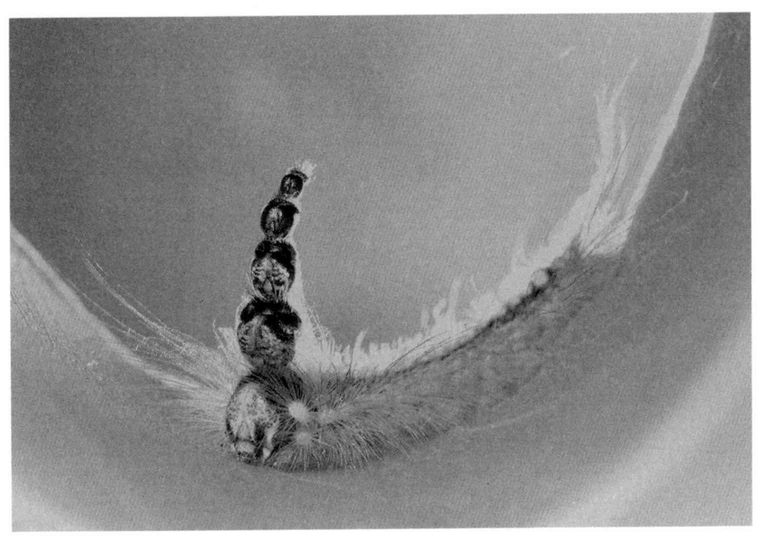

농담처럼 들릴 수도 있지만, 이 '미친 모자장수 애벌레'가 변태를 거쳐 나방이 되었을 때 가지게 되는 이름도 상당히 거창하다. '호주 유칼립투스 스켈레톤나이저(gum-leaf skeletonizer)', 말 그대로 호주 토종 '해골'이다. 이 나방은 잎맥만 남을 때까지 유칼립투스 나뭇잎을 다 먹어 치운다.

치며 생애 주기를 순환한다. 호랑나비 두 종의 애벌레는 맨 처음 흑백의 얼룩덜룩한 점이 있어 언뜻 새똥처럼 보인다. 그것은 두 번의 탈피를 거치면서 이번엔 커다란 모조 눈이 달린 선명한 녹색 뱀을 모방하는 것으로 바뀐다. 이와 관련해 와이스는 이렇게 설명한다. "8센티미터면 새똥처럼 보이기는 좀 애매한 길이지만, 뱀이 되기에는 괜찮을 수 있죠." 이 가짜 뱀은 심지어 행동을 바꾸기도 한다. 그 변장술을 어떻게든 납득시키려고 어깨를 부풀리고 가짜 '뱀 혀'를 깜빡거리는 것도 서슴지 않는다.

와이스는 전 세계 다양한 애벌레에 정통하지만, 특히 하나의 종에 연구 경력을 쏟았다. 바로 은색알락팔랑나비*Epargyreus clarus*다. 진지하게 농담하는 성격의 그녀가 이렇게 말한다. "나보다 은색알락팔랑나비에 대해 더 많이 아는 사람은 없어요. 사람들은 그걸 알지도 못하고 사실 크게 관심도 없어요. 그렇다고 그런 나한테 무지 칭찬을 해주는 건 아니고요."[29]

이 종에 대한 와이스의 연구를 통해 놀랄 만한 적응 특성이 밝혀졌다. 그것은 주변 나뭇잎과 스스로 뽑아낸 생사로 자기만의 집을 짓는 몇몇 애벌레 중 하나다. 각 영 시기마다 은색알락팔랑나비 애벌레는 동일한 영의 다른 애벌레와 정확히 똑같은 나뭇잎 집을 생산한다. 집의 형태를 떠받치기 위해 자기 생사로 그들과 똑같은 구멍, 똑같은 주름, 똑같은 봉합 자국을 만든다. 그리고 대부분의 시간을 이 집 안에서 쉬면서 보내다가 주기적으로 먹이를 먹고 배설하기 위해 나타나곤 하는데, 나뭇잎에 배설하거나 궁둥이를 가장자리 끝에다 걸고 땅에 배설하지도 않는다. 대신 믿을 수 없는 괴력으로 자기 몸통 길이의 족히 40배는 될 수 있을 정도로 멀리까지 배설물을 총알처럼 쏜다. 이 방어 전략은 집 근처에 배설물을 쌓아놓으면 혹시라도 그걸 보거나 냄새를 맡고 찾아들지도 모를 포식자의 관심을 사전에 차단해버리는 것이다.[30]

와이스는 20년간 은색알락팔랑나비를 연구한 끝에 언제든 새로운 학생들이 애벌레 발달의 다섯 단계 영을 확인하는 방법을 배울 수 있도록 만반의 준비를 갖추고 있다. 그런데 자기를 찾아오는 곤충학 훈련생들에게 늘 반복되는 한 가지 특정한 문제가 있음을 알게 되었다. 그것은 바로 특정 애벌레가 3령인지, 4령인지 어떻게 판별하느냐의 문제였다. "이런 상황에서 학생들을 보면 항상 내가 왠지 무능한 사람 같다는 생각이 들어요. 진짜 그게 어떻게 그렇게 되는지 말해줄 수가 없거든요."

그러다 마침내 와이스의 실험실에서 날마다 애벌레의 개별 발달을 추적하던 과학자 한 사람이 추가 영의 존재를 발견했다. 이들 애벌레 중 일부는 3령보다 크지만, 4령보다는 작은 '3.5령'을 거치고 있었다. 흥미롭게도 추가로 등장한 이 영은 먹이나 날씨가 최적화되지 않을 때, 스트레스가 심한 조건에서만 나타난다. 물론 그런 조건에서만 나타난다고 해서 그런 일이 흔하지 않다는 뜻은 아니다. 해당 식물에 사는 애벌레의 절반 이상이 추가 성장 단계를 보이게 될 때가 있다.[31]

와이스는 이 경험을 중요한 암시로 받아들인다. 우리가 알고 있다고 생각하는 것만 너무 붙들고 있으면 이해와 앎을 제한시킨다는 교훈으로 삼은 것이다. 모든 교재와 출간 논문에서는 은색알락팔랑나비에게 다섯 단계의 영이 있다고 기술했다. 그래서 와이스와 학생들이 애벌레에게서 추가 영을 보았을 때, 기존 내용과 맞지 않다고 생각해 "한두 개의 다른 상자에 애벌레를 다 집어넣고 짓이기려고 했다". 이 애벌레 생물학의 여러 단계는 정확하고 엄격하며 예측 가능하다. 나뭇잎과 생사로 만든 집은 대량 생산 공장의 조립 라인처럼 거의 오차 없이 만들어진다. 게다가 유충의 연식이 더 오래되고, 몸통이 더 커질수록 배설물을 총알처럼 쏘아 보내는 거리도 훨씬 더 멀어진다. 이런 적응 행동은 은색알락팔랑나비 애벌레가 포식자로부터 보호받게 해준다. 이 발달의 유연성은 다양한 적응 유형을 보이며, 그 외 다른 종류의 환경 스트레스도 잘 대처할 수 있게 해준다. 이렇게 보면 환경에 적응하는 행동은 과거에 이미 발생했거나 현재에 완성된 것이 아니라, 유연하게 계속 진행 중이라는 생각이 든다.

만약 지구상의 성체 동물만 보고 그 새끼들이 어떻게 생겼는지 상상하려고 노력한다면, 아마 성체보다 더 작고 귀여운 모습만 생각했을 것이다. 그랬다면 플루테우스 유생과 윌러 유충, 혹은 바로 위에 나왔던 애벌레는 아예 떠올리지도 못했을 것이다. 하지만 성체와 유사한 형태를 생산하는 바로 그 똑같은 유전자가 이 작고 낯선 외계인도 생산한다. 이것은 새끼를 둘러싼 환경의 자연선택 압력이 얼마나 강력한지, 그리고 얼마나 서로 다르게 작용하는지, 그 증거가 된다. 먹이를 먹는 성게 유생과 먹이를 먹지 않는 성게 유생 사례를 통해서 똑같은 환경에서도 미생물이 달라지면 형태와 습성이 분분히 다르게 진화할 수 있음을 알게 되었다. 그리고 은색알락팔랑나비 애벌레 사례는 개체들이 서식지 변화에 대처하기 위해서 그때그때 알맞게 서로 다른 전략을 채택할 수 있음을 보여주었다.

과학자들은 무엇이든 해당 종의 여러 가지 세부사항을 기술할 테지만, 그렇다고 그 종이 할 수 있는 모든 것을 알고 있다는 뜻은 아니다. 그리고 개체들 사이에 아무리 많은 특성이 일치한다 해도 각자 생애주기 동안 발달을 변경할 수 있는 엄청난 잠재력을 가질 수 있다. 그들이 그 잠재력을 발휘할 수 있도록 허용할 때, 새끼 동물들은 자연 세상에 대한 인간의 예상을 보기 좋게 꺾어버리면서 더 멀리 뻗어 나간다. 그리하여 생명은 우리가 전형적으로 믿고 있는 것보다 훨씬 더 많은 것을 할 수 있음을 확실히 증명한다.

7

유생의 교훈

진화와 발생은 서로에게 어떤 영향을 미쳤을까

그들은 평생 어린 시절에 매달려, 올챙이 새끼를 기른다….

올챙이처럼 살고, 올챙이처럼 기르고, 다 함께 올챙이뿐이다!

– 월터 가스탱, 〈도롱뇽 아홀로틀과 칠성장어 애머시이트 유생〉 중에서[1]

고백해야 할 것 같다. 실은 나는 오랫동안 진화를 이해하려고 무진 애를 썼다. 자연선택론은 충분히 일리가 있다. 유전학도 마찬가지다. 유전, 우성인자와 열성인자, 그리고 서로 다른 환경에서 서로 다른 대립 유전자의 적합도는 즐겁게 배웠다. 산업혁명으로 발생한 항생물질 저항성 박테리아와 숯검정 색깔의 나방이 증가한 현상처럼 진화가 고유한 작용을 하는 이야기에 매료되기도 했다. 그러나 지구상 생명체의 어마어마한 다양성을 볼 때면 학교에서 배운 진화라는 메커니즘이 팔과 다리와 날개, 심지어 새로운 감각기관을 추가로 만들어내는 그러한 중대한 변화를 어떻게 초래할 수 있는지 그냥 이해가 되지 않았다. 이해할 수가 없었다.

그 당시엔 지금 벌어지는 정치적 대립처럼 진화라는 주제가 만연했기 때문에 내가 이런 혼란을 겪고 있음을 드러내놓고 말하기가 힘들었다. 나는 이데올로기나 종교적 논쟁에 휘말리고 싶지 않았다. 그저 자연선택이 어떻게 대진화macroevolution를 초래할 수 있는지 이해하고 싶을 뿐이었다. 대진화란 물고기에서 도마뱀, 하마에서 고래 등 종 이상의 분류군에서 일어나는 진화상의 대규모 변화를 말한다. 결국 내가 그랬던 것처럼 수많은 다른 과학자들도 이 분리 현상을 두고 골머리를 앓았었다는 사실을 깨닫게 되면서 나의 혼란스러움이 타당한 근거를 만났다. 그 문제는 1904년 초창기 네덜란드 식물학자이자 유전학자였던 휘호 더프리스Hugo de Vries가 정식으로 말을 꺼내면서 유명해졌다. "자연선택은 가장 적응이 뛰어난 개체가 생존한다는 사실을 설명해주지만, 가장 적응이 뛰어난 개체가 출현한다는 사실은 설명할 수가 없다."[2]

그 빠져 있던 연결고리는 마침내 발생생물학이 발전하면서 만들어졌고, 그리하여 진화 발생, 줄여서 '이보디보evo-devo'라고 부르는 완전히 새로운 분야를 창출했다. 내가 대학원 과정을 시작했을 때 진화 발생은 생물학 내에서 가장 뜨거운 이슈였고, 나는 열심히 그 연구 내용을 받아먹었다. 발생 중에 이런저런 변화가, 자연선택이 작용하는 가운데 중대한 신기성을 초래할 수 있다는 아이디어는 새로운 게 아니었다. 다윈과 당대 함께 활동했던 토머스 헉슬리Thomas Huxley가 이미 그 이야기를 한 적이 있었다. 하지만 진화 발생학은 커튼을 다 걷어내고 그것이 어떻게 작용하는지 보여주었다. 우리는 지금까지 이 책에서 진화가 어떤 식으로 새끼 동물이 무수한 환경에 맞출 수 있도록 영향을 주었는지 관찰했다. 이제 그 망원경의 다른 쪽 끝을 통해 바라볼 때가 되었다. 그러니까 이들 새끼 동물들이 진화 자체에 대해 우리에게 무엇을 가르쳐줄 수 있는지 살펴보자는 뜻이다.

⊙ 발생학과 진화의 뒤얽힌 역사

진화에서 중심은 '공통 조상'이라는 개념이다. 여러분과 여러분의 사촌 형제들이 공통 조상의 후손이 되는 것처럼 서로 다른 개체가 공통 조상으로부터 기원한다. 이는 우리 모두 지구상 인간이라는 생명 형태가 동일한 공통 조상을 공유할 때까지 계보를 점점 더 멀리까지 거슬러 올라가게 된다. 이 계보는 계통발생학phylogeny을 구성하며, 그것은 곧 진화 역사의 재현이다. 계통발생학은 개체군 사이의 관계를 통해 만들어진다. 어떤 유기체가 더 밀접하게 관련되는지 이론을 제시하고, 어떤 유기체가 보다 최근의 공통 조상에서 함께 기원했는지, 그리고 보다 먼 과거에 갈라져 나왔는지 보여준다.

발생학은 항상 공통 조상의 핵심 정보 제공자였다. 다윈은 팔이든, 날개든, 물갈퀴든, 척추동물 배아의 사지가 상응한다는 사실을 관찰했다. 모두 똑같은 뼈를 갖고 있으니 그들 모두가 똑같은 조상 형태에서 파생되었음을 암시한다. 따라서 모든 척추동물은 공통 조상을 갖고 있다는 이론이 제시된다. 또한 다윈은 자신이 가장 아꼈던 동물 중 하나인 따개비가 노플리우스nauplius라는 형태의 유생을 낳는다는 사실을 관찰했다. 노플리우스는 호기심 강한 작은 키클롭스, 외눈박이 거인을 닮았다. 성체 따개비는 굴이나 홍합과 더 비슷한 것 같은데, 그 유생은 바닷게와 바닷가재 같은 갑각류와 연결된다. 대부분의 갑각류가 일종의 노플리우스 유생 단계를 거치기 때문이다(물론 자유 유영하는 유생이 아니라 알 안에 포함된 경우가 대부분이다). 따라서 따개비, 바닷게, 바닷가재는 이론상 조상을 공유한 것이다. 그런데 1859년 《종의 기원》이 출간

되고 몇 년이 지난 1866년에 발생학자 알렉산더 코발레프스키Alexander Kovalevsky는 우렁쉥이, 흔히 멍게라고 부르는 무척추동물이 척추동물과 많은 특성을 공유한 유생을 낳는다는 사실을 발견했다. 성체 멍게는 머리도 없고 사지도 없는 흐물흐물한 살덩어리다. 흔히 바다 밑바닥에 앉아서 바닷물에서 나오는 먹이 입자를 걸러내는 동물인데, 과거에는 바다달팽이의 가까운 친족으로 간주되기도 했다. 하지만 자유 유영하는 멍게 유생은 머리와 꼬리가 있어 작은 올챙이처럼 보인다. 그래서 코발레프스키는 멍게를 척색동물문으로 정확하게 고쳐서 다시 등록했다. 척색동물은 척추동물과에 속한다.[3]

배아 형태는 진화를 이해하는 데 매우 유용했다. 역시 1866년에 생물학자 에른스트 헤켈Ernst Haeckel은 이후 수백 년에 걸쳐 연구와 논쟁에 영감을 주게 될 명제를 진술했다. 그는 오늘날 발생, 발달과 유사어로 간주될 수 있는 '개체발생ontogeny'이라는 용어를 사용하면서 이렇게 주장했다. "개체발생은 계통발생을 반복한다."[4] 발생 과정에 있는 각각의 동물은 해당 종의 진화상 역사 단계를 거친다는 뜻이었다. 자, 눈을 가늘게 뜨면서 약간의 상상력을 동원하면 인간 배아가 피상적으로 맨 처음엔 물고기를, 그다음엔 도롱뇽을, 그러다 마침내 포유동물을 닮았다는 것을 볼 수 있다. 이 아이디어는 이미 수십 년간 사방팔방에서 활약하면서 이따금 '생물발생법칙'으로 언급되기도 했지만, 정작 이도저도 움직이지 못하고 갇히게 된 것은 바로 헤켈의 그 말이었다.

1920년대에 발생학자 월터 가스탱은 발생과 진화 사이의 관계에 대해 새로운 의견을 제시했다(가스탱은 자신의 많은 과학적 이론을 시로 쓰곤 했는데, 이 책 전반에 두루두루 몇 편을 인용했다). 그는 1922년 어느 논문에서 "개체발생은 계통발생을 반복하지 않는다. 오히려 창조한다"라고 썼다.[5] 다시 말해 배아와 유생과 어린 새끼의 해부학적 특성이 새로운 성체 형태를 생성할 수 있고, 이는 계통발생학 계보에 다양성을 공급하는 것이라고 주장했다. 그리고 성체가 어린 새끼나 유생 시절 특성을 그대로 유지하는 종을 설명하기 위해 '유형진화paedomorphosis'라는 새로운 용어를 만들어냈다. 이는 어린 새끼의 성적 발생이 이른 시기에 가속화되어 알과 정자를 만들기 시작할 때나, 반대로 성적 발생이 보통의 속도로 진행될 때나, 어느 때든 다 일어날 수 있다. 하지만 어린 새끼의 형태가 성체 형태로 결코 교환되거나 탈바꿈하지 않는다.*

유형진화의 가장 대표적인 사례는 바로 멕시코 도롱뇽 아홀로틀axolotl이다. 아홀로틀은 도롱뇽목의 영원과로, 성체가 되어서도 올챙이 시절 아가미와 수생 생활습관을 유지한다. 하지만 유형진화는 자연 세계에 널리 퍼져 있다. 어떤 파리 유충은 구더기 형태로 기어 다니는 동안에도 난소를 발달시켜 알을 낳는다. 이런 무정란은 더 많은 유충으로 부화되고, 그 유충들이 그 주기를 계속할 수도 있고, 아니면 변태를 거쳐 성적으로 번식 가능한 성충 파리가 될 수도 있다.[6] 심지어 인간조차 유형진화의 흔적을 보여준다. 상대적으로 큰 머리는 다른 유인원 종의 새끼 시절을 떠올리게 한다. 또한 가스탱은 전체 척추동물 계통이 멍게의 올챙이 유생으로부터 진화했을지도 모른다고 넌지시 암시하려고 유형진화라는 용어를 언급하기도 했다.

앞에서 게걸스럽게 유생을 잡아먹는 입으로 만나보았던 빗해파리도

---

* 이는 계통발생에서 형질 변화가 개체발생 시 배아나 유생 등 미성숙기에 일어나는 현상이다. 생식기관보다 몸의 발달이 상대적으로 늦기 때문에 자손형은 조상형의 유생 형태를 보유하면서 성체로 진화한다. 쉽게 말해 조상종에서는 유아기에만 있었던 특성이 성체에서도 그대로 유지되는 것이다.

기이한 생애 주기와 부모 자식 간의 갈등은 아티스트 롭 랭의 자연사 만화《언더던 코믹스》에서 내가 가장 좋아하는 유머 자료로 자주 등장한다. 이 그림은 그가 멍게 등의 피낭동물 성체와 자식 간의 대립을 묘사한 것으로 특별히 이 책을 위해 그려주었다.

여러 가지 유형진화의 사례를 보여준다. 이 아름다운 동물은 세밀한 솜털이 빗처럼 일렬로 죽 늘어선 투명한 방울처럼 보인다. 이 섬모를 빛에 비추어보면 무지개 색깔이 감돈다. 그들은 섬모를 이용해 헤엄치는 유일한 성체 동물이다. 사실 수많은 유생은 거의 다 섬모로 유영한다. 빗해파리에는 세 개의 주요 무리가 있다. 그중 하나인 풍선해파리는 길고 끈적거리는 촉수가 두 개 있다. 그런데 세 무리의 성체에 이름을 붙인 직후 과학자들은 이 모든 무리의 빗해파리 유생에게 촉수가 있다는 사실을 새롭게 알아냈다. 이 때문에 성체의 이름을 따서 유생 형태에 이름을 붙이는 희귀한 용어 정리 상황이 벌어졌다. 그 유생의 이름은 그대로 '풍선해파리형 유생'이 되었다. 다만 풍선해파리가 아닌 무리의 풍선해파리형 유생은 자라면서 촉수를 상실한다. 따라서 현재의 풍선해파리 성체는 과거 어느 시점에 유형진화를 거치면서 진화했다고 상상하면 쉬울 것이다.

한편 몇몇 빗해파리 종 유생이 기능성 알과 정자를 생산한다고 밝혀진 것은 상상이 아니라 사실이다. 최근 발트해에 서식하는 어느 빗해파리는 두 가지 개체군이 있는 것으로 발견되었다. 하나는 번식 가능한 성체로 성숙한 개체군이고, 나머지 하나는 번식 가능한 유생을 가진 개체군이다. 순전히 유생으로만 구성된 그 개체군은 다른 개체군의 성체에게서 아무것도 요구하지 않은 채 자급자족을 하고 있는 것으로 보인다(어지간히 돌아다니는 야생 꼬맹이들을 담당하는 수많은 유치원의 꿈이 아닐까). 과학자들의 이론에 따르면 서식지 현장에서 포식행위가 심하게 벌어지면 바다의 한쪽 구역에서는 조기 성숙과 번식이라는 진화를 추동한다. 그러니까 굳이 성체가 되어 살아남을 가능성이 더 적어진다면 번식이 가능한 어린 새끼가 훨씬 더 많은 장점을 갖는 셈이다.[7]

과연 그런 전이 현상이 진화 역사를 통틀어 얼마나 자주 발생했을까? 아마 우리가 지금 알고 있는 것보다 훨씬 더 자주 일어났을 것이다. 유생이 성체로 변모하는 것은 '적자생존설'에 기여할 수는 있겠지만, 여전히 헤켈과 가스탱의 고전 발생학은 그러한 변화가 어떻게 발생하는지 설명해줄 수 있는 메커니즘이 없었다.

그다음, 유전학이 출현하면서 발생학은 단순히 유익하지 않아서가 아니라 과학적이지 않아서 쫓겨나고 말았다. 발생학자에서 유전학자로 전환한 토머스 헌트 모건은 개종한 자의 열성으로 이렇게 썼다. "실험 발생학은 마침내 자신을 형이상학적 미묘함이라는 미로 속으로 떨어뜨린 거짓의 신을 한참 동안 뒤따라 다녔다."[8] 마침내 유전학은 자연선택이 어떻게 일어나는지 더 자세히 설명할 수 있었다. 각 유전자는 (눈이 갈색이거나 파란색인 것처럼) 대립 유전자라고 부르는 다양한 양태를 갖고 있었고, 선택 압력과 적합도 장점에 기초해 한 개체군 내에 대립 유전자의 우세 양상이 관찰되고, 예측되고, 계산될 수 있다. 이것이 내가 배운 진화의 방식이고, 내가 꼼짝 못 하고 막혀 있는 지점이기도 하다. 한 개체군 내 갈색과 파란색 눈의 빈도는 대단히 흥미로운 일이지만, 눈의 진화에 대해서는 아무 정보도 알려주지 않는다.

유전학의 전성기였던 1962년, 저명한 영국의 생물학자 앨리스터 하디Alister Hardy는 가스탱 사후 출간된 시집의 서문을 썼다. 그는 가스탱의 위대한 선물은 유형진화 개념과 더불어 초기 발달 시기에 진화적 신기성이 어떻게 나올 수 있는지 그 기원을 인식하고 있었다는 점이라고 지적했다. "관해파리, 빗해파리, 물벼룩, 요각류, 곤충, 그리고 인간을 포함한 척추동물은 모두 다른 동물과 마찬가지로 각기 매우 다른 무언가에서 기원한 유형진화의 원본을 갖고 있었던 것으로 밝혀진 것 같다(물론 그럴 가능성이 있다는 것이지, 결코 확실한 건 아니다). 나는 한 사람의 생물학자로서 후대 동물학 세대들이 그것을 금세기 우리 과학에 주어진 보다 근본적 개념들 사이에 놓고 판단해주리라고 확신한다." 하지만 그는 다음과 같이 이어갔다. "물론 가스탱의 추정 가운데 실험으로 성립될 수 있는 것은 하나도 없다. 그것은 생리학 분야의 가설처럼 결코 입증될 수는 없다."[9]

사실, 이제는 증명할 수 있다.

⊙ 툴킷 유전자와 대진화에 대한 대답

돌이켜 생각하면 나는 진화 발생생물학을 탄생시킨 획기적 발견 중의 하나가 1983년에 이루어졌다는 사실이 매우 즐거웠다. 나도 그해에 태어났기 때문이다. 아, 사람들은 이렇게 생각할지도 모른다. "이것 봐, 대나, 만약 대학원생이 되어 그것을 배우지 않았다면 세상 물정 모르고 살았을 거잖아." 그렇다. 그 말이 맞다! 나는 형이상학이라는 담장 밑에서 최근 돌아가는 소식도 모르고 살았다. 하지만 다른 두 가지 요인이 나의 학습 진행 과정을 늦춘 것도 사실이다. 첫째, 최첨단 과학은 그 자체를 이해하기까지 어느 정도 시간이 걸린다. 둘째, 최첨단 과학은 보통 정규 교육 과정에 편입되어 확산되려면 오랜 시간이 걸린다.

1980년대 초반 몇몇 실험실에서 실제로 이루어진 핵심적인 발견은 바로 특정 유전자군 내의 단순한 돌연변이가 초파리 해부학에 중대한 변화를 일으킨다는 것이었다. 이런 돌연변이는 설탕물을 먹은 구더기 유충 시절 내내 수정란에 존재했지만, 그 동물이 파리 성충으로 변태했을 때만 극적으로 발현되었다. 또한 이 유전자는 눈 색깔 같은 것을 결정하는 게 아니라 과거에 없었던 새로운 눈을 만들어냈다. 그리고 더듬이 대신 다리가 생기게 하고, 날개가 자라지 못하게 하거나 날개 개수를 두 배로 늘렸다. 마침내 여기에 자연선택이 작용하면서 진화적 신기성이 나타나는 중요한 원천 자료가 있었다.

처음에 '혹스 유전자Hox gene'라고 이름 붙인 이 유전자는 파리에 한정된 것으로 예상했으나, 이후 수년 동안 개구리부터 인간까지 여러 동물에게서 발견되었다. 그리하여 재빠르게 그 유전자가 발달을 관장하는 데 거의 보편적 역할을 한다는 점이 확실해졌다. 비록 가장 많은 명성을 얻었던 파리 돌연변이가 성충이었지만, 혹스 유전자는 배형성 초기에 곧바로 작용하기 시작한다. 이 유전자에서 작은 변형은 거대한 해부학적 변화를 일으킬 수 있다. 왜냐하면 각 유전자가 발달 중에 많은 역할을 하고, 다른 다수의 부차적 유전자를 조절하기 때문이다. 때때로

'툴킷 유전자'로 불리는 혹스 유전자와 기타 발달 조절 유전자는 어떻게 유전의 '땜질'이 대진화에 꼭 필요한 변이라는 유형을 일으킬 수 있는지를 잘 보여준다.[10-14]

20세기 말과 21세기 초에 진화발생학, 이보디보라는 새로운 과학은 전통적인 모델 생물에 크게 초점을 맞추었다. 그러자 놀라운 발견이 잇달아 일어났다. 상사 유전자는 파리와 생쥐의 심장 발달을 조절한다. 어느 한 종에서 눈의 발생은 다른 종의 눈 툴킷 유전자를 키워 넣음으로써 이루어질 수 있다. 그리고 기린부터 게르빌루스쥐까지 척추동물 체형이 터무니없이 다양하긴 하지만, 동일한 혹스 유전자군이 각 배아를 머리부터 꼬리까지 구역을 나누고 어떤 해부학 유형이 다리, 몸통, 팔다리 각 지점에서 일어나야 하는지 명령한다. 이 유전자가 낭배를 형성하는 세포의 작은 방울 속으로 들어가는 지점에 영향을 끼치는 모든 유전적 돌연변이는 그 구역을 이동시킬 수 있으며, 이로써 상당한 결과를 초래한다. 예를 들면 뱀은 놀라울 정도로 몸통은 길어지고 목과 팔다리가 없는 상태로 발달한다.

하지만 날개 같은 새로운 팔다리 발명은 어떨까? 이런 일은 날개가 있는 곤충 사례처럼 기존 구조의 목적을 변경함으로써 일어날 수 있다. 툴킷 유전자 발견과 이보디보 도래가 있기 훨씬 전에 일부 사람들이 곤충 날개가 조상의 아가미에서 유래했다는 이론을 제시하기도 했다. 수많은 현대 곤충들은 수생 단계를 거친다. 가령 하루살이는 약충이라고 불리는 어린 시절 생애 대부분을 개울과 호수에서 보낸다. 이 수생 약충 기간 동안 숨을 쉬기 위해 아가미가 필요한데, 이 아가미는 조직 기관이 아니라 부속물처럼 보인다. 그것은 주변 물에서 산소를 추출하려고 순차적으로 짝을 지어 약충의 복부에서 톡 튀어나와 있다. 게와 가재 등 다른 수생 절지동물의 아가미도 짝 구조로 길게 늘어져 있지만 하루살이 유충에 비해 눈에 띄지 않게 더 많이 숨겨져 있다.

이 아가미들이 날개로 진화할 수 있다는 이론은 결국 모델 생물과 모델이 아닌 유기체에게 일어난 아름다운 융합 작용으로써 증명되었다. 실험실에서 조종된 초파리는 날개를 만들어내는 툴킷 유전자를 드러냈고, 그 동일한 유전자가 하루살이 유충의 아가미와 심지어 게 아가미에서도 드러났다. 어떤 유전자가 초파리, 하루살이, 게처럼 아주 외떨어진 친족 관계를 가로지르는 중에 발견될 때, 그 유전자는 이 모든 형태의 공통 조상에 존재했다는 가능성이 아주 커진다. 하루살이는 아가미와 날개를 만드는 이중 활용법을 유지해왔지만, 오늘날 게는 그 유전자를 아가미를 만드는 데만, 초파리는 날개를 만드는 데만 사용한다. 툴킷 유전자는 생애 순환 주기의 서로 다른 부분에서 서로 다른 환경에 적응하기를 촉진하면서, 동시에 앞으로 다가올 진화적 발생에 필요한 변이의 원천을 제공한다.

⊙ 몸통 만들기의 청사진

쇠똥구리 전문가 아르민 모체크는 발달 과정이 우리에게 진화에 대해 가르쳐줄 수 있다는 맨 처음의 배움을 기억한다. "이 커다란 문이 새로운 세상으로 열려 있는 것과 같아요. 그 발달이 그저 진화의 산물이 아니라 언젠가 한 번 존재했더라도 그것은 진화가 대략 어디로 가게 될 것인지 피드백을 줍니다. 저한테는 그게 너무 놀랍고, 흥분되고, 감동적이었어요."[15] 배아부터 유생을 거쳐 성체까지 발달의 모든 단계는 환경에 적응하며, 이는 자연선택의 산물이다. 동시에 낭배 형성부터 변태에 필요한 툴킷 유전자 활용까지, 발달 진행 과정의 모든 양상은 함께 수정 변경하고 땜질할 수 있는 진화적 신기성의 원천이다. 각 유기체는 아무것도 없이 맨 처음부터 자기 몸통을 만들어내기 때문에 과거에 있었던 몸통과 다르게 만들 수 있는 무수한 기회를 갖는다. 유전자에서 무작위 돌연변이와 환경적 변형은 다리 개수를 두 배로 늘릴 수도 있고, 피부를 날개로 뻗치게 할 수도 있으며, 눈을 사라지게 할 수도 있고, 여태 만든 적이 없던 후각 기관을 나타낼 수도 있다.

게다가 발달 자체는 하나의 피드백이 또 다른 피드백을 가져오는 연쇄 반응 회로다. 세포, 조직, 그리고 기관은 서로 간의 관계 속에서만 생성된다. 성장 발달은 각 세포가 담당하는 독립적 과제가 아니라 집단 프로젝트다. 그런 의미에서 몸통은 끊임없이 대화하고 세포는 서로에게 왔다 갔다 영향을 끼치면서 이른바 '상관 발달'이라는 현상을 만든다. 가령 우리 눈은 배아 시절에 발달한다. 뇌세포 덩어리가 피부세포 덩어리를 만나기 때문이다. 뇌세포는 피부세포에게 수정체가 되라고 말하며, 피부세포는 뇌세포에게 망막이 되라고 말한다. 만약 둘이 만나지 못하면 눈의 어느 부분도 만들어지지 못한다.

이런 상관 발달이 서로 다른 개 품종에서 작용하는 모습을 볼 수 있다. 이는 자연선택이 아니라 인위적 선택의 결과다. 정말 고맙게도 닥스훈트는 단지 다리뼈만 짧은 게 아니라 다리 근육과 힘줄도 짧다. 불도그는 코만 짧은 게 아니라 그에 맞추어 적절하게 이빨 개수와 혀 크기도 작아진다. 배아 시절의 이런 상호 소통은 중대한 진화적 전이를 촉진할 수 있다. 2014년 일군의 과학자들이 폴립테루스가 완전히 육지에서 자랄 때도 물리적 적응을 할 수 있는 상관 발달을 한다고 증명했다. 이것은 아가미가 있으면서 물 밖으로 나올 수 있는 폐도 함께 가지고 있는 물고기다. 육생 환경은 뼈와 근육 변화뿐 아니라 효과적인 걷기 행동까지 유도한다. 진화 역사의 맥락에서 고려한다면, 이는 고대 어류가 땅으로 이동하기 전 걷기에 필요한 답을 고민할 필요가 없었음을 암시한다. 땅 위로 이동하는 행위 자체가 걷는 행위를 해결하는 데 도움을 주었을 것이다.[16]

발생학과 유전학 통합으로 연구자들은, 가령 호랑나비의 날개처럼 오래 계속된 진화적 수수께끼를 해결하는 데 몰두할 수 있게 된다. 호랑나비는 전형적인 여름 곤충으로 많은 그림과 아동 도서에서 긴 꼬리 모양의 돌기가 뒷날개에서 불쑥 튀어나온 모습으로 종종 묘사된다. 어떻게 그런 독특한 형태가 발생 중에 이루어질까, 이런 질문 앞에서 과학자들은 계속 좌절을 겪어왔다. 모체크의 멘토인 프레더릭 니하우트 Frederik Nijhout는 과연 그 꼬리가 진짜로 '자라는' 것인지 궁금해했다. 좀 더 면밀하게 관찰한 끝에 호랑나비 발생 기간에 꼬리가 성체의 형태보다 훨씬 더 크고 둥근 형태로 시작된다는 사실을 알아냈다.[17] 모체크는 그 연구 결과를 다음과 같이 요약 설명해준다. "거기에 새롭게 자라나는 것은 아무것도 없어요. 그냥 처음부터 세포 죽음으로 프로그램되어 있어요. 꼬리를 제외한 모든 것을 없애는 것이죠. 쿠키 만드는 틀을 생각해보면 쉬워요. 그 틀 안에 들어와서 쿠키 모양을 내는 걸 제외하면 다 잘려 나가잖아요." 프로그램화된 세포 죽음은 물갈퀴가 (새끼 오리에겐 있는데) 병아리 발에 없는 것과 (박쥐에겐 있는데) 인간의 손에 없는 사실을 밝혀준다. 발생 초기에 우리 모두는 물갈퀴를 갖고 시작한다. 단순한 유전적 스위치가 그 물갈퀴를 계속 유지할지, 아니면 파괴할지 결정하는 것이다.[18]

모체크는 니하우트의 연구를 기반으로 자신의 쇠똥구리 연구를 한층 더 쌓아 올렸다. 몇몇 쇠똥구리 종의 수컷 성충은 독특하고 인상적인 뿔을 보여주는데, 과학자들은 여태껏 해당 수컷이 그 뿔을 키웠다고 추측해왔다. 그 점은 너무나 확실해서 아무도 의문을 제기할 수 없는 듯이 보였다. 그리고 뿔의 존재는 쇠똥구리 종 사이에서도 매우 변동이 심하기 때문에 그것은 여러 번 진화를 거듭했을 것으로 추측했다.

그런데 그게 아니었다. 모체크와 동료들은 모든 종의 암수 쇠똥구리 유충이 번데기가 될 때 뿔을 생산한다는 사실을 발견했다. "그리고 그 중 아주 극소수는 실제로 성체가 될 때까지 빌어먹을 그 뿔을 들고 간다는 겁니다. 아니, 굳이 귀찮게 쓸데없이 왜 그럴까요?"그는 질문을 덧붙였다. 밝혀진 바에 따르면 그 뿔은 쇠똥구리가 변태를 할 때 두꺼운 표피를 떨치고 나오기 위해서 꼭 필요한 것이다. 조류 새끼가 알껍데기에서 빠져나오기 위해 난치를 사용하는 것과 같은 이치다. 따라서 뿔은 쇠똥구리 집단의 마지막 공통 조상에 분명히 존재했던 보편적 특성이다. 대부분의 종은 뿔이 본연의 역할을 끝내고 나면 그 뿔을 재흡수하는 방향으로 진화했지만, 일부는 그것을 유지하는 데 있어 적응성 가치를 뜻밖에 마주치게 되었다. 수컷 성충, 그리고 일부 종에서는 암컷 성충이 짝짓기를 할 때 유용하게 쓸 수 있는 현란한 장치로 새로운 역할을 했던 것이다.[19]

⊙ 유생은 진화적 유물일까, 현대적 적응일까?

앞 장에서 우리는 생태계적 관점에서 유생이 왜 존재하는지에 대한 문제를 다루었다. 다양하고 특이하면서 거의 생경한 외계인급 유생이 존재하는 이유는, 동물의 어린 생애 단계에서는 성체와 다른 환경에 반드시 적응해야 하기 때문이다. 성체보다 더 작은 크기, 때로는 극단적으로 더 작은 크기 때문에 유생은 성체가 접하지 않는 서로 다른 물리

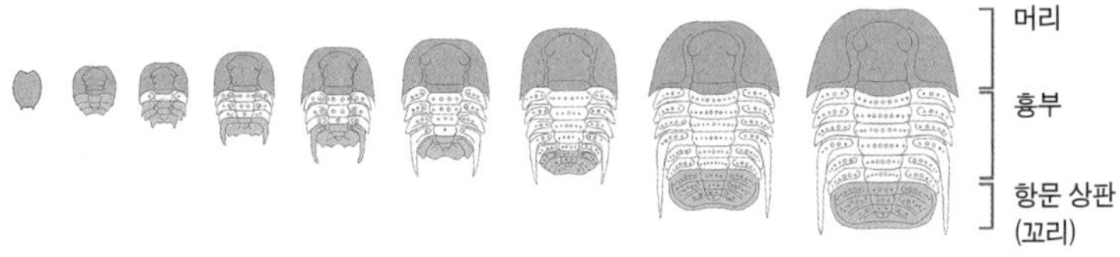

삼엽충은 작은 머리로 생애를 시작했다가 머지않아 꼬리를 추가했다. 점점 자라면서 몸통의 중간 부분은 성체의 형태와 크기에 도달할 때까지 계속 확대되었다.

적 도전과 먹잇감의 기회를 얻게 되며, 다양한 포식자에게 취약한 존재가 될 수밖에 없다. 이제는 진화적 관점에서 '왜 유생일까?'라는 질문을 깊이 생각해보자. 오늘날 수많은 동물의 복잡한 생애 주기는 머나먼 공통 조상으로부터 물려받은 진화적 유산일까, 아니면 최근에 와서 조상과 관계없이 나타난 것일까? 동물계를 통틀어서 보자면 두 가지 시나리오가 나온다. 많은 유생 형태는 해당 성체가 잠시 머물고 나서 한참 후에야 환경 적응 형태로 나타났으며, 가장 유명한 몇몇 초기 동물에게도 유생이 있었다.

성체 화석보다 훨씬 더 희귀하긴 해도 화석화된 유생이 진짜 존재하며, 초기 발생 단계의 삼엽충은 특히나 문서로 잘 기록되어 있다. 일부 삼엽충에게는 둥글납작한 유생 단계가 있었는데, 이들은 해저에 착저하기 전 플랑크톤 안에서 헤엄치며 다녔던 것으로 보인다.[20] 하지만 여기서 잠시만, 우리는 이 유생을 수족관에 넣어놓고 성체까지 발달하는 모습을 지켜보거나 DNA 배열 순서를 밝힐 수 없다. 그렇다면 그것이 삼엽충의 유생이었는지, 그리고 각 유생이 어느 성체 종에 속하는지 어떻게 알고 있을까? 그들은 성체와 전혀 다른 모습으로 보이는, 그런 종류의 유생이 아니었기 때문이다. 오히려 해당 유생을 두고 과학자들은 '머리 유생'이라는 별명을 붙여주기도 했다.[21] 말하자면 그들은 본질적으로 삼엽충의 머리로만 이루어진, 그 외에는 아무것도 없는 형태였다. 그러다 시간이 흐르면서 몸통과 팔다리가 생겨났다. 이런 특성 때문에 유생과 성체의 짝을 맞춰주는 일이 비교적 간단했다.

수많은 머리 유생이 오늘날 바닷속에서 여전히 헤엄치고 다닌다. 게 유생 조에아가 헤엄치려고 사용하는 다리는 나중에 크면 입이 될 것이다. 유생 자체가 성체 게의 머리가 되고, 거기에 몸통과 성체 다리가 추가되는 과정을 거친다. 갯지렁이 유생 트로코포어도 머리 유생이다. 그 몸통이 한 분할마다 커지면서 길게 늘어난다. 리처드 스트라스만이 제시한 바에 따르면, 머리 유생은 동물의 가장 중요한 부위로 발생을 시작하는 방식으로 진화했을 수도 있다. 머리 부위는 보고, 냄새 맡고, 먹을 수 있으며, 게다가 즉각 움직일 수 있는 기관이다. "이렇게 되면 사람 머리에는 날개가 돋아나기 시작해야 할 겁니다." 그는 이렇게 덧붙인다. 그런 유생 단계가 있는 인간을 상상해보는 것이다. "우리는 생애 초기에 일반적으로 머리를 갖게 되겠죠. 아마 종교 미술에 등장하는, 날아다니는 천사 머리의 날개 같은 것이 아닐까요. 그러고 보면 바로크 시대 화가들은 생명 역사의 진화에 대해서 특별한 직관이 있었던 걸까요?"[22]

아마도 머리 유생은 과거의 메아리처럼 오늘날 존재하는 게 아니라 다양한 무리 속에서 여러 번 진화를 거친 것 같다. 유생 형태는 해당 서식지에 따라 분화되었다. 플루테우스, 벨리저, 그리고 트로코포어 등 모든 유생 형태는 일련의 섬모를 발생한다. 섬모를 가진 작은 형태가 이 모든 동물에게 조상의 특성이기 때문이 아니라, 그 형태가 각 경우에 자연선택이 선호한 플랑크톤 서식지 생활에 아주 잘 작동했기 때문이다. 또 하나의 예로 개구리 올챙이와 모기 유충을 들 수 있다. 한쪽은

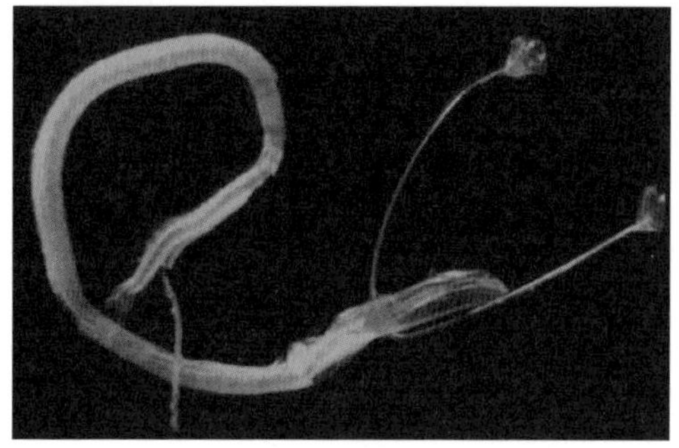

이 드래곤피시 유생의 상당히 기다란 자루 눈은 바다에 사는 동안(그리고 죽지 않으려고 노력하는 동안) 희미하게 밝힌 바다 구역에서 먹이를 찾고 포식자를 피하는 데 도움을 줄 것으로 보인다.

땅 위에서 폴짝 뛰어다니는 부모의 자손이고, 다른 한쪽은 대기 중에 날아다니는 부모의 자손이다. 하지만 그 유생은 둘 다 수생동물로 서로 비슷하게 추진력이 있는 기다란 꼬리를 가지고 헤엄치는 생활방식에 적응해왔다. 혹시 연못 속을 뚫어져라 쳐다보아도 서로 구분하기 어려울 것이다.

모기 유충이 척추동물이라는 것, 혹은 척추동물로 진화되었다는 것을 제시하는 사람은 아무도 없다. 그 해부학적 구조를 면밀하게 살펴도 확실히 척추 같은 것은 찾아볼 수 없다. 하지만 멍게의 헤엄치는 유생은 어쩌면 척추동물의 조상이 될 만한 더 많은 잠재성을 보인다. 그것은 우리의 척수와 매우 비슷한 '등신경삭'을 갖고 있기 때문이다. 이 장을 시작하면서 언급한 시를 보면 알겠지만, 가스탱은 멍게 유형진화의 결과로 발생한 뼈대 있는 짐승들을 제시하려고 시도했다.

또 하나, 척추동물의 기원에 관한 해묵은 이론도 유형진화를 활용했는데, 이번 사례는 칠성장어 유생이었다. 칠성장어는 턱이 없지만, 그럼에도 매우 성공한 육식동물 성체가 된다. 하지만 유생 시절에는 그냥 지렁이처럼 보이며, 실제로 진흙 속으로 파고 들어가 물속에서 먹이를 걸러낸다. 이 유생은 애머시이트ammocoete라고 부르는데 오랜 세월 동안 '유형진화에 의해 척추동물 조상이 될 가능성이 있는' 명예로운 지위를 누렸다. 그러다 2021년에 놀라운 새끼 칠성장어 화석 한 조를 통해 아주 초기의 고대 칠성장어는 애머시이트 유생이 없었다는 사실이 밝혀졌다. 화석에서 나온 새끼는 바로 처음부터 성체와 똑같이 닮았다. 그렇다면 애머시이트 유생은 '고대 원시적' 형태가 아니라 현대 칠성장어의 생애 주기에서 비롯된 적응 형태다.[23]

유생의 복잡한 형태와 행동은 일부 동물계가 지구상 생활에 가장 놀라운 형태로 적응한 모습이다. 우리는 성체를 보아왔기 때문에 해당 종에 익숙하다고 생각하겠지만, 결국 그 새끼들을 만나면 뜻밖의 중요한 사실을 발견하게 될 뿐이다(가령 정상적으로 보이는 네 가지 서로 다른 무리의 성체 어류는 놀랄 정도로 기다란 자루 위에 눈이 붙어 있는 유생을 따로따로 진화시켰다. 그 자루는 때때로 거의 전체 몸통 길이만 할 때도 있다. 점차 자라면

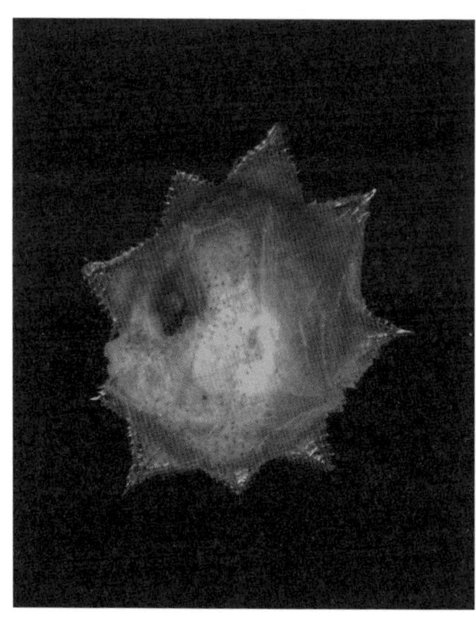

개복치 유생은 언뜻 외계 우주선처럼 보인다. 좀 더 가까이 살펴보면 참복이나 거북복과 가까운 물고기임을 알 수 있다. 이들은 원래 비늘을 갖고 있으나 가시나 골판으로 변형된다.

서 그 눈은 움츠러드는데, 성체가 되면 어릴 때 어떤 모습이었는지 절대 알지 못할 것이다). 새끼들이 새끼로서 하는 일을 왜 그렇게 하는지, 어떻게 하는지 파악하는 연구는 지구상 생명의 역사에 대한 놀라운 창을 제공한다. 또한 그 일은 지구상 생명의 미래에서 점점 더 중요한 것으로 밝혀지고 있는 중이다.

8

올바르게 키우기

보존과 지속성

우리는 선한 일을 하면서도 감당해야 할 위험을 보았네,

하지만 감히 우리가 할 수 있는 최선을 피하려 하지 않았지….

- 로버트 프로스트Robert Frost, 〈새 둥지가 다 드러나도The Exposed Nest〉 중에서

인간은 역사를 기록하기 훨씬 전부터 지금까지 다른 동물의 새끼를 키우면서 살아가고 있다. 우리는 동물을 식량으로, 반려 친구로, 그저 재미로 키워왔다. 오늘날에는 과거 어느 때보다 키우는 종도, 키우게 된 이유도 다양해졌다. 이런 다각화 현상이 일어난 동기는 많은 부분에서 인간이 지구의 모든 생태계에 미치는 영향과 생태계와의 상호 의존성에 대한 이해도가 더 높아졌기 때문이다.

이미 많은 종을 멸종으로 몰아붙였다는 사실을 깨닫고 나면 그때서야 우리는 멸종 위기의 동물을 구하기 위한 노력으로 포획 사육을 계획한다. 포유류 산업화 농장이 기후변화와 서식지 파괴의 원인이 된다는 사실을 발견하고 나면 신규 단백질 공급원을 사육하는 사업으로 진출한다. 전 세계 바다에서 남획이 만연해지고 나면 우리가 가장 선호하

는 종을 양식하기 시작한다. 이러한 노력들이 많은 부분에서 고무적인 결과를 거두었지만, 한편으로 다른 부분에서 그 가능성과 함께 문제가 될 만한 결과가 따라 나왔다.

알, 배아, 유생, 갓 부화한 새끼 등 동물의 초기 생애 단계는 환경의 영향에 가장 취약할 수밖에 없다. 하지만 그런 문제가 밖으로 확연히 드러나게 되어야 비로소 그 문제를 심각하게 생각하곤 한다. DDT 때문에 부서진 독수리알, 오염된 강물에서 살아남으려고 애쓰는 연어 치어, 광공해 때문에 방향을 잃어버린 바다거북 새끼 등이 좋은 사례다. 그러나 일단 우리가 그 상황을 알아차린다면 대개는 도와줄 수 있다. 지금까지 과학 관련 입법 행위는 독수리를 되돌려주었고, 다양한 보존 노력이 연어를 위해 진행 중이며, 다른 둥지 보호책과 더불어 바다거북에게 안전한 조명은 일부 바다거북 개체 수가 반등하는 데 도움을 주고 있다. 개인적으로 보존에 성공한 가장 감동적인 이야기는 바로 캘리포니아 콘도르 사례다.

⊙ "우리가 이 알을 꼭 껴안고 있어야 해"

내가 태어난 1980년대 초반, 전 세계에서 캘리포니아 콘도르는 불과 27마리만 남아 있었다. 어릴 때 로스앤젤레스 동물원을 찾아갔던 가장 생생한 기억 하나가 있는데, 어떤 조류 프로그램을 보려고 뜨거운 야외 관람석으로 올라간 일이었다. 바로 그 프로그램에서 담당 직원이 콘도르 개체 수를 재건하려는 여러 노력에 대해 말해주었다. 당시 나는 아마 성체 콘도르보다 더 키가 작았을 것이다.

콘도르는 거대한 조류로 날개 길이가 3미터에 이르고 무게는 보통 아장아장 걸어 다니는 유아 정도가 된다. 물론 태어날 때는 그보다 더 작지만 새끼 시절에 부모 새가 물어다 주는 먹이에 의존하면서 거의 성체 크기까지 자란다. 이른바 '콘도르 캠'을 통해 부모 콘도르가 새끼를 찾아가려고 절벽의 둥지로 급강하하는 모습을 지켜보는데, 문외한인 내 눈에도 어느 모로 보나 새끼가 부모 새만큼 몸집이 커서 깜짝 놀랐다(암수 사이에 눈으로 보이는 확실한 차이가 없어 부모 새가 어미인지 아비인지는 분간할 수 없었다). 하지만 새끼의 머리는 붉은색 피부가 드러난 부모 새와 정반대로 여전히 까만 털로 덮여 있었다. 부모 새가 가까이 가서 입을 벌리면 새끼는 재빨리 깃털 달린 제 머리를 그 안으로 쑥 밀어 넣는다. 새끼가 정신없이 날개를 퍼덕이며 저녁거리를 향해 홱홱 움직일 때, 부모 새는 두 날개를 외투처럼 펼치고서 꼿꼿하게 앉은 자세를 유지했다.

나는 야생 생물학자 조 버넷Joe Burnett에게 전화를 걸었다. 그는 20여 년 동안 콘도르 연구를 해오고 있다. 그에게 콘도르 영상에서 본 것과 이 종의 보존에서 새끼들이 차지하는 전반적인 중요성에 대해 이야기했다. 콘도르의 생애 초기에 인간이 끼치는 영향은 극심하다. DDT는 콘도르 알껍데기를 약화시키고, 새끼들 뱃속에는 플라스틱 쓰레기가 그득하다. 플라스틱 병마개와 다른 쓰레기 조각들은 그저 우연히 먹은 게 아니다. 그 쓰레기가 뼈나 조개껍데기 조각처럼 보이기 때문에 부모 새가 새끼를 위해 일부러 모아서 물어다 준 것이다. 원래 이런 천연 칼슘 공급원은 새끼 콘도르에게 비타민과 같은 존재다. "남부 캘리포니아의 어느 새끼 콘도르 뱃속이 병마개로 꽉 차 있는 거예요. 안락사를 시킬 수밖에 없었어요." 버넷이 씁쓸하게 내뱉었다. 그러나 콘도르가 마주한 주된 위협은 바로 납 중독이다. 그들이 먹이를 찾아 헤매는 죽은 사체들은 대부분 인간 사냥꾼의 총에 맞은 개체들이고, 거기에 남아 있는 탄환은 치명적이다. "콘도르 한 쌍이 새끼 한 마리를 키우고 있다가 그 중의 하나가 납 중독으로 죽을 때면 정말 타격이 커요. 올해만 해도 둥지 두 개에서 그런 경우가 있었어요. 남아 있는 둥지가 단 여섯 개뿐일 때, 그런 상황은 정말 큰일이거든요."[1]

둥지 여섯 개 중 두 곳에서 부모 새를 잃어버린 일은 참담한 소식이지만, 콘도르가 야생 자연에서 다시 둥지를 틀고 있다는 사실 자체가 작은 기적처럼 보인다. 1980년대에 남아 있던 콘도르 전체 개체 27마리를 포획 사육하면 그 숫자를 더 크게 늘릴 수 있다는 희망으로 생포를 감행했다. 그 계획은 성공했다. 시간이 흘러 동물원에서 부화하고 키운 콘도르를 방생해 야생 자연에서 비교적 안정된 개체 수를 만들어 냈고, 2020년 전체 개체는 504마리로 늘었다.[2]

버넷은 이 프로그램에서 필수적인 역할을 해왔다. 1990년대에 중부 캘리포니아에서 첫 번째 콘도르 방생을 조직화했고, 2003년 오리건 동물원에서 포획 사육 프로그램을 시작했다. 그가 포획 사육 프로그램에서 처음으로 부화 책임을 맡았을 때, 야생 자연에서 그 일을 해내는 부모 콘도르에게 새삼 존경심이 들었다.

버넷은 오리건 동물원 포획 사육으로 낳은 최초의 콘도르알에 언론의 관심이 집중되었던 순간을 떠올렸다. "지역 일간지《오리거니언》은 마치 일부 팝스타에게 하듯 이 알을 취재했어요. 매일 담당 선임기자의 전화를 받았을 정도였지요." 그는 포획 사육에서 규정한 정규 일과대로 한 쌍의 콘도르가 낳은 첫 번째 알을 가져다 인공 부화를 시켰고, 그러는 동안 그 콘도르가 두 번째 알을 낳고 직접 부화시키도록 만들었다. 이런 기법은 부모 콘도르의 잠재적 번식 결과를 두 배로 늘려준다. 버넷은 그 알을 받기 위해 새로운 시설을 지어놓고 아내와 함께 현장에서 살고 있었다.

당시 부화 초기에 얼음 폭풍이 덮쳐 포틀랜드 도시 전체를 마비시켰다. "그러니까 전기가 나가버렸어요. 인공 부화기 안에 알이 있잖아요. 거긴 전원이 나가면 안 되거든요. 밖에 나가서 발전기를 끌어냈죠. 전기선을 끌어냈는데 그게 다 부서져 있더라고요." 그때 버넷의 아내가 캠핑용 스토브에 물을 끓여서 병에 담아 그걸로 알을 따뜻하게 유지해보자는 아이디어를 냈다. 그리고 두 사람은 진짜 그대로 했다. 아날로그 온도계로 온도를 계속 확인하면서 물병이 차가워지면 계속해서 더 많은 물을 끓였다. 그러다 연료가 바닥이 났다. 어떻게 했을까? "아내한테 이렇게 말했어요. 여기 알 말이야, 만약 우리가 이런 식으로 계속 온기를 유지해줄 수 없다면, 우리 체온이 섭씨 37도니까 우리가 이 알을 꼭 껴안고 있어야 해. 그러자 아내는 뭐, 그렇게 하자고 하더라고요."

진짜 그렇게 해야 할 시점에 이르기 직전, 콘도르알이 어려운 상황에 처했다는 뉴스가 '포틀랜드 가스 전기회사'로 들어갔다. 그들은 우선순위로 인공 부화기에 전원을 다시 공급해주었고, 그 알은 다시 제대로 된 환경에 놓일 수 있었다. 인공 부화기 관련 위기 상황이 끝나자 이제 다음 문제가 연달아 나왔다. "부화하고 나면 누가 이 새끼를 돌봐주지?" 원래 콘도르 부모는 새로운 알을 낳아서 그 일을 하느라 바빴다. 당장 투입해 부화시키고 돌봐줄 수 있는 콘도르 쌍이 있었지만, 그들은 자기 새끼를 낳아본 적도 없고 새끼를 키워본 경험도 전혀 없었다. 버넷은 최선의 결과를 바라면서 그들에게 알을 주었다. 그러자 양부모가 된 콘도르 쌍은 마치 상승 온난 기류를 대하는 콘도르처럼 양육을 시작했다. 그들은 성공적으로 부화를 시키고 새끼를 키웠다. 그리하여 그

포획 사육으로 태어난 캘리포니아 콘도르들이 야생 번식 개체로 풀려나면서 점점 더 많은 새끼가 낭떠러지 절벽과 붉은 삼나무 위 둥지 안에서 부화한다. 하지만 동물원 번식은 콘도르 종의 보존과 복구에 여전히 필수적인 역할을 한다.

새끼는 2006년 캘리포니아 피너클 국립공원에서 야생 자연으로 돌아갔다. "이제 그 녀석이 우두머리예요. 벌써 새끼를 여섯 마리나 키워냈고요. 생존 측면에서 분기 곡선을 넘어서고 있는 거죠. 현장에 나가 그 녀석을 볼 때마다 우리 둘이 특별하게 연결된 것 같은 느낌을 받아요." 버넷은 웃으면서 말을 바꾼다. "그 녀석은 아무 생각이 없겠죠. 모를 거예요."

지금까지의 이야기를 통해 판단할 수 있겠지만, 새끼 한 마리를 키우는 일이 부모 콘도르에게는 엄청난 투자다. 그들은 다른 조류와 다르게 오히려 대형 포유류처럼 번식한다. 이런 노력 때문에 새끼 콘도르는 아보카도만 한 크기에서 6개월 만에 성체 크기로 자랄 수 있다. 부모 콘도르 는 지속적으로 먹이를 주는 것 외에도 어린 새끼들을 품어주고 같이 놀아준다. 버넷은 양쪽 부모의 공동 투자를 존경스럽게 생각한다. "이들 부모 콘도르가 새끼들 키우는 모습을 지켜보면 진짜 아름답다는 말이 나와요. 둘이서 똑같이 동등하게 일하거든요. 사람들도 점점 더 많이 이렇게 하면 얼마나 좋을까 싶어요."

새끼가 부화하고 두 달쯤 지나면 부모가 새끼를 품에 껴안고 있는 시간이 점점 줄어든다. 부모 새는 먹이를 찾아 나서는 데 더 많은 시간을 보내야 하고, 새끼는 둥지에서 나갈 수 있는 용기가 생기도록 격려와 응원을 받아야 한다. 둥지에 있으면 무방비 상태로 물 위에 있는 오리처럼 만만한 공격 대상이 된다. 포식자 까마귀, 부엉이, 독수리, 그리고 다른 콘도르까지 새끼를 넘보는 것이다. 이런 맥락에서 버넷은 내가 콘도르 캠에서 보았던 훌쩍 다 커버린 새끼의 행동을 이렇게 설명해주었다. "새끼들은 거의 혼자 있어요. 그래서 부모 새가 나타나면 정말이지 너무 흥분하는 겁니다. 어딘가에 갇혀 있거나 섬에 혼자 사는 거나 마찬가지거든요. 그 녀석들이 유일하게 할 수 있는 사회적 상호작용이 그것뿐이고, 먹이를 받아먹는 것도 그뿐이에요. 실은 먹이 먹는 방식이 거의 폭력적이거든요. 정말 원시적인 방법 그 자체예요." (솔직히 그 말을 듣고 갓 태어난 아기가 바로 첫날 내 젖꼭지에 달라붙어 있던 모습과 병원에서 어떤 간호사가 했던 말이 떠올랐다. "산모님한테 이빨 날카롭고 공격적인 물고기 창꼬치 한 마리가 매달려 있는 걸로 보여요." 아, 작디작은 그 생명체가 생명을 건강하게 유지하고 살아남으려면 그런 맹렬하고 흉포한 성질이 있어야 하는구나!)

콘도르 양육에서 또 한 번의 변화는 새끼가 하늘을 나는 법을 배우기 시작할 때 온다. 이제 부모는 안내자이자 스승 역할을 하게 된다. 버넷은 중부 캘리포니아 해안에 사는 콘도르가 삼나무와 절벽 위에서 둥지를 트는 모습을 지켜보았다. 그리고 이들 두 환경 사이에서 나는 법을 배우는 차이점을 관찰할 수 있었다. 절벽 현장은 좀 더 탁 트여 있어서 대체로 새끼들이 더 빠르게 배우고, 삼나무는 새끼들이 날아가는 것을 다소 늦추는 편이다. 장소마다 그것만의 장점은 있다. 빠르게 세상에 진입한다는 것은 그만큼 더 많은 충돌을 하게 된다는 뜻이다. 아기가 걷는 법을 배우려고 서두르다가 여기저기 멍이 드는 경우와 똑같다. 하지만 그렇게 걷다 보면 더 빨리 배우는 법이다. 조금 더디게 천천히 접근하면 근육과 자신감을 키우는 데 시간이 조금 더 걸린다. 당연히 능숙한 기술에 도달하는 데도 좀 더 오랜 시간이 필요하다.

여전히 위태로운 콘도르 개체에서 위험 요소 중 하나가 바로 '웨스트 나일 바이러스'이기 때문에 현장 직원들은 전부 백신 프로그램을 마친 상태다. 현재 부모 콘도르들도 모두 백신을 맞은 상태로 어미 새가 항체 일부를 알에게 전해준다. 이는 난황과 더불어 후손에게 줄 수 있는 또 하나의 투자다. 하지만 이 항체는 그리 오래가지 않는다. 따라서 생물학자들의 목표는 최대한 빨리 새끼들을 잡아서 백신을 접종시키는 것이다. 이 과정에서 그들은 단순히 절벽 등의 멀리 떨어진 둥지에 접근하는 일뿐 아니라 새끼들이 훼방꾼 포식자에 대비하는 얄미울 정도로 효과적인 책략도 잘 처리해야 하는 이중고와 맞닥뜨린다. 버넷의 이야기를 들어보자. "사람이 접근하면 새끼들이 지금까지 부모 새가 먹여주었던 게 무엇이든 다 토해냅니다. 그게 굉장히 많아요. 썩은 고기도 있고, 반쯤 소화된 썩은 고기도 있어서 악취가 진동합니다."

어느 날 내륙으로 64킬로미터나 떨어진 피너클 국립공원으로 새끼들에게 백신 접종을 하러 가는 길이었다. 버넷 앞에 전혀 예상하지 못했던 익숙한 악취가 훅 불어왔다. 해양 포유류 고기였다. 바다를 한 번도 본 적 없던 이 새끼 새는 부모가 머나먼 해안에서 죽은 물고기를 뒤져서 가져왔을 게 뻔한 썩어가는 고래나 돌고래 식사를 다 토해냈던 것이다. 그 순간 버넷은 이런 생각을 했다. '와, 진짜 대단하지 않아? 여

기 내륙의 새들이 바다랑 다 연결되어 있네.'[3]

⊙ 유충으로 평생, 성충은 찰나인 하루살이

콘도르는 부모에게 전적으로 의존하는 새끼로 거의 일 년을 보내고 성숙 단계에 이르기까지 몇 년이 더 걸린다. 하지만 그들이 최대 60년 이상까지 살 수 있음을 감안한다면 새끼로 보내는 시간은 상대적으로 전 생애의 작은 부분에 불과하다. 그렇다 하더라도 새끼 시절은 생존의 측면에서 볼 때 콘도르의 생애 주기에서 가장 위태롭고 중요한 부분이다.

이와 반대로 여러 다른 종은 거의 전 생애를 새끼 시절로 보낸다. 어떤 곤충은 성충이 되면 아예 먹지도 못한다는 사실을 기억하는가? 하루살이가 바로 여기에 해당한다. 세상 사람들은 그들이 단 하루만 산다고 생각한다. 하지만 24시간 안에 살다가 죽는 것처럼 보이는 하루살

약충(nymph)으로 불리는 하루살이 유충은 복부에 난 깃털처럼 생긴 미세한 아가미를 통해 수중 호흡한다. 세 개의 우아한 꼬리는 실제보다 몸집을 더 크게 보이게 함으로써 포식자 눈에 먹잇감으로서의 매력을 떨어뜨리는 역할을 한다.

이 성충은 유충 상태로 강바닥에서 일 년 혹은 그 이상을 살아왔다(다시 말해 하루살이의 유충 시절과 콘도르의 새끼 시절은 그 기간 측면에서 서로 비슷하다). 우리는 바로 앞 장에서 아가미를 주제로 약충이라는 하루살이 유충을 만나보았다. 약충은 물고기와 마찬가지로 수생동물이며 종종 물고기에게 잡아먹히기도 한다. 거기서 용케 살아남은 행운의 몇 마리는 수만 개의 알을 낳고, 또 그중 대부분은 다시 물고기 포식자에게 굴복하고 만다.

포식자에게 당하는 숫자를 보면 그들에게 생존은 순전히 우연한 가능성의 문제인 것 같다. 그래서 수년 동안 사람들은 유충의 생애를 일종의 로또 복권이라고 생각하기도 했다. 그렇게 많은 유충 무리가 환경에 내던져져 번성하거나 사라지거나 어느 쪽이든 순전히 운에 달려 있다고 짐작했다. 하지만 우리가 유심히 살펴볼 때마다 유충이 자기 생존에 영향을 끼칠 수 있고, 실제로도 영향력을 발휘할 수 있는 방법을 발견하게 된다. 실제로 학부 시절 나의 첫 번째 독립 연구 프로젝트는 하루살이 유충의 행동에 초점을 맞추었다. 분명 야외 연구의 가능성이 농후했지만 나는 전적으로 컴퓨터를 이용해 실내에서 연구를 마무리했다.

그 프로젝트는 생태계 모델링 수업으로 시작되었다. 모델링 수업이라고 나뭇잎과 해초로 옷을 차려입고 런웨이를 뽐내며 걸어가는 방법을 가르치는 게 아니라, 현실 세상의 상호작용을 예측하고 시험하기 위해 수학 방정식 활용을 가르쳐주었다. 그리고 여름방학 동안 지도교수 실험실에 일자리를 얻어 강물에 사는 하루살이 유충의 컴퓨터 모델을 새롭게 만들었다. 그것은 유충 분포를 담은 PLD 모델과 몇몇 특성을 공유했지만, 강물의 일방적인 흐름은 복잡한 바다 해류보다 프로그램을 작성하기가 훨씬 더 쉬웠다. 게다가 하루살이 유충은 플랑크톤이 아니다. 강바닥에 매달려 조류를 뜯어먹고 살기 때문이다. 하지만 그런 강물에서도 몇몇 개체는 휩쓸려가면서 소위 '표류 역설drift paradox'을 일으킨다. 말하자면 유충 개체군은 끊임없는 손실을 낳는 흐름에 직면해서도 어떻게 존속할 수 있을까? 나는 끈기 있는 멘토의 도움을 받아 유충의 행동이 그 역설을 해결할 수 있음을, 적어도 컴퓨터 모델 안에서는 그렇게 할 수 있음을 증명해 보였다. 우리는 현장 연구를 통해 강바닥에 먹을 수 있는 조류가 줄어들었을 때 하루살이 유충이 해류로 들어갈 가능성이 더 많고, 먹을 게 풍부하면 그대로 머물 가능성이 더 높다는 사실을 이미 알고 있었다. 내가 이 조류에 의존하는 표류 행동을 그 모델에 통합시켰을 때, 하루살이 개체군은 먹이가 충분한 곳이면 어디서든 번성했다. '유충 개체군이 어떻게 존속할 수 있을까?'에 대한 우리의 대답은, '간혹 존속하지 못하지만' 그렇다고 그게 막연한 가능성이나 우연 때문은 아니다. 만약 유충이 해류 속으로 들어가는 행동에 충분한 통제력이 있다면, 먹이가 풍부한 영역에서는 그대로 남게 되고 먹이가 형편없는 영역으로부터는 멀리 벗어나 확산한다.

하루살이 새끼는 아기 곰이나 새끼 오리처럼 어린이 그림책에 등장할 만한 확실한 주인공은 아닐 것이다. 하지만 내가 수행한 연구에 너무 매료된 나머지 나라도 나서서 어린이 동화책 스타일로 단편소설이라도 쓰고 싶은 마음이 굴뚝같았다. 이렇게 시작하는 이야기 정도로 짐작된다. "이피는 강 상류에서 태어났어요. 엄마 하루살이가 낳은 알에서 부화한 2317명 중에서 2309번째 아이였어요. 이피에겐 1283명의 자매와 1025명의 형제가 있었지요." 강 상류에서는 너무 많은 유충이 충분하지도 않은 조류를 놓고 경쟁하기 때문에, 이피와 가장 사랑하는 자매 둘은 거기서 빠져나와 더 풍부한 목초지를 찾기 위해 더 멀리 떨어진 강 하류를 향해 '표류 점프'하기로 결심했다. 그 과정에서 굶주린 송어를 바로 눈앞에서 마주치기도 했지만 이들 셋은 무사히 이야기의 끝까지 살아남는다. 하지만 이들은 순전히 내가 꾸며낸 이야기 속 주인공일 뿐이다. 하루살이 유충 대다수가 마주하고 있는 우울한 현실을 내가 모를 리 없다.

우리는 어릴 때 죽어가는 하루살이의 엄청난 숫자를 무의미하다고 무시하는 경향이 있는 것 같다. 어쨌든 그들은 다음 세대 하루살이에 기여하지 못하기 때문이다. 하지만 그들도 생태계에는 매우 중요하다. 하루살이가 풍부하게 살고 있어야 강물에 사는 송어, 잠자리, 가재가 건강한 개체군을 유지할 수 있다. 아기와 마찬가지로 새끼 하루살이도 성충보다 환경 독성물질에 더 민감하다(다만 하루살이의 경우 성충이 놀랄 만큼 짧은 성숙기를 지나면서 독성물질에 대한 민감도를 표출할 충분한 시간이 없기 때문이기도 하다). 수십 년 동안 사람들은 하루살이 약충을 강과 호수의 오염을 나타내는 지표로 사용해왔다.[4] 가령 이리호Lake Erie의 서부는 한때 3만 톤의 하루살이, 개별 개체로 따지면 거의 1조 마리가 서식하는 주 근거지였다. 그러다 20세기 중반 전후 급격한 발전 시기에 과도한 농업용 비료 사용으로 플랑크톤형 조류가 폭발적으로 성장했다. 약충은 이 조류를 다 먹을 수가 없었고, 미생물이 조류를 모두 소화하면서 물속에 있는 산소를 고갈시켰다. 이에 하루살이 약충은 죽기 시작했고, 1960년이 되자 한 마리도 남지 않았다. 과학자들은 하루살이의 손실을 생태계 손상의 신호로 인식했고, 부영양화 오염을 줄이기 위한 보존 조치를 시작했다. 1990년대 말이 되자 하루살이는 다시 예전의 숫자로 돌아왔고, 담당 관리자들도 이제 생태계가 다시 균형을 찾았다고 안심했다. 하지만 하루살이 개체군의 회복은 인간의 노력에 상당부분 의존함으로써 그런 과정이 없었다면 불청객이라고 취급되었을 다른 종의 영향도 함께 나타났다. 사람들이 오염을 줄이기 위한 노력을 하고 있던 똑같은 시기에 오대호 전역에 얼룩무늬담치가 급증했다. 이 외래 침입종은 강물에 사는 조류를 여과하고 플랑크톤부터 강바닥까지 온갖 영양분을 옮겨 나르는 데 선수다. 바로 그 강바닥에 하루살이 유충이 살아간다. 잠재적으로 얼룩무늬담치가 하루살이에 끼친 긍정적 영향을 꼽자면, 세상의 어느 종도 도덕적으로 완전히 '좋거나' 혹은 '나쁘거나' 하지 않다는 사실을 일깨워준 것이다. 서로가 서로에게 종속되는 복잡한 상호작용을 하는 생태계 현장의 모든 개체는 상황, 조건, 환경이 변함에 따라 항상 함께 변할 수밖에 없다. 불행하게도 인간과 얼룩무늬담치 덕분에 하루살이는 스스로 다시 일어설 수 있었지만, 그 후에도 일부 개체군은 기후변화의 영향으로 지금은 다시 줄어들고 있는 중이다.[5,6]

성숙기까지 잘 살아낸 하루살이는 해당 종의 다음 세대에 기여할 뿐 아니라 명금류의 미래 세대에게도 기여한다. 비록 하루살이 성충은 잠깐 머무르고 가지만 그 개체의 풍요로움은 여전히 경이롭다. 몇 시간이 되지 않는 성충 시기 동안 말 그대로 수십억 마리의 하루살이가 이리호나 미시시피강 같은 큰 수로에서 날아오를 수 있다. 녹색제비tree swallow와 딱새는 그 인근에 둥지를 짓고 새끼들이 하루살이를 먹을 수 있도록 알의 부화 시기를 맞춘다. 따라서 성체 명금들은 수생동물이 아니지만, 그 새끼들은 건강한 수중 서식지에 의존한다. 물속에는 하루살이 유충이 충분한 숫자로 번성해 성충으로 생명을 다하는 시점에 하늘을 날아가는 단 한 번의 비행을 하기 위해 마침내 물 밖으로 나온다. 한 종의 새끼들이 상실을 겪는 상황이 다른 종의 새끼들에게는 생명과 삶이 되는 영향을 주고받는다. 먹이사슬의 파급 효과가 이런 식으로 이루어지는 것이다.

◎ 곤충 유충은 어떻게 우리의 쓰레기를 소비할까

이런저런 다양한 곤충의 새끼들 성질이 서로 얼마나 다른지를 알면 매우 흥미롭다. 하루살이 유충은 깨끗한 물과 특정 조류를 요구하는 등 민감한 새끼들이지만, 아메리카동애등에는 거의 어디서든 자라고 거의 무엇이든 먹을 수 있는 거친 잡역부들이다. 여타 파리 유충과 마찬가지로 아메리카동애등에도 일종의 구더기다. 두껍고 뻣뻣한 털로 뒤덮인 환형동물을 닮았으며, 어릴 때는 흰색이었다가 자라면서 누런 갈색으로 색깔이 어두워진다. 곤충학자 제프 톰벌린Jeff Tomberlin은 아메리카동애등에 유충과 헐크를 비교한다. "그 유충에게 뭐든 던지면 그걸로 더욱 힘을 받을 겁니다." 톰벌린은 그들의 속도와 엄청난 식욕을 확인할 수 있는 놀라운 사례를 직접 마주하기도 했다. 당시 한 연구생이 야외 울타리 안에 유충을 키우고 있었다. 그 울타리에는 실험 대상인 유충을 마음껏 먹이로 즐길 수 있도록 식욕이 왕성한 새들을 길렀다. 어느 날 톰벌린은 우연히 죽은 새 한 마리를 발견했다. "저는 이걸로 학생한테 농담을 하며 장난을 칠 생각을 했어요. 그래서 그 새를 집어 들고서 그걸 유충이 들어 있는 상자 안에 넣어버렸죠. 그러곤 이렇게 말했어요. '저기 새 한 마리가 자네 유충을 먹고 있던데!' 그러자 그 학생은 달려 나가면서 '어디에서요?'라고 소리치더군요. 저도 같이 달려갔는데 상자 안에 흔적도 없는 거예요. 한 30분 지나서 유충이 다시 나타났는데 죽은 새 몸통을 꺼내서는 다 먹어 치웠더라고요. 작은 제비였는데, 유충들이 먹은 거였죠."[7]

아메키라동애등에 유충은 까다로운 식성을 가진 곤충과 정반대다. 그들은 짚과 풀로 썩힌 퇴비, 동물 배설물 퇴비, 혹은 동물 사체 등을 먹이로 삼아 자란다. 그런 다음엔 가축의 먹이가 되거나, 혹은 추정하건대 먹이사슬의 경로에서 보자면 인간의 몸에 들어갈 수도 있다.

그렇게 탐욕스럽게 먹은 결과, 아메리카동애등에 유충은 부화와 변태 사이에 몸집이 1만 5000배까지 커질 것이다. 그 정도면 겨우 3킬로그램으로 태어난 아기가 4만 킬로그램이나 되는 참고래 크기로 성장한 것과 똑같다. 야생 자연에서 아메리카동애등에 유충은 약 열흘 만에 이 놀라운 성장을 완료한다. 실험실 안에서 최적화된 환경은 그 시기를 단 일주일까지 줄일 수 있다.

톰벌린은 1990년대에 어느 산업형 양계장에서 아메리카동애등에에 대한 연구 세계로 맨 처음 '입회'했던 상황을 설명해주었다. 그 양계장은 거대한 건물 안에 약 10만 마리의 병아리를 키웠다. 건물은 지하에서 바로 위로 올라가는 구조로, 지하 구역은 병아리의 배설물이 가득 쌓인 곳이었다. 이런 환경에서 아메리카동애등에가 번성했기 때문에 실험 연구에 필요한 유충을 모으기에 최고의 장소였다. 그때 지도교수도 함께 갔다. "거기 안을 들여다보았을 때가 기억나네요. 그냥 배설물이 비처럼 흘러내리는 것 같더라고요. 그래서 제가 말했죠. '셰퍼드 박사님, 우리가 저기로 들어가야 하는 건가요?' 그러자 박사님이 대답했어요. '아니야, 제프, 자네가 저 안으로 들어가야 한다네.'"

나는 톰벌린에게 유충을 잘 가지고 나왔느냐고 물었다. "19리터 정도나 가져왔죠."

오늘날 아메키라동애등에는 활발한 사업을 지탱하는 개체이기도 하다. 내가 퇴비 더미에 넣기 위해 주문하려고 인터넷에 들어갔더니 선택할 수 있는 회사가 무려 열 군데나 되고, 그것도 반려동물용, 가축용, 유기성 폐기물(바이오웨이스트) 처리용 등으로 특화되어 있었다. 해당 인터넷 산업은 톰벌린과 동료들이 실험실에서 개발한 사육 기술 덕을 보는 셈이다. 개체의 크기 조정에 유용한 그 기술은 계속 계량되고 개선되었다. 톰벌린은 자신의 연구로 나온 결과를 자랑스럽게 생각하며, 곤충 유충이 온실가스 배출부터 식품 불안정까지 다양한 문제를 푸는 해법이 될 것으로 본다.[8]

나는 아메리카동애등에 유충의 한 가지 응용 사례를 알고 나서 적잖이 당황했다. 바로 퇴비 분해였다. 퇴비는 그냥 동물의 배설물이다. 유충은 그것을 먹고, 그런 다음 더 많은 동물 배설물을 생산한다. 이 이차적 배설물은 유충의 똥이라는 뜻의 프라스frass라고 부르는데, 최상의 비료로 비싸게 팔린다. 한데 그것이 원래 퇴비를 비료로 주는 것보다 더 나은 점이 무엇일까? 톰벌린의 설명에 따르면 새나 포유류의 원형 퇴비는 몇 가지 심각한 결점이 있다. 그 안에는 보통 대장균과 살모넬라균 같은 병원균이 들어 있다. 그 병원균은 해당 구역에서 자라는 식량이나 먹이를 모두 오염시킬 수 있다. 또한 원형 퇴비는 매우 습하기 때문에 운반하기에 무겁고 비용이 많이 든다. 앞서 톰벌린이 찾아갔던 양계장 같은 시설은 인근 농장에서 비료로 사용하려고 필요로 하는 것보다 더 많은 퇴비를 만들어낼 확률이 매우 높지만, 다른 데로 실어 나르기가 어렵다. 따라서 아메리카동애등에 유충이 그것을 먹고 소화시키면, 일반적으로 병원균을 죽이고 수분도 제거하는 동시에 그 상품을 이용하기에 더 안전하고 수월하게 만들어주는 것이다.

이 유충은 산업용이든 작은 규모든, 짚이나 풀을 썩힌 퇴비 더미에서도 유사한 역할을 수행할 수 있다. 톰벌린은 이런 퇴비 상자를 용광로에 비유한다. "음식물 쓰레기와 같이 그 퇴비를 태운다고 합시다. 그러면 유충이 그것을 먹고 소화를 시키고 있는 거잖아요. 그러니까 그 퇴비가 바로 불이 되는 거죠." 심지어 그 유충은 주변 환경의 미생물 구성을 조정함으로써 분해 과정에서 배출되는 온실가스의 양을 감소시킨다. 그들은 이산화탄소를 생성하는 박테리아를 먹어 치우거나 그것과의 경쟁에서 이긴다. 다시 말해 그 유충이 미생물에 끼치는 영향은 항생물질 저항성 유전자를 운반하는 박테리아를 없애버리는 것까지 확대될 수 있다. 이를 통해 그러한 유전자가 병원균을 옮겨 결국 인간의 건강 문제를 일으키는 상황까지 가는 확률을 줄여준다.

유충의 강력한 소화력은 통생명체의 소화력이다. 말하자면 숙주와 미생물 간 협력의 결과물이다. 최근 연구에 따르면 박테리아-유충의 올바른 조합은 심지어 플라스틱까지 깨부술 수 있다. 아무리 왕성한 식욕을 가졌다 해도 아메리카동애등에 유충이 플라스틱을 우적우적 먹어 치우는 박테리아에게 숙주 역할을 하진 못한다. 대신 그 일은 변변치 않은 거저리 유충, 밀웜이 맡는다.

밀웜은 딱정벌레목 거저리과 새끼로 역시 가축용과 반려동물용으로 나뉘어 상업적으로 생산되고 판매된다. 그것은 파리 유충보다 조금 더 길고 조금 더 둥근 형태이며, 분절 사이에 어두운 색깔의 줄무늬가 있다. 나는 어릴 때 반려 거북에게 먹이려고 밀웜을 샀던 기억이 난다. 그리고 지금 우리 아이들도 이웃집에서 마당에 찾아오는 새들과 도롱뇽에게 밀웜을 먹이는 모습을 지켜보고는 무척 흥미롭게 생각한다. 하지만 밀웜은 이런 유용한 성질에도 불구하고 1700년대에는 해충으로 불렸다. 그 시절 인간이 먹으려고 저장해두었던 식품meal이나 곡물을 먹어 치웠기 때문이다.

플라스틱을 먹어 치우는 밀웜 현상도 애초에는 해충 문제로 생각했다. 1950년대에 플라스틱은 대단한 신생 물질로 간주되었기 때문에 비닐 주머니에 구멍을 내고 물어뜯을 수 있는 유충은 식품 포장 작업에서 진짜 문제가 되었다. 사람들은 방충 플라스틱을 고안해내기 위한 목적으로 밀웜을 연구하기 시작했다. 물질과학 연구자 우웨이민吳唯民의 설명에 따르면 당시에는 밀웜이 플라스틱을 실제로 소화시키고 있는지 알아내는 데 아무도 관심을 갖지 않았다. 간단히 말해, 동물이 플라스틱을 먹는다는 게 앞서 플라스틱으로 위장을 채웠던 새끼 콘도르의 가슴 아픈 경우처럼 플라스틱이 동물의 소화기관을 망가뜨린다는 뜻이 아니기 때문이다. "많은 동물이 플라스틱을 먹어요. 우리 어머니도 닭을 키우셨는데, 닭들이 플라스틱을 먹더라고요. 플라스틱을 먹은 새들은 죽습니다."[9]

하지만 밀웜은 합성 고분자 물질을 먹어도 전혀 아프거나 병든 기색이 없었다. 이 '해충'이 플라스틱을 손상시키는 동시에 소화시킬 수도 있다는 최초의 증거는 2000년대 초반 중국에서 열린 청소년 과학 박람회 프로젝트에서 나왔다. 이후 2003년 스티로폼을 먹는 밀웜 연구부터 2009년 해당 박테리아를 겨우 분리하는 데 성공한 어느 단체에 이르기까지 수년 동안 더욱더 많은 세계 과학 박람회 프로젝트가 그 문제에 다시 천착했다(지금도 여전히 아이들과 10대 청소년들이 해결하려고 달려드는 인기 많은 주제다). 2015년에 밀웜이 스티로폼을 분해하는 능력이 있음을 확인하는 과학 연구가 발표되었다. 그때부터 우웨이민과 동료들은 어떻게 밀웜과 그 장내 박테리아가 여타 일반 플라스틱뿐 아니라 복합 고분자 스티로폼까지 분해하는지, 그리고 작은 플라스틱 조각이 아닌 일반 유기성 폐기물을 배설하는지 증명해왔다.[10]

밀웜은 어째서 이렇게 할 수 있을까? 그것이 수백만 년 동안 플라스틱과 더불어 진화해온 것도 아니다. 하지만 주로 동물과 동물 부산물을 먹는 아메리카동애등에와 달리 밀웜은 소화시키기 어려운 지용성 페닐 고분자 리그닌lignin을 포함해 식물성 물질도 먹는다. 리그닌은 침엽수나 활엽수 등 나무 목질부의 주요 성분으로, 확실히 인간의 위장이나 대다수 동물의 소화기관 안에서는 분해될 수 없다. 리그닌을 다룰 수 있도록 진화한 곤충-박테리아 통생명체는 아마 플라스틱에도 쉽게 적응한 것 같다. 야생 자연에서 밀랍을 먹는 새끼 나방의 일종인 밀랍나방이 있는데, 이 유충도 플라스틱을 소화하는 데 사전 적응된 것으로 보인다.

그러나 현 시점에서는 밀웜이 조금 더 전망이 밝은 연구 분야다. 성충이 되면 거저리라고 불리는 이 곤충은 놀랄 정도로 다양하고 풍부하다. ("영화 〈미이라〉에서 무덤 속의 이집트인을 기억하세요? 그게 바로 거저리입니다." 우웨이민의 설명이다.) 전 세계에 적어도 2000여 종의 거저리가 있으며 그 유충 대부분은 아직 연구된 바가 없다. 짐작하건대 개별 종마다 자체 특성화된 박테리아를 갖고 있을 것이며, 그에 따라 연구 대상으로 삼아야 할 변형체도 많다. 우리 인간이 플라스틱 오염 해결책을 찾으려는 실험실에서도 그렇고, 인간이 변경한 환경에 적응하는 그와 같은 유기체를 자연선택이 기꺼이 편들고 조력하는 야생 자연에서도 연구해야 할 대상은 차고 넘친다.

우리는 아직까지 온갖 플라스틱 폐기물을 처리하기 위해 이른바 유충 청소 작업반을 세상으로 들여보낼 수는 없다. 우웨이민은 유충-박테리아 체계의 복합성과 규모나 범위의 어려움을 감안한다면 그럴 일은 없을 것이라고 생각한다. 하지만 화학자들은 플라스틱 상품을 변형해 더욱 효과적으로 생분해될 수 있는 물질을 만들어내기 위해 곤충이 플라스틱을 분해하는 방법에 대한 지식 정보를 활용할 수 있다.[11] 한편 여러 산업에서 밀웜, 밀랍나방, 그리고 아메리카동애등에 유충을 또 하나의 목적으로 계속 대량 생산하고 있다. 바로 인간의 저녁 식사용이다.

⊙ 바닷속에서 까다로운 새끼들 키우기

곤충 단백질은 지구에서 점점 늘어나는 인간 개체군을 먹여 살릴 수 있는 해법으로 이따금 거론된다. 곤충을 먹는 일에 관해서라면 일반적으로 최고의 영양 공급원은 유충이다(애벌레를 먹는 새들도 이 점에 동의할 것이다). 곤충은 변태를 거치면서 많은 지방과 단백질을 영양분이 훨씬 덜한 날개로 변화시킨다. 물론 유충은 전혀 '새로운' 식량원은 아니다. 사실 인간은 오래전부터 곤충의 유충을 먹었고 지금도 계속 먹는 중이다. 하지만 야생 파리 연구자 모리모토가 지적하듯이 "만약 당신이 토착민 공동체에 들어갔는데 그 사람들이 유충을 먹으라고 말한다면, 식민주의자처럼 당신이 제일 먼저 하게 될 일은 그런 행위를 금지시키기 위한 노력이 될 것이다." 그의 열정적인 논문 〈왜 인간은 곤충 유충에 관심을 가져야 할까?〉에서 모리모토는 비용 효율성과 영양 가치에 기초해 곤충을 키우는 일에 대해 매우 설득력 있는 옹호론을 펼친다.[12]

전 세계 영양소에 대한 실용적인 접근 방법으로 곤충 양식이 필요하다는 주장은 생태계 전반의 무척추동물 소비에 대한 새로운 초점으로 이어졌다. 곤충은 사람들이 먹을 수 있는 유일한 무척추동물은 절대 아니다. 사실 지구의 육생 무척추동물을 먹는 것에 비위가 상하는 많은 사람이 정작 새우, 가재, 굴, 그리고 오징어 같은 수생 무척추동물을 먹는 것에 대해서는 전혀 거리낌이 없다. 하지만 이들 단백질 공급원이 곤충 양식만큼 지속 가능할까? 아니면 적어도 지속 가능하다고 주장할 수 있을까?

바다에서 과잉 수확하는 일에 대해서라면, 사실 우리는 이미 고래와 거북부터 상어와 연어까지 여러 척추동물에게도 최악의 손해를 끼쳐왔다. 이와 정반대로 많은 무척추동물 종은 과잉 수확에 실질적으로 취약하지 않은 것으로 보인다. 그들은 다량의 유생을 생산하고, 유연하게 먹이를 공급하고, 재빠르게 세대교체를 이뤄낸다. 불행하게도 악화되는 상황을 억제하지 못한 인간의 흥미는 분명히 수많은 수생 무척추동물을 어떤 식으로든 완전히 파괴시켜 왔다. 가령 흰 전복white abalone은 한때 수천 킬로그램씩 잡아먹었다. 하지만 몇 년 후 해당 무리가 다 없어졌다. 1997년 캘리포니아주는 멸종에 대한 두려움 때문에 해당 어업을 완전히 폐쇄했지만, 흰 전복은 특유의 번식 습성 때문에 2022년에도 여전히 멸종 위기 상태다. 흰 전복 성체는 광역 산란을 한다. 이는 난자와 정자를 자유롭게 물속에 풀어놓고 섞이게 한다는 뜻이다. 수정은 해당 종의 다른 개체에 얼마나 근접하느냐에 좌우된다. 현재 남아 있는 소수의 성체도 너무 넓게 퍼져 있어 확실하게 새끼를 생산할 수가 없다. 이에 사람들은 흰 전복의 개체군을 회복하기 위해 콘도르처럼 포획해 키워오고 있는 중이다. 그리고 콘도르와 마찬가지로 개체 양식을 계속 이어가는데 가장 까다로운 요소가 바로 흰 전복의 초기 단계였다. 포획 양식을

통해 밝혀진 바, 흰 전복의 유생과 새끼는 매우 특정한 요구가 있는데, 특히 온도에 있어서 그렇다.[13]

실험실에서 흰 전복을 키우는 일은 야생 자연의 무리를 회복하고 인간이 먹을 식량으로 전복을 생산하는 이중 혜택을 줄 수 있다. 수산 양식은 해산물을 채취하지 않고 길러낸다는 뜻으로, 확실히 단순 어업보다 더 지속 가능한 선택사항처럼 보인다. 하지만 매우 가치 있는 다수의 종은 역시나 양식하는 데도 큰 어려움이 발생한다. 내가 사랑하는 훔볼트오징어를 포함해 살오징어는 널리 이용되는 식용 수생 무척추동물이다. 그러므로 야생 자연에서 잡지 않고 포획해 양식할 수 있다면, 전 세계의 오징어를 좋아하는 사람들에게 엄청난 은혜가 될 것이다. 하지만 배아들이 온도에 민감한 성질을 갖고 있기 때문에 그것을 키워보려는 내 노력이 계속 궤도를 벗어날 수밖에 없었다. 훔볼트오징어는 열대와 아열대 바다에서 번식한다. 그래서 반드시 열에 대응해 적응해야 했지만, 내가 새끼들을 키우려고 물을 따뜻하게 하면 할수록 진균 감염과 알 사망과 관련된 문제가 더욱 커져갔다.

카리브해에서 유생 복제를 연구한 레이첼 콜린은 실험실에서 따뜻한 물에 새끼를 키우는 과제에 번번이 좌절을 겪었다. 그리하여 우리 배아 생물학자와 유생 생물학자 모두가 프라이데이 하버에서 훈련을 받은 탓에 그렇다는 유머를 남기기도 했다. 프라이데이 하버 바닷물은 통상적으로 섭씨 6도에서 13도를 오가는데, 이는 열대 바다의 통상 온도 25도에서 30도에 한참 못 미친다. "프라이데이 하버에 있을 때, 이틀에 한 번은 물을 갈아줬어요. 아마 열대 바닷물에 맞게 하려면 하루에 세 번은 갈아줘야 할 거예요. 하지만 누가 그렇게 하겠어요? 다른 사람들이 항상 하는 것처럼 이틀에 한 번 물을 갈아주는 걸로 계속 밀고 나가겠죠."[14] 따뜻한 물에서 배아와 유생을 키우면 해당 동물 자체가 감염될 뿐만 아니라 그것의 먹잇감인 조류 문제로도 이어질 수 있다. 일부 유형의 조류는 고온에서 독성물질을 생산한다. 그리고 일부는 그냥 죽어버린다.

나는 훔볼트오징어 부화 새끼들에게 먹이를 주면서 이보다 훨씬 더 기본적인 문제를 겪었다. 당시 브라인슈림프, 조류, 그리고 현지 플랑크톤 혼합물을 먹이로 제공했다. 많은 무척추동물이 바닷물에서 용해된 유기물질을 흡수한다는 사실을 알고 있었지만, 몇 가지 영양분을 더 얻기를 바라는 마음으로 자주자주 새롭게 물을 더 추가하기도 했다. 하지만 아뿔싸, 훔볼트 난괴에서 나온 새끼들도, 인공수정 시도로 부화한 새끼들도 먹이를 먹이는 데 실패하고 말았다. 한편 그때 우리 실험실에서 함께 연구했던 캘리포니아화살꼴뚜기를 비롯해 다른 수많은 오징어 종은 부화 직후에 포획해 먹이게 되었다. 이들 새끼는 살아 있는 요각류와 새우를 공격하려고 여덟 개의 팔과 두 개의 촉수를 이용하고 부모만큼이나 포식성이 강하다. 이 점은 인간의 소비 식품으로 무슨 종의 오징어 종류라도 양식할 수 있다는 것과 맞물려 지속 가능성 이슈를 불러일으킨다. 오징어는 식물성과 동물성 퇴비를 먹는 아메리카동애등에 유충과 달리 상당량의 살아 있는 먹이를 먹여야 한다. 공교롭게도 오징어 먹이가 되는 새우와 물고기는 인간에게도 완벽하리만치 좋은 식품이 될 수 있다. 우리가 소비하기도 전에 먹을 수 있는 모든 물질을 오징어 몸으로 전환시키는 것은 아무리 잘 봐줘도 비효율적인 일이다. 많은 사람의 주장대로라면 우리는 먹이사슬을 훨씬 더 아래쪽으로 끌어내리는 조치를 취해야 한다. 그리하여 어떤 개체에게 먹여야 하는 새우와 물고기 단계도 넘어서야 한다. 사실 흰 전복은 포식자가 아니지만 엄청난 조류를 먹는다. 그렇다면 우리가 조류에서 직접 우리만의 단백질을 취하면 안 될까? 고백하건대 나는 채식주의자로서 여기에 가장 큰 관심을 갖고 있다.

하지만 2018년 일군의 과학자들이 마침내 부화 직후 플랑크톤 단계의 훔볼트오징어 새끼, 파라라바의 먹이 습성을 알아냈을 때 아무래도 즐겁지가 않았다. 그들 중에는 옛날에 나한테 체외 오징어 수정을 가르쳐주었던 멘토도 있었다. 그들은 실험실 먹이 주기를 성공적으로 해내지 못했다(내가 아는 한, 그 문제는 2022년에도 아직 해결되지 못했다). 대신 그들은 야생 자연의 훔볼트오징어 파라라바를 모아서 주의 깊게 분석했다. 현재 훔볼트오징어와 여타 살오징어의 파라라바는 오징어 유충 중에서도 해부학적으로 이례적인 모습을 보인다. 성체 오징어는 팔이 여덟 개에 탄력성 촉수가 두 개 있다. 보통 촉수는 먹이를 잡아채려고 불쑥 돌출되어 빠른 속도로 '촉수 때리기'를 하며, 잡은 먹이를 먹기 위해선 팔로 꾹 눌러서 다시 가져올 수 있다. 캘리포니아화살꼴뚜기 파라라바는 먹이를 내려칠 수 있을 만큼 촉수가 발달하는 데 한 달 이상이 걸린다. 그래서 더 어린 파라라바는 팔과 촉수를 이용해 단순히 먹이를 움켜쥘 뿐이다. 살오징어 촉수는 신기한 발생 단계를 거치는데, 애초에 그 촉수는 늘어났다 줄어드는 성질의 융합형 '주둥이proboscis' 하나로 자라난다. 오징어 새끼가 파라라바에서 유생으로 발달할 때, 그 주둥이는 해당 길이대로 압축이 풀리면서 성체의 촉수 두 개로 변한다. 내 앞의 다른 과학자들이 그랬던 것처럼 나도 의구심이 생겼다. 그 주둥이가 그들의 먹이 습성과 여타 다른 오징어 종의 먹이 습성 사이에 차이를 나타내는 것은 아닐까? 하지만 아쉽게도 나의 연구가 그 수수께끼로까지 나아가지 못했다.

그러나 과학자들이 야생 자연의 파라라바를 마침내 평가할 수 있게 되었을 때, 그것의 위장 내용물은 유기물 찌꺼기detritus로 밝혀졌다. 이는 점액, 배설물, 바다를 떠다니는 죽은 플랑크톤의 파편을 뜻하는 포괄적 용어다. 이 연구가 나오기 전에는 모든 오징어가 생애 주기 내내 육식을 하는 것으로 추측했다. 결과적으로 훔볼트오징어는 죽은 미립자 유기물 찌꺼기를 먹는 파라라바에서 적극적인 수중 사냥을 하는 성체로 전환된다는 사실이 새롭게 발견되었으며, 이렇게 밝혀진 최초의 오징어 종이었다.[15]

한 해 한 해가 지나면서 나의 인간 파라라바들이 은유적 의미로 그들의 촉수를 풀어내는 시점에 가까워올 때, 문자 그대로든 은유적이든 내 아이의 식성이 어떻게 변하게 될지 궁금하면서도 경이롭다. 우리 큰딸은 최근에 맥앤치즈에 양배추 추가를 받아들였지만, 막내는 아직도 확고하게 반대한다. 그리고 이제 큰딸은 도서관에 가면 그래픽 노블 책장에 끌려 관심을 두고 있다. 내가 기억하기로도 청소년기로 옮아가면서 그렇게 새로운 관심을 발견했다. 아이들의 삶에서 곧 일어날 변화를 이렇게 저렇게 생각해보니, '변태變態'라는 개념이 우리 인간에게는 문자 그대로가 아니라 얼마나 은유적인지 놀랍기만 하다. 그렇다면 정확히 변태란 무엇일까?

3부

성년이 되는 중

변태

변신, 하지만 카프카보다 더 행복한

한밤중이지만, 욕실에 앉아서 기다린다.

무릎 뒤에 땀이 가시처럼 맺히고, 아기 가슴은 조심스레 깨어난다.

- 리타 도브, 〈청소년Adolescense-II〉 중에서[1]

사춘기가 재앙처럼 느껴질 수는 있어도 인간은 다른 수많은 종이 경험하는 '파괴적 변태'유형을 겪지 않는다. 우리는 번데기가 되거나 누에고치를 짓지 않는다. 복부가 터져 나가면서 성인의 육체로 성장하지 않으며, 그렇다고 몸의 안팎이 완전히 뒤집히지도 않거니와, 유아 시절의 우리 자신을 먹이로 소비하는 것도 아니다. 하지만 다수의 발생생물학 교재를 집필한 스콧 길버트는 이렇게 말한다. "나도 인간이 다른 종에 비해 극적인 면모가 다소 줄어든 상태로 변태를 거친다고 생각하지만, 그래도 여전히 인간의 변신도 꽤 드라마틱하다." 그는 몸통 형태와 근육과 생식샘의 변화 등 인간의 청소년기와 변태 사이 유사성을 나열한다.[2] 그중 우리가 경험하는 환경에서의 상당한 변화가 아마도 가장 중요할 것 같다.

길버트가 묻는다. "변태metamorphosis란 무엇일까? 그것은 하나의 환경에서 다른 환경으로 옮겨가는 것이다. 그리고 그것이 바로 청소년기가 무엇인지 그대로 보여준다. 우리를 둘러싼 환경은 자연 그대로이면서 동시에 사회적인 요소를 포함한다." 우리는 사춘기 시절 신체 면에서 격변을 모두 경험했으며, 어떻게 사춘기의 신체적 변화가 우리의 사회정서적 세계와 깊이 얽혀 있음을 느꼈는지 아마 다들 기억할 것이다.

다른 수많은 어린 동물은 이보다 훨씬 더 극심한 해부학적 변화, 그리고 그 변화에 따르는 환경의 변화를 마주해야만 했다. 그 사실을 한번 생각해보라. 애벌레는 찐득찐득한 물질로 녹아내리는데 그렇게 해야만 나비로 다시 태어난다. 더구나 이는 삶의 환경이 땅에서 하늘로 바뀌는 것이다. 끈벌레 유충은 자체 몸통 안에서 성충으로 자라는데, 결국에는 성충이 되어 유충을 잡아먹는다. 이는 삶의 환경이 바다에서 바위와 진흙으로 바뀌는 일이다. 물속에 가라앉은 고래수염 위에 떨어진 심해 벌레 유충은 암컷이 되고, 암컷 벌레 위에 떨어진 유충은 수컷이 된다. 이는 햇빛 찬란한 바다 표면에서 빛 하나 없는 어두운 심해로 환경이 바뀌는 상황이다.

표면적으로 마법과 같은 그러한 변태는 어떻게 일어날까? 그리고 결정적으로 어떻게 동물과 해당 동물을 둘러싼 환경은 적시 적소에서 변태를 이루어내기 위해 상호작용하는 것일까? 이런 변화는 동물의 생애 중 매우 짧은 시기 동안 일어나지만 그것은 해당 동물에게 분수령이 되는 순간들이다. 각각의 변태는 출발 환경과 도착 환경 사이에 살아 있는 연결 관계를 구축한다.

⊙ 재앙에 가까운 변화

변태는 유생처럼 다양한 범위의 의미를 갖고 있다. 가령 갑각류 부속물의 작은 변화도 포함된다. 이로써 그들은 물속에서 헤엄치는 상태에서 땅 위로 걸어가는 전환이 가능해진다. 또한 미발달한 성게를 품고 있는 플루테우스 유생을 가리킬 수도 있다. 그 성게는 갑자기 튀어나와서는 유생의 몸통을 파괴해버린다. 심지어 생애 주기에서 한 번 이상 변태가 일어날 수도 있다. 다수의 숙주를 가진 기생충은 종종 각 숙주 안에서 서로 다른 변태를 차례로 거친다.

역사적으로 변태라는 용어는 발생 동안 해부학 면에서 일어나는 모든 변화를 기술하는 데 사용되었다. 오늘날 과학자들은 해당 용어를 짧은 기간에 걸쳐 일어나는 중대한 물리적 변화에만 한정해서 쓰는 걸 선호한다. 종종 중복되는 두 번째 정의는 어린 시절의 습성과 서식지로부터 성체의 습성과 서식지로 이동하는 놀라운 변화를 포함한다. 플랑크톤 유생은 단세포 조류를 먹고 살겠지만 그 성체는 다른 동물을 먹이로 삼는다.

벌레 과학자 스베틀라나 마슬라코바는 이 전이를 이렇게 기술한다. "말하자면 콩을 따서 먹던 채식주의자에서 스테이크를 먹는 상태로 변하는 거예요. 끝까지 뒤쫓아가서 전부 꿀꺽 삼키는 거죠."[3]

하나의 몸에서 다른 몸으로 갑작스럽게 변하는 일은 서식지를 바꿀 때는 이로운 편이다. 서식지를 새롭게 만드는 시간이 길어지면 어느 곳에서든 생존에 좋은 징조가 아니기 때문이다. 이상적으로 보자면, 그 동물은 이미 유생의 몸 안에 최대한 많은 기능성을 유지한다. 그와 동시에 성체에 필요한 필수 기관을 구축하게 되는 것이다. 여기에 맞는 간단한 사례로 개구리 다리를 발달시키는 올챙이를 들 수 있다. 올챙이 시절에 이미 성체가 되면 물 밖으로 껑충 뛰쳐나갈 준비를 다 해놓은 것이다.

그 외에도 많은 새끼 동물이 성체 구조물을 만들어내는데, 유생 형태의 외부에 추가하는 게 아니라 자기 내부에 격리하는 방식을 취한다. 불가사리와 성게는 겉으로 볼 땐 매우 갑작스런 변신을 이루어낸다. 실제로 유생 시절 겉옷 아래에 새로운 겉옷을 정렬해놓고 나갈 준비를 하는 것이다. 그들이 이런 '초기의 유치자幼稚子'로 자라는 데는 수주일이 걸릴 수 있고, 유치자가 되면 변태 시점에 성공적으로 나갈 수가 있다. 이런 유형의 변태는 곤충을 포함해 수많은 다른 동물 무리에서 여러 번 진화를 거듭해왔다. 구더기와 애벌레 같은 벌레 유충은 몸 밖에 날개가 돋아난다면 불리한 상태가 된다. 날개 같은 미세한 구조물은 배고픈 새끼들이 썩은 과일과 동물 사체를 뒤지고 다닐 때 표면에 붙거나 찢어질 수 있기 때문이다. 그래서 대개 그들은 피부 밑에 꽉 달라붙어 접힌 상태로 날개나 날개 전구체를 발달시킨다. 그러고선 날개가 돋아날 적합한 때가 오기를 기다린다.

이 과정은 배아 형성과 유사하다. 똑같은 발생 툴킷 유전자 대부분이 유생과 성체 형태를 둘 다 생산하는 데 사용되기 때문이다. 하지만 이들 새로운 몸체와 몸통 부위는 그들만의 특별한 용어를 얻는다. 극피동물에서 내부에 플루테우스 유생을 만들어놓은 작은 성게는 미발달 기관이란 뜻의 '루디먼트rudiment'라고 부른다. 곤충에서 성충 날개와 생식샘은 '성충판imaginal disk'으로 형성된다. 성충판은 끈벌레에서도 발견되었으며 아마 다른 무척추동물에도 존재할 것이다. 곤충학자 네이트 모어하우스Nate Morehouse는 이렇게 설명한다. "성충판에 포함된 단어 '이매지널imaginal'은 상상력을 뜻하는 '이매지네이션imagination'이 아니라

'이마고imago'에서 유래한 거예요(이마고는 성충을 뜻하는 과학 용어다). 하지만 이중의 의미를 갖는 어구라는 느낌이 들어요. 이렇게 상상해보세요. 어릴 적 당신의 가슴속, 폐 옆에 성체의 눈알이 자라고 있어요. 그 다음 그 눈알이 당신의 머리 위까지 이동한다고요."[4]

끔찍한가? 이런 이야기를 나누었던 몇몇 과학자도 그렇게 말한 것 같다. 물론 섬뜩한 가운데 뭔가 신이 난 듯한 느낌이 아예 없는 건 아니었지만 말이다. 어떤 과학자는 변태를 거치고 있는 유생을 영화 〈에일리언〉에 나오는 외계생명체 제노모프와 비교하기도 했다. 자기 유생의 잔해를 직접 먹어 치우는 그 동물에게 유생 시절 몸통에서 불쑥 터져 나온 성체의 충격적인 모습을 완성형 전체로 형성하는 일은 또 하나의 트라우마다. 많은 달팽이 벨리저 유생들은 더 이상 물속에서 헤엄을 치거나 먹이를 모을 필요가 없으면 곧바로 자기 면반을 먹어버린다. 그다음으로 비단조개가 있는데 성체가 되면 위장이 없는 경우가 많다. 그래서 그들은 전적으로 공생체가 생산한 영양분에 의존한다. 이 조개는 생애 중 단 한 번만 먹이를 먹는다. 변태 시기에 자기 세포를 먹

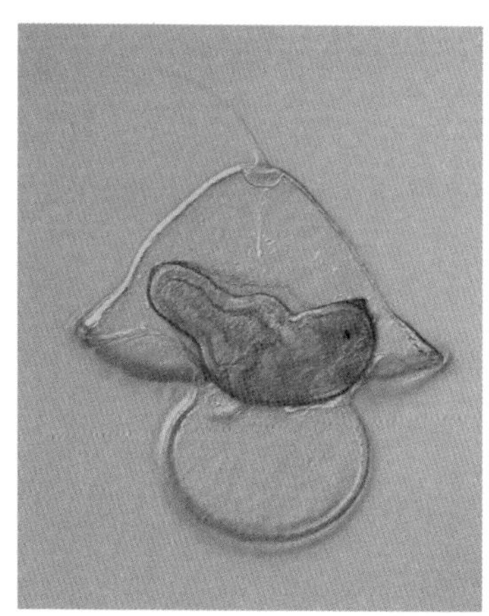

이 헬멧 모양의 끈벌레 유충은 트로코포어 유생처럼 죽 늘어선 섬모를 갖고 있다. 또한 유충 몸에서 불쑥 터져 나오면 자기 유충의 잔해를 먹어 치울 유치자로 성장한다.

는 것인데, 앞으로 살아갈 동안 자기를 지탱해줄 박테리아를 섭취하기 위해서다.

유형동물 끈벌레에서 유충과 유치자는 동일한 소화기관을 공유한다. 어린 벌레는 유충 안에서 위장을 발생시킨다. 그 위장은 소화관을 둘러싸는 형상이다. 그리고 변태를 거치는 동안 유충의 몸에서 나오는 순간 유충의 몸통을 먹어 치운다. 마슬라코바는 "마치 머리 위로 스웨터를 입으면서 먹어버리는 것과 같다"고 말한다. 이런 유형의 변화는 파괴적 변태라고 부르는데, 확실히 그 상황이 재앙처럼 보인다. "대개 학생들은 이와 같은 양상을 플랑크톤에서 포착하죠. 그걸 슬라이드에 올려놓으면 아마 이렇게 보일 겁니다. 아, 뭐야? 무슨 일이야? 아니, 죽고 있잖아! 진짜로 무슨 일이 벌어지는데, 바로 변태가 일어나는 거예요."[5]

변태는 죽음도 탄생도 아니지만 죽음과 탄생과의 유사성 때문에 우리의 상상력을 사로잡는다.

◎ 두 개의 몸, 하나의 개체

재탄생, 재시동, 재생, 이 모든 단어는 변태를 설명할 수 있다. 어떤 동물이 동일한 유전자에서 두 번째 몸을 구성할 때 일어나는 일이 바로 변태다. 재구성, 재배열, 분해, 재건은 첫 라운드에서 잘못되었던 것을 고치거나 버릴 수 있는 기회, 생애 두 번째 기회를 줄 수 있다. 과학자들의 발견에 따르면 안면 기형을 가진 올챙이는 정상적인 개구리 얼굴을 생산하기 위해 변태 중에 뼈, 근육, 피부를 재조직한다.[6]

생태학자 마사 와이스는 완전 변태 동물을 가리켜 "발생을 두 번 거치는"것이라고 언급한다. 이 두 번째 기회는 "재탄생, 변형, 승천을 뜻할 때 사람에게 쓰는 그와 같은 흥미로운 은유를 애벌레와 나비에게도 넘겨주는 것"이라고 생각한다. 수정란에서 유생까지 동물의 발달은 그 자체로 놀라운 일이다. 비록 우리 모두가 그 과정을 거쳤다 하더라도 지금의 우리를 포배기와 동일시하기는 어렵다. 이와 정반대로 애벌레와 동일시하는 것은 꽤나 쉬운 일이다. 와이스는 이렇게 답한다. "애벌레는 걸어 다니고 이파리도 먹죠. 배설도 하고요. 우리도 애벌레가 하는 일은 다 하잖아요. 그런 다음 그 개체는 이 중대한 변화를 거치고 우리는 완전히 다른 두 번째 발달을 하게 되는데, 어느 모로 보나 그것은 개체 자체를 새롭게 다시 만드는 일이에요. 애벌레는 매우 달라 보이는 무언가로 변하지만 여전히 동일한 유기체입니다. 그러니 지금 우리가 최종적으로 변화된 모습의 뿌리는 바로 지금 우리 모습 안에 있어요. 우리가 예전에 배웠던 것들이 이후에도 우리와 함께 계속 존재할 수 있는 것이죠."[7]

기억이 변태를 거치면서 전해질 수 있다는 사실은 와이스가 해낸 놀라운 발견 중 하나였다. 그녀와 동료들은 서로 다른 연령대의 애벌레에게 특정한 냄새를 피하는 훈련을 시켰다. 그리고 변태 전후로 그들이 얻은 교훈을 얼마나 오랫동안 기억하는지 알아보기 위해 테스트를 했다. 후각은 애벌레에게 가장 많은 정보를 전달하기 때문에 선택한 감각이었다. 애벌레의 단순한 시각은 성충의 복합 시각이 하는 방식대로 이미지를 찾아내지 못한다. 와이스가 실험 애벌레에게 제공한 냄새는 에틸알코올이었다. 우리 인간은 그 냄새를 맡으면 네일 리무버를 떠올린다. 그리고 그녀는 애벌레에게 그 냄새와 함께 전기 충격을 줌으로써 '조금 심술궂은' 실험을 실시했다. 3령에 속한 어린 애벌레들이 훈련을 받았을 때, 그들은 변태 시점쯤에 그 기억을 잃어버렸고 에틸알코올을 피하려는 경향을 전혀 보이지 않았다. 하지만 5령에 속한 가장 오래된 애벌레가 이 훈련을 받고 변태까지 성공한 다음 다시 테스트를 했을 때, 그들은 성충 나방처럼 그 냄새를 피해야 한다는 사실을 기억했다.

이런 결과의 차이를 설명하려면 아무래도 시간의 흐름에 따라 뇌가 어떻게 변하는지에 주목해야 할 것 같다. 와이스는 나에게 "우리가 곤충의 뇌 발달에 대해 알고 있는 건…"이라고 설명하다가 잠시 멈추더니 "우리가 뇌 발달에 대해 알고 있는 건 초파리"라고 고쳐 말했다.[8] 결국 지금껏 상대적으로 소수의 곤충 발달만을 연구해왔다. 지금 우리 지식의 대부분은 전 세계 실험실 어디에서나 존재하는 초파리에게서 나온 것이다. 전 생애 과정을 통해 초파리는 세 개의 뇌엽을 갖게 된다. 첫 번째는 유충 시절 초반에 만들어져 변태하는 동안 분해된다. 두 번째는 좀 더 오래된 유충 시절에 만들어져 성충 시기 내내 유지된다. 세 번째는 변태하는 동안 번데기 시절에 만들어진다. 만약 나방이 이와 비슷한 세 개의 뇌엽으로 발달하는 것으로 판명된다면, 와이스의 연구 결과는 다음을 뜻한다. 가장 어린 유충이 첫 번째 엽에 기억을 새겨 넣지만 그것은 성충까지 전달되지 않으며, 반면 그보다 더 나이 든 유충은 두 번째 엽에서 후각을 피하라는 기억을 간직하는데 그것은 여생 동안 유지되었다.

초파리, 나방, 그리고 기타 곤충의 성충은 어린 시절을 계속 붙들고 있으면 오히려 이로울 것이다. 왜냐하면 성충의 환경은 새끼들의 환경에서 완전히 벗어났다기보다 그것을 확장한 것이기 때문이다. 물론 날개를 이용해 예전에는 만나본 적도 없는 세계 곳곳에 접근하게 되지만, 그들은 여전히 비슷한 먹이 공급원과 포식자를 마주친다. 이와 반대로 많은 수생 무척추동물에게 환경 변화는 변태 시점에 완료된다. 특히 극피동물은 유생의 신경계가 완전히 파괴될 정도로 재앙에 가까운 파괴적 변태를 거친다. 극피동물에서 어떠한 유형의 학습이나 기억은 성체에게 전달될 수 없는 것으로 보인다. 현재 그들은 전혀 다른 먹이와 위협에 노출되며, 뇌에 관련해서는 처음부터 완전히 새로 시작하는 것과 같다. 하지만 다른 요인들, 특히 영양소는 이 경계선을 건널 수 있다. 해양생물학자 리처드 엠렛은 바다 성게가 변태를 거치면서 난황의 일부를 가져와 그것을 이용해 더 빠르게 성장하고 유치자로 더 잘 살아남는다는 사실을 발견했다. 그는 "그 사실 알고서 기가 막혀 죽는 줄 알았어요!"라고 표현했다.[9]

실제 먹이에 관해서라면, 곤충은 유충과 성충의 분리 시기에 먹이를 많이 이용할 수가 없다. 애벌레가 먹은 나뭇잎에서 나온 조각은 때때로 번데기 시기 동안 전달되기도 하지만, 난황과 다르게 그 조각은 성충의 몸에서 소화되지 않는다. 곤충학자 네이트 모어하우스는 이런 나뭇잎 조각을 가리켜 "애벌레가 위장 안에 고립시켜 기념으로 갖고 있는 것"이라고 말한다. 그럼에도 불구하고 번데기 안에 존재하는 소화과정의 화학적 산물은 북방거꾸로여덟팔나비 사례처럼 성충에게 놀랄 정도로 강력한 영향을 끼칠 수 있다.

북방거꾸로여덟팔나비 종은 한 해에 두 세대를 거친다. 애벌레 첫 라운드는 가을에 번데기가 되어 봄까지 기다렸다가 밝은 오렌지색 나비로 우화한다. 이들 봄 나비는 짝짓기를 해 알을 낳고, 그 애벌레는 금세 번데기가 되어 이번에는 흑백 호랑 무늬 여름 나비를 생산한다. 이들 여름 나비 새끼들은 다시 번데기 상태로 겨울을 난다. 봄과 여름 성충의 색깔과 무늬가 너무 달라서 맨 처음에는 두 개체를 서로 다른 종으로 기술할 정도였다. 일단 그들의 진짜 생애 주기를 이해하고 나서,

과학자들은 각각의 무늬가 성충으로 우화하는 연중 각 시기에 더 이로울 수 있는 이유를 설명하려고 여러 가지 가설을 내세우기 시작했다. 하지만 아무도 그걸 뒷받침해줄 만한 증거를 찾지 못했다.

결국 모어하우스는 북방거꾸로여덟팔나비 애벌레가 트립토판으로 가득 찬 식물을 먹는다는 사실을 발견했다. 트립토판은 손상을 끼치지 않도록 반드시 분해되어야 하는 독성 화합물이다. 분해된 트립토판 산물은 번데기 시기에 해당 동물의 몸 전체를 순환한다. 그리고 이 단계가 오랫동안 계속될 때 그들은 오렌지색 색소를 생산하기 위한 준비를 한다. 반면 번데기 시기가 짧으면 오렌지색으로 변할 시간이 없기 때문에 날개 색상은 흑백 기본값으로 처리된다.[10]

이 사례는 번데기가 되는 과정을 우리가 얼마나 모르고 있는지를 잘 보여준다. 종종 연구자들조차 그 과정을 '블랙박스'라고 일컫는다.[11] 그것은 곤충 생애 주기에서 가장 취약한 부분이며, 심지어 애벌레보다 스스로를 방어하기도 어렵고 달리 도망갈 수도 없는 시기다. 이에 자연선택은 번데기를 좀처럼 발견하기 어려운 존재로 만들어줄 정도로 매우 강하게 작용했다. 여러 가지 애벌레는 스스로 이동 가능한 몸을 정적인 번데기 상태로 전환하기에 앞서 은폐하기 위해 다양한 접근방식을 취한다. 어떤 애벌레는 지하로 내려가고 또 다른 애벌레는 나무를 파고 들어가는데, 그 외 여러 곤충에 대해서는 아직 알지 못한다. 더구나 번데기에게 서식지가 필요하다는 점을 확실히 입증할 연구 정보도 아직 없다. 이런 불확실성 때문에 자연 보존을 위한 수고와 노력이 물거품이 되기도 한다. 마사 와이스에 따르면 다음에 소개할 나비 정원의 예상치 못한 비극이 바로 그 점을 시사한다.

"다들 나비를 좋아해요. 그래서 사람들은 예쁜 꽃을 심고 나비는 꽃을 찾아 날아들죠. 그런데 예쁜 꽃을 바라보는 것은 즐겁고 예쁜 나비를 보는 것은 재미있어요. 정원사들은 그 점에 굉장히 즐거워하죠. 그리고 그들은 조금씩 책을 읽어가면서 나비가 먹이로 꽃을 필요로 하기도 하지만 알을 낳기 위해서 식물이 필요하다는 사실도 배우게 됩니다. 그래서 그 식물을 심어놓고 알과 유충과 성충을 지원해줄 근사한 정원을 가꾸죠. 그렇게 하니까 보기만 해도 너무 즐겁고, 거기에서 일어나는 모든 일에 기분이 좋아집니다. 진짜로 그들은 훌륭한 나비 집사가 되고 싶어 하는 거예요. 그래서 오래된 식물 가지를 다 자르고 나뭇잎을 죄다 갈퀴로 긁어내면서 겨울 동안에 정원의 모든 걸 아주 깔끔하게 정돈합니다. 내년을 준비하는 조치인 거죠. 한데 우리가 번데기 단계에 대해 거의 알지 못하기 때문에, 그러니까 그 엄청난 수의 나비가 어디에서 번데기 시절을 보내는지 모르기 때문에 정원에서 그렇게 해버리면 나뭇잎에 붙어 있는 수많은 번데기가 땅속이나 오래된 줄기 안에 다 버려지고 말아요. 그렇기 때문에 사실상 그 정원 관리사들은 한 해 동안 열심히 해왔던 나비 집사로서의 훌륭한 일을 몽땅 무효로 만들어버리는 거예요." 그러한 정원은 나비를 끌어들이고, 그 나비들이 알을 낳게 해주고, 애벌레에게 먹이를 주지만, 막상 번데기가 살아갈 서식지를 제공하지 못한 채, 도리어 적극적으로 파괴시키고 만다. 이는 '생명의 근원', 다시 말해 다른 곳에 씨를 맺을 수 있을 정도로 충분히 많은 나비를 생산하는 장소를 오히려 '죽음의 소굴', 그러니까 대체할 곳 없이 나비 개체군 구성원을 모두 흘려보내는 무의미한 개수구로 만들어버린다.[12]

규모가 크든 작든 인간의 활동은 우리가 아직 잘 모르는 번데기 단계에 영향을 끼친다. 번데기는 기후변화의 영향, 온도에 특히 민감하다. 많은 곤충에게 추운 날씨는 생명의 활기를 중단하는 형태를 유발시킨 요인이다. 번데기는 봄이 될 때까지 발달을 중지하면서 그 과정을 준비하라고 신호를 보내는 것이다. 한편 겨울물결자나방은 추위 속에서 활발하게 움직이다가 여름에 번데기 시절을 보낸다. 봄이 와서 조금씩 더 따뜻해짐에 따라, 옛날에 박새 새끼에게 잡아먹혀 본 적이 있는 겨울물결자나방 애벌레는 박새 새끼가 부화하기 전에 번데기가 되기 시작할 것이다. 애벌레에게는 다행이지만 배고픈 박새 새끼에겐 그다지 운이 없는 것이다. 하지만 박새는 유연한 번식을 하면서 포란 습성에 적응해 그에 따라 새끼를 더 빨리 부화하게 되었다. 따라서 곤충과 새 사이, 그리고 두 종의 서식지 사이에 새끼들이 얽힌 중요한 연관성이 계속 이어지고 때로는 끊기기도 하지만, 번식과 발달의 유연성은 계속 변화하는 자연 세상 속 적응과 생존에서 중요한 열쇠를 제공한다.

환경 내 화학물질, 특히 호르몬을 모방하는 화학물질도 곤충 발달에 강력한 영향력을 발휘할 수 있다. 많은 식물은 호르몬과 유사한 화합물을 생성하도록 진화되었다. 그 화합물은 초식 곤충 유충에 대응한 방어책으로 작용한다. 발삼전나무는 유치자 호르몬을 생성하는데, 이는 해당 유충이 계속 애벌레로만 발달하면서 변태를 거치지 못한 채 죽게 만들어버린다.[13] 다른 식물들은 그 반대 경로를 타고 오히려 미성숙한 변태를 유도한다. 그리하여 그 유충은 변태를 거쳐 성충이 되지만, 앞으로 식물을 먹이로 삼는 더 많은 자손을 만들지 못하는 불임 신세가 된다.[14] 본의 아니게 우리 인간도 앞서 4장에서 만났던 내분비 교란 물질과 같은 호르몬 모방 물질로 환경을 가득 채우고 말았다. 식물이 생성하는 화합물은 시간 척도에 따라 진화되었다. 이에 따라 곤충 개체군은 거기에 적응할 수 있다. 반면 인간의 산업이 생산하는 화합물에는 그처럼 적응할 수가 없다.

우리가 환경 곳곳에 누출시키는 내분비 교란 물질의 대부분은 동물 발달을 방해할 목적으로 개발된 것은 아니었다. 하지만 발삼전나무처럼 우리 인간도 문제를 일으키는 유기체의 변태를 명확하게 특정함으로써 이익을 얻을 수 있는 사례가 있다. 해양 무척추동물의 변태는 전형적으로 성체의 서식지 선별과 맞물려 있다. 그래서 그 동물이 배의 선체, 부두, 그리고 여타 수중 구조물에 정착할 때, 경제적으로도 환경적으로도 영향을 끼치며 그 영향력은 놀라울 만큼 광범위하게 발생한다. 선체를 온통 덮어버리는 따개비와 벌레들이 그저 피상적인 골칫거리처럼 보이겠지만, 우리의 글로벌 경제는 해운 산업에 크게 의존하고 있다. 이들 '생물 부착 군집'은 화물선 속도를 늦추고 연료비와 온실가스 배출을 높인다. 그런 반칙을 범하는 동물들 자체는 변태를 거친 성충으로 제자리에 계속 머물 것이다. 하지만 그들은 선박이 가는 곳이라면 어디서든 알과 유충을 낳을 수 있다. 이는 침입 외래종 문제를 일으키는 원인이 된다. 이런 문제를 완화하기 위해서 호르몬과 변태 연구를 통해 배 밑바닥에 따개비와 벌레 등이 부착되는 것을 막는 오염방지용 유독성 페인트를 칠하는 처리법이 나올 수도 있을 것이다. 하지만 그렇게 된다면 당연히 우리는 더 많은 화학물질을 환경 속으로 내보낼 수밖에 없다.

⊙ 정착하기

내가 프라이데이 하버로 최종 연구 보고 출장을 떠나는 날, 눈이 내렸다. 나는 리처드 스트라스만 부부를 만나기 위해 눈 쌓인 숲을 헤치고 걸었다. 그들의 거처는 바다를 굽어보는 길가 끝 집이었다. 그 시간 아직 아무도 밟지 않은 하얀 눈길 위로 내 발자국만이 찍혔다. 리처드와 메구미는 마치 할아버지, 할머니처럼 나를 맞이하면서 눈발로 젖은 내 옷을 요란하게 털어주고 아주 따뜻한 방 안으로 안내했다.

볶음밥과 브라우니 케이크를 앞에 두고 그들은 배아와 유생, 친구와 멘토, 학생과 수업 이야기를 들려주었다. 내가 가장 놀랍게 생각한 것은 콩깍지고둥 유생 이야기였다. 메구미에 따르면 이 바다달팽이 벨리저 유생은 "엄청나게 사람 진을 빼는 녀석들"이다. 그녀는 4년 동안 한 배의 벨리저 유생을 키웠다. 세상에 4년씩이나! 그리고 흔히 하는 온갖 기술을 활용해 그 유생의 변태를 유도하려고 노력했지만 모두 허사였다.

이렇게 긴 유생 시기는 해당 종에게 일반적인 상태가 아니다. 그러던 어느 날 캘리포니아에서 방문한 어느 동료가 야생 콩깍지고둥 유생을 수집했을 때, 그 유생은 바로 다음 날 정착했다. 리처드가 말을 이어갔다. "4년 동안 그 녀석들을 살리느라 메구미는 낙타털로 만든 솔과 치과용 긁기 도구를 가지고 껍데기를 손질하곤 했어요." 그 껍데기에 조류가 계속 자라났기 때문이다. 결국 이 말을 듣고 있던 메구미가 한마디 거들었다. "그 전에 건져 올려두었던 바위 속에 그걸 다 던져버렸죠." 그게 마법 같은 효과를 부렸다.[15]

두 사람은 이 결과를 보고 온 정신을 쏟아 생각한 끝에 아마도 이 유생은 실험실 유리그릇에 사는 일이 습관처럼 길들여졌었기 때문에 해부학과 행동 면에서 자체적 변화를 자극하려면 급격한 환경 변화가 필요했을 거라고 결론을 내렸다. 그 원인이야 무엇이든 유생 시절이 연장된다고 해서 성체의 생존에 부정적인 영향을 주진 않았다. 리처드는 이렇게 말했다. "그건 마치 변태가 연기된 게 그 녀석들 생애에 덤으로 추가된 부분 같았어요." 20년이 흐른 지금, 그 실험실은 아직도 그때 그 동료의 바다달팽이와 메구미의 달팽이 중 하나를 갖고 있다.

콩깍지고둥 유생은 다른 플랑크톤 수중 유생과 마찬가지로 본체의 변태를 동류로 연관되지만 뚜렷이 다른 별개의 현상으로 이어가야만 했다. 그 현상은 바로 착저였다. 그들은 하나의 몸에서 또 하나의 몸으로 전환하면서 동시에 합당한 성체 환경을 선택해야 했다. 따개비와 굴을 비롯한 일부 동물들에게 그 선택은 즉각적이면서 돌이킬 수 없는 일이다. 반면 콩깍지고둥 등의 바다달팽이를 포함한 여타 동물들은 일단 착저하더라도 여전히 제한된 이동성을 갖게 될 것이다. 하지만 그 이동 거리는 마일 단위가 아니라 미터법으로 미약하게 이루어진다. 유생 시절, 긴 거리를 헤엄치며 바닷속에서 3차원으로 이동할 수 있었던 상황이 이제 겨우 기어 다닐 수 있는 작은 규모의 2차원 범위로 바뀌는 것이다.

착저하기에 적합한 장소를 발견하는 것은 모든 동물의 생애에 결정적인 순간이며, 특히 매우 특정한 운명을 목표로 하는 동물에게는 더욱 그러하다. 어떤 유생은 멀리 떨어진 곳으로 모험을 감행해 착저할 장소를 찾다가 태어난 서식지로 돌아오기도 한다. 반면 또 다른 유생은 자신이 전혀 알지 못하는 특정한 성체의 환경을 목표로 나아가야 한다. 왜냐하면 이미 본래 서식지와 뚜렷이 구별되는 육아 서식지에서 알의 상태로 태어났기 때문이다. 이 두 가지 시나리오는 필연적으로 새로운 곳으로의 이주를 품고 있다. 제왕나비 성충의 비행처럼 이리저리 분산하는 것이 아니다. 꼭 필요하다면 새끼들은 장거리 이주를 꽤 잘 해낼 수 있다. 장어 유생은 태어난 바다에서 앞으로 성숙하게 될 강물까지 가려고 짧게는 수천, 길게는 수만 킬로미터를 이동한다. 인도양 크리스마스섬에 서식하는 홍게 새끼는 물 밖으로 나와 해변에 착저한 다음,

다시 며칠에 걸쳐 바다에서 앞으로 성체로 살게 될 내륙 고원까지 행진한다.

작은 조에아 유생이 자랄 때 혹시라도 바다에 휩쓸린다면 어떻게 크리스마스섬의 해변으로 돌아갈 길을 찾는 것일까? 이것은 홍게에게도 풀어야 할 숙제이며, 성체가 되면 특정한 서식지가 필요한 모든 플랑크톤 유생에게도 마찬가지다. 나의 모교 홉킨스 해양 연구소의 발생생물학자 크리스 로Chris Lowe는 장새류 사례를 두고 머리를 짜내기에 바쁘다. 장새류는 얕은 물줄기 안에서만 착저해 성숙할 수 있다. "어떻게 하면 두 달간의 유생 분산 단계를 모면할 수 있을까?" 그리고 적합한 집으로 가는 길을 찾을 수 있을까? 언젠가 로는 남태평양 타히티 북서쪽 무에라섬으로 연구 출장을 갔지만 하필이면 장새류를 한 마리도 수집할 수 없었다. 그러다 출장이 끝나갈 무렵인 어느 날, 스노클링을 하러 바다로 나갔는데 문득 쳐다보니 자기 주변에 수백 마리의 장새류 유생이 둘러싸고 있었다. 그래서 많은 유생을 수집했고, 그것을 가지고 집에 돌아왔을 때쯤에는 전부 유치자로 변태를 마친 상태였다. 확실히 장새류는 착저할 준비를 하기 위해 해변으로 나갔던 것이다. 하지만 다음해 다시 그곳에 갔을 때는 유생을 전혀 찾을 수 없었다. 바로 거기에 있었는데 다음에는 바로 없어지다니, 그 모든 유생에게 도대체 무슨 일이 벌어졌던 것일까?

유생의 생존은 가능성의 문제가 아니라 오히려 유생 자체에게 영향을 받는다. 착저도 마찬가지다. 유생은 환경을 감지하고 시간과 노력을 투입해 새로운 서식지를 발견하거나, 아니면 원래 서식지 주변으로 되돌아가는 일을 도모할 수 있도록 스스로의 행동을 변형할 수 있다. 로는 이렇게 설명한다. "유생에겐 그들만의 행동이 있어요. 내가 '홉킨스'

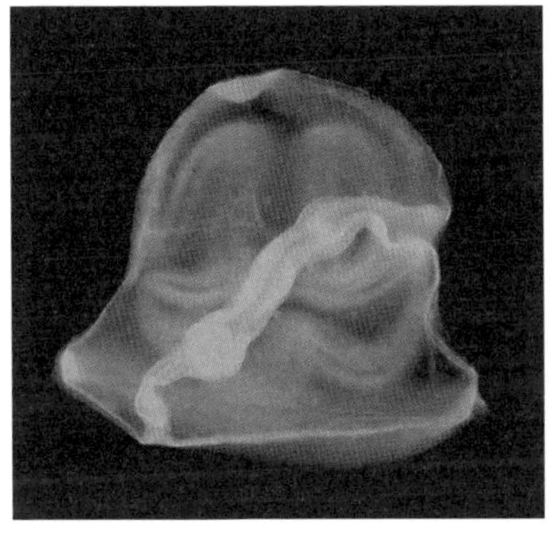

이 장새류 유생은 너무나 신기하게 생겼다. 머나먼 은하수에서 찾아온 소설 속 악당을 닮았다. 하지만 '얼굴'을 뒤덮은 '헬멧' 가장자리를 표시하고 있는 희끄무레 솟아난 부분은 실제로 그 유생의 위장이다. 입은 우측 상단에 벌어져 있고, 항문은 좌측 하단에 있다.

에서 유생에 대해 말할 때마다, 사람들은 바다 해류에 휩쓸렸다가 결국 끝장이 나버리는 곳에서 최후를 맞이하는 불쌍한 유생 군집을 생각하더라고요. 하지만 유생은 꽤 복잡한 행동양식을 갖고 있어요."[16] 문제는 그와 같이 아주 작은 유기체의 행동을 야생 자연 속에서 관찰하기가 사실상 불가능하다는 점이다. 흔히 멍게 유생처럼 몇몇 특별히 몸집이 큰 유생은 과학자들이 계속 따라가면서 지켜보았다. 그리하여 유생이 좋은 서식지에서 멀리 떨어져서 분산되지 않기 위해 스스로 헤엄치는 능력을 활용한다는 사실을 알아냈다. 이보다 더 많은 유형의 유생을 실험실에서 연구할 수 있다. 그 연구는 어떻게 그들이 가장 적합한 착저 지점을 알아차리는지 이해할 수 있게 도와준다. 성게 유생이 성체 성게 서식지의 특성인 격렬한 파도 소리를 흉내 내는 난류暖流에 노출되면 재빨리 변태를 준비한다.[17] 산호와 물고기 유생은 놀랍게도 착저할 좋은 장소를 발견하기 위해 암초의 소리를 추적한다.[18,19] 하지만 넓고 깊은 바다 전역에서 '착저할 좋은 시점'을 결정하는 가장 흔한 단 하나의 요소는 바로 박테리아다.

⊙ 미생물 이웃 친구들을 만나기

해양생물학자이자 발생학자인 마이클 해드필드Michael Hadfield는 이렇게 말한다. "최초의 원양 유생이 착저하고 싶어 했을 때, 아마 깨끗한 표면을 찾을 수 없었을 겁니다." 마침내 박테리아는 거의 40억 년 전, 지구가 동물이 서식할 수 있을 만큼 충분히 열기가 식어가고 수분이 생기기 시작하자마자 진화했다. 반면 동물은 그 40억 년 중에서 불과 최근의 10억 년 동안에 지구상에 나타났을 뿐이었다. 초창기 벌레와 달팽이, 물고기가 살아갈 곳을 찾고 있을 때, 박테리아는 이미 모든 장소를 식민지처럼 점유해 서식하고 있었다. 바다는 특별히 다양한 박테리아와 바이러스성 생명체가 풍부하다. 아직도 이 유기체의 대부분은 실험실에서 배양할 수 없다. 그렇기 때문에 그들의 복잡한 성질을 이제 겨우 파악하기 시작하는 단계다. 지구상 거의 4분의 3을 차지하는 바다 서식지에서 모든 생태계는 바닷속에 착저하는 유생으로 구성되며, 이들 유생의 대다수는 박테리아 신호에 반응한다.[20]

"내가 대학원 과정을 시작할 당시에 학계 전반의 신조는 그랬어요. 유생은 너무 풍부하니까 그중에서 일부가 적합한 곳에 떨어지는 일은 그저 운이라고 했어요." 해드필드의 말이다. 하지만 주의 깊은 실험을 통해 특정 유생은 운이 있다기보다 좀 더 까다로운 특성을 보여주기 시작했다. 해드필드는 이런 까다로운 성격의 기본이자 핵심이 무엇인지 탐색하고 싶었다. 그는 산호에 살고 있는 바다민달팽이sea slug부터 시작했다. 산호에 살고 있다는 말은 두 가지 의미에서 그렇다. 산호 위에 서식하고 있으며 산호를 먹이로 먹는다는 뜻이다. 바다민달팽이의 외양은 우리 대부분이 익히 알고 있는 정원민달팽이보다 훨씬 더 흥미롭게 보인다. 그것은 가늘고 기다란 고무 같은 폭죽을 닮았는데, 대체로 바닷속에서 흔들거리는 형형색색의 주름과 아가미로 뒤덮여 있다. 바다달팽이처럼 바다민달팽이도 벨리저 유생을 낳으며, 그 벨리저 유생은 변태 시점에 상실한 새끼 껍데기를 자라게 한다. 이 껍데기는 해드필드의 실험에서 아주 중요한 것으로 드러났다.

바다민달팽이 유생을 관찰하려면 핀 끝에 유생을 붙여놓고 조용히 붙잡고 있어야 했다. 해드필드와 동료들은 문구점에서 파는 온갖 종류의 풀을 이용해 고정 핀에 유생을 연결하려고 노력했지만 번번이 그냥 떨어지거나 죽고 말았다. 그러던 어느 날 해드필드는 면도를 하다가 유생의 껍데기가 이따금 물 표면에 붙어 있던 모습을 기억해냈다. 그 껍데기는 거의 기름방울처럼 방수가 되는 속성이 있기 때문이다. 문득 이 속성을 잘 이용하면 좋겠다는 생각이 들었다. "욕실 개수대 밑을 샅샅이 뒤져서 바셀린 병을 찾아 실험실로 가져갔어요. 내가 잘 쓰는 은색 핀을 하나 골라 바셀린 병에 살짝 담갔죠. 작은 페트리 접시 안에 한 떼의 유생이 있었는데 그 녀석들을 일일이 쫓아다녔어요. 그러다 한 마리에 핀을 가져다 댔는데 자석처럼 찰싹 붙는 거예요."[21] 바셀린의 방수 속성과 그 껍데기의 속성이 서로 맞아떨어져 심지어 물에 젖어 있는 동안에도 둘이 계속 같이 붙어 있었다.

'면도의 총명한 기운' 덕분에 바셀린을 활용해 개별 유생마다 서로 다른 신호의 결과를 관찰하게 되면서, 해드필드는 바다민달팽이의 착저가 단순히 운이 좋아서도 아니고 우연히 벌어지는 일도 아니었음을 보여주었다. 그것은 한 가지 특정한 산호에서 나오는 한 가지 특정한 화학물질에 좌우된다. 하지만 수년간 화학자들과의 협업에도 불구하고 그 정착의 분자 구조는 결코 밝혀내지 못했다. 무엇보다 양적인 면에서 충분히 많은 개체를 수집할 수 없기 때문이다. "뭐랄까, 분자 하나가 너

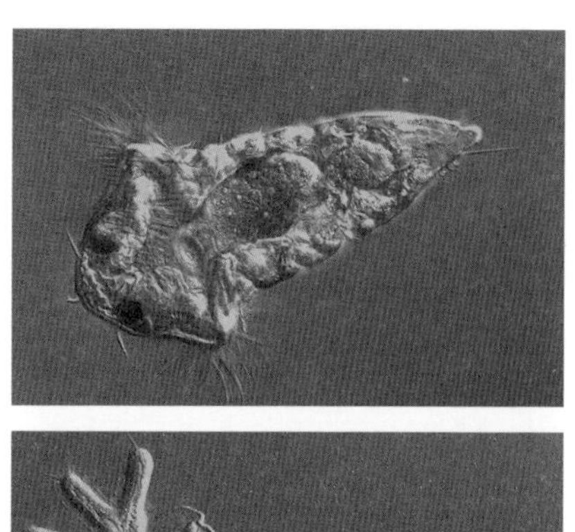

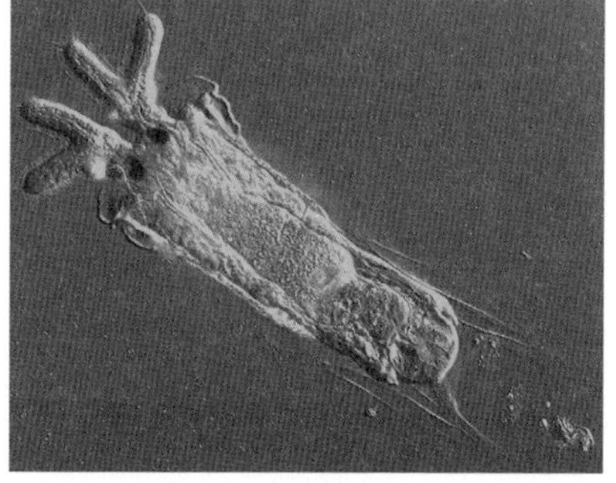

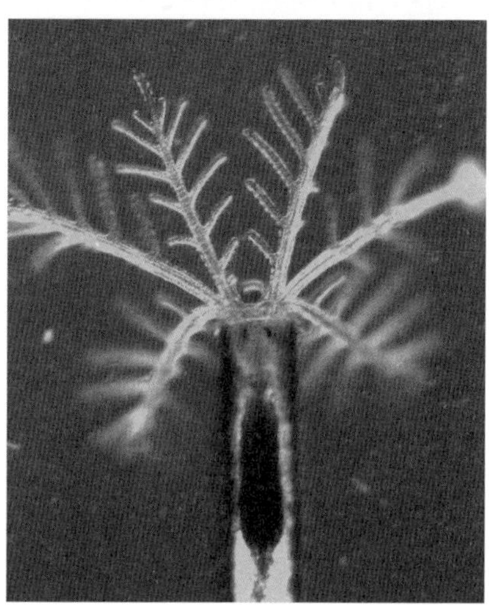

관벌레 유충은 바닷속에서 자유롭게 유영하지만 첫 번째 그림처럼 트로코포어에서 세티거로 발달한다. 그리고 적합한 신호를 만나면 두 번째 그림처럼 단단한 표면에 착저해 관과 먹이용 촉수가 자라나기 시작한다. 그러다 세 번째 그림처럼 2주 안에 관이 형태를 잡고 촉수는 확산된다. 귀여운 눈은 발생 과정 내내 그대로다.

무 강력해서 눈에 보이는 수량이 많다면 이 세상에 모든 나새류를 변태시킬 수 있을 정도예요. 어떻게 보면 우리는 그 정체를 알지도 못한 채 그것에 대해서 이미 너무 많이 알고 있는 셈이죠."

그는 유생이 자기 주변 환경의 신호를 탐지하고 반응해 현재 거주자와의 양립 가능성에 기초해 착저할 장소를 선택한다는 사실을 증명했다. 그리고 바다민달팽이에서 우산석회관갯지렁이라는 갯지렁이 유형으로 계속 연구를 이어갔다. 그리하여 박테리아가 그들의 변태를 유도한다는 사실을 알아냈다. 해드필드와 다른 연구자들은 해면동물과 조개, 그리고 산호 자체 등 더욱 다양한 종으로 확장해가면서 박테리아가 유도한 변태 시간을 다시 찾아냈다.

그저 변태 시간이 찾아왔기 때문에 유생이 변태를 했다는 식으로, 그리고 "비처럼 퍼붓다가 어느 비옥한 땅에 착륙한" 유생이 성공했다고 과학자들이 생각하던 때가 있었다. 하지만 앞서 메구미의 4년 된 소라고둥 유생에서 극적으로 증명되었듯이 바다 유생은 변태를 위한 엄격한 카운트다운 시계를 거의 갖고 있지 않다는 증거가 쌓여가는 중이다. "우리가 지금까지 발견한 가장 중요한 사실 중의 하나는 유생 기간이 고무줄과 같다는 거죠."[22] 이제 패러다임이 바뀌면서 논쟁의 초점은 변태의 신호가 있느냐 없느냐가 아니라 그 신호가 무엇인가에 맞춰진다. 수년 동안 과학자들은 산호 유생이 변태하고 착저하기 위해 조류의 신호를 받는다고 생각했다. 그러나 새로운 연구에 따르면 조류에 살고 있는 박테리아가 진짜 신호를 제공한다. 여기서 다시 한번 유생이 연결고리로 작용한다. 플랑크톤의 무정형 세계와 바위 해안에 사는 매우 구조화된 군집 사이에, 그리고 극소의 미생물과 도시 규모로 번진 산호초, 굴 양식장, 다시마 숲 사이에 바로 유생이 존재한다.

비록 바다민달팽이의 신호가 여전히 화학적 수수께끼지만 관벌레 우산석회관갯지렁이의 신호는 좀 더 다루기 쉽다는 사실이 증명되었다. 샌디에이고 주립대학교 분자생물학자 닉 시쿠마Nick Shikuma는 이 벌레의 정착을 유도하는 박테리아 진행 과정을 밝혀냈는데, 그 세부 내용은 마음을 불편하게 만든다. 관벌레 유충이 적합한 박테리아와 접촉하면 박테리아 내 주사기 같은 구조물이 분자를 직접적으로 유충 세포 안에 주입한다.[23] 이 분자는 바다민달팽이 변태를 유도하는 산호 화합물과 마찬가지로 매우 강력하다. 농도가 높아지면 곧바로 벌레는 죽게 된다. 곤충 유충과 해파리 유생 같은 다른 유생에게 그 분자를 실험적으로 적용해본 결과 역시나 치명적이다.

어째서 관벌레는 독특하게 변태를 위한 신호로 작은 용량의 이 치명적인 화학물질을 취하는 것으로 맞춤된 것일까? 그 화학물질은 조기 착저를 위한 기회를 줄지도 모른다. 다시 말해 관벌레들이 다른 동물을 죽이는 어떤 것을 신호로 인식할 수 있다면 그들에게 자유로운 부동산을 먼저 취할 수 있게 만들어준다는 뜻이다. 우산석회관갯지렁이는 주변 표면을 죄다 점령하거나 재개척하는 최초의 동물이 되는 경향이 있다. 시쿠마의 연구생 중 한 사람이 말해주었듯이, 만약 관벌레로 뒤덮인 배를 본다면 그것은 최근에 초대받지 않은 승객들이 깨끗하게 긁혀서 나간 배라고 생각하면 된다. 따개비로 장식된 배 선체는 이번 청소와 다음 청소 사이 간격이 훨씬 더 길어졌다는 뜻이다.

박테리아는 어떨까? 이 분자 생성은 그들의 동물 경쟁자를 없애기 위해 진화한 것일까? 그리하여 그들만 표면에 계속 살 수 있도록 하려고? 아니면 박테리아는 벌레를 모집하면서 혜택을 얻게 되는 것일까? 가장 최근의 가설은 이렇다. 관벌레가 표면에 정착하고 난 후, 박테리아가 이들 유치자 벌레를 점령할 기회를 갖게 되면서 장내 공생체처럼 새로운 집을 발견한다. 그러한 가능성을 완벽하게 탐색하려면 유치자 벌레를 실험실에 계속 두면서 그것이 성체까지 자라게 해주어야 할 것이다. 하지만 불행하게도 유치자를 키우는 일은 성체를 산란시키는 것보다 더 까다롭고, 수정보다 더 까다로우며, 심지어 유생을 먹이고 키우는 일보다 훨씬 더 힘들고 까다롭다.

유치자를 키우는 일에 대한 이 비교를 보고 있자니 흔히 인간 부모들이 뱉어내는 공통된 울분이 떠오른다. 청소년기가 되면 그동안 부모가 알던 어린 자식들이 갑자기 불가사의하고 심히 대적하기 어려운 청소년으로 변한다. 새끼들의 이 새로운 국면은 새로운 욕구를 낳는데, 그 욕구는 대체 무엇이며, 왜 그것을 다 들어주기가 그렇게 어려운 걸까?

유치자
아이도 어른도 아닌

우리 앞에는 밝은
내일이 있어

어제는,
불꽃처럼 한밤을 지난 것이며
해가 지고 난 뒤의 이름이지.

그리고 오늘 새벽
도로 위 드넓은 아치,
우리는 행진한다.

- 랭스턴 휴스, 〈젊음〉 중에서[1]

소라게는 다른 여러 갑각류와 마찬가지로 여전히 알 상태에서 먼저 외눈박이 노플리우스 유생 단계로 진입하며, 그다음에 변태를 거쳐 두 번째 유생 형태인 조에아로 변한다. 가시 돋은 큰 외눈박이 조에아가 부화하면 플랑크톤으로 부유하다가 변태를 거쳐 세 번째 유생 형태인 메갈로파megalopa가 되는데, 그것은 아주 작은 게와 가재의 혼합체처럼 보인다. 메칼로파는 몸을 숨기고 살아야 할 집, 바로 좋은 껍데기를 찾기 위한 사냥을 시작한다. 주로 죽은 달팽이가 남긴 것 중에서 찾게 되며, 새로운 개체에게는 필수품이다. 이런 껍데기는 개체마다 적합한 크기가 있으며, 형태에 관해 각자 선호하는 취향도 있다. 그래서 상대적으로 더 흔한 껍데기보다 좀 더 희귀한 것을 선택하는 편이다.[2] 유생에서 유치자juvenile까지 소라게의 전이는 때맞춰 정확하게 일어나는 적합한 죽음에 의해 좌우된다. 이런 동물은 바다와 해변, 바닷물과 육지, 그리고 죽음과 생명, 끝과 시작을 연결하기 때문이다.

그와 같은 사명은 어린 새끼에게 영광이자 부담이다. 학창 시절의 교훈은 우리에게 깊이 각인되며, 미래를 향한 우리의 약속은 끊임없이 감시를 받는다. 커리어 상담사와 대학 지원서는 이렇게 묻는다. 당신은 무엇으로 성공하고 출세할 건가요? 당신은 무엇으로 세상을 변화시키고 성공하게 만들 건가요? 우리의 청소년기와 청년기는 복잡한 도전 과제로 가득 차 있다. 우리가 이 10장에서 함께하게 될 아주 작은 거미 새끼, 그리고 몸집은 크지만 여윈 콘도르 새끼와 다를 바가 없다.

모든 동물의 생명 주기에서 유치자 단계는 아주 어린 새끼와 성체는 절대 마주하지 않을 곤경에 처하게 된다. 불가사리, 성게, 달팽이, 굴의 유치자는 변태 직후에도 여전히 믿을 수 없을 만큼 크기도 작고, 성체와는 아주 다른 환경에 직면한다. 눈썹 크기 정도 되는 관벌레, 핀 머리와 비슷한 크기의 성게 등 모두 성체의 형태를 갖추었지만 아직 성체의 크기에는 미치지 못한다. 우리 인간은 이와 다른 부조화를 마주한다. 우리 몸은 논리적 뇌가 완벽하게 발달하기 최대 10년 전에 이미 성인의 형태와 크기로 성장한다. 그렇다면 우리가 다른 동물의 "중간 사이 시간"을 연구함으로써 미성년 청소년기에 대해서 무엇을 배울 수 있을까?

⊙ 유치자의 생활 방식 속 수수께끼

변태 이후 유치자의 불가사의한 특성, 여기에 실제로 두 가지 수수께끼가 등장한다. 그들은 어디에 존재하며, 어떻게 살아남았을까? 캘리포니아 붉은 해삼과 같은 수많은 종에서 유생과 성체는 야생 자연에서 수집될 수 있지만, 지금까지 갓 착저한 유치자를 찾아낸 사람은 아무도 없다. 사람들은 식용으로 이런 동물을 잡기도 하고, 어업 관리자들은 지속적인 풍어가 되려면 어찌해야 하는지 알아내기 위해 해당 동물의 생명 주기 모든 부분을 평가하고 싶어 한다. 생태계에 중간자 생명 단계가 확실히 필요하다는 점을 간과할 때, 전체 어로 재화의 건전성이 위협받는다는 사실을 우리는 이미 잘 알고 있다. 가령 새끼 연어는 자갈투성이 강바닥이 필요하고, 성체 연어는 큰 바다의 먹이 터가 필요하다. 하지만 그 사이 단계의 연어는 겨울을 날 수 있는 웅덩이가 필요하다. 과학자들에 따르면 1960년대와 1970년대에 죽은 통나무와 나뭇가지를 제거하면서 개울과 시냇물 등 작은 하천을 '대청소'한 노력 때문에 연어에게 꼭 필요한 서식지를 없애버렸고, 이로써 연어 개체군이 감소했다.[3]

개별 종을 적절하게 잘 관리하려면 해당 유치자를 종별로 찾아다녀야 할지도 모른다고 생각하면 사뭇 두렵기도 하다. 물론 이런 종별 정보가 놀라울 정도로 유용할 수 있겠지만, 사실 특정 군집 내 유치자 서식지에 대해서는 일반화할 수 있다. 가령 매우 다양한 바다 어류는 플랑크톤에서 벗어나 세 가지 '유치원' 유형 중 하나로 옮겨가 착저하는 것 같다. 그 세 가지는 바로 해초, 맹그로브, 다시마 숲이다. 해상공원은 이 유치원을 보호해야 한다는 사실을 강조하기 위해 설계되기도 한다. 또한 이곳은 해삼 같은 무척추동물 유치자에게 필요한 서식지를 보존하는 것으로 보인다. 이렇게 생태계에 기초한 관리 접근은 많은 종의 생명 주기에 대한 지식이 없더라도 계속 보존 작업을 해나갈 수 있는 통합적 방식이며, 무엇보다 효과적인 방식처럼 보인다.

그런데 유감스럽게도 지금까지 유치자가 정확히 어디에 있는지 알아낸 종은 많지만, 그들의 생존에 관한 문제는 여전히 오리무중이다. 굴의 유치자는 성체 굴 껍데기에 착저하는 걸 좋아하기 때문에 쉽게 찾을 수 있다. 수백 년 동안 전 세계 굴 양식업자들은 유치자의 부착을 높이기 위해 오래된 굴 껍데기로 덮은 접시를 물속에 넣어두었다. 하지만 이런 동물들은 착저와 가입recruitment* 사이의 간극을 완벽하게 보여준다. 착저한 유치자는 기질基質을 선택해 변태를 거친다. 반면 가입은 크게 성장해 번식을 할 수 있게 된다. 따라서 만약 굴의 유치자가 번식을 할 만큼 크게 자라기도 전에 죽어버린다면, 굴 개체군과 양식장 입장에서는 얼마나 많은 굴이 패각에 부착하는지는 중요하지 않다.

그들이 직면한 위협, 그리고 그 결과로 나타난 가입의 가능성은 이곳저곳에 엄청나게 다르게 나타나는 것 같다. 북미 태평양 해안을 예로 들자면, 남부와 중부 캘리포니아 사이 320킬로미터 정도에서 듬직하게 성공한 가입(남부 캘리포니아)과 매우 희소한 가입(중부 캘리포니아)이라

* 가입은 착저에 성공한 부착 유생, 유치자가 그곳에서 계속 성장해 번식 능력을 갖춘 성체가 된 후, 다시 번식해 개체군을 유지하는 일련의 과정을 뜻한다.

는 차이가 발생한다. 때때로 중부 캘리포니아 개체군이 계속 유지될 수 있을 정도로 충분히 많은 굴이 성체에 도달하기도 하지만, 이러한 가입 수는 아주 드물게 나타날 뿐이다. 유치자의 생존에서 이런 심한 변동을 일으키는 환경적 요인이 무엇인지는 아직까지 밝혀내지 못했다.[4]

내가 리처드 엠렛에게 우리 학계에서 공인된 가장 중요한 질문, 그러니까 유치자는 대부분의 생명 주기 가운데 가장 정보가 부족한 부분이 맞느냐고 물으니, 그는 박수를 치며 이렇게 소리쳤다. "맞아요, 진짜 그래요! 내가 파나마 바위 위에 있을 때부터 그렇게 생각해왔다니까요."[5] 그는 학창 시절을 조수 웅덩이에서 보냈으며 이 서식지를 단 한 번도 떠난 적이 없었다. 온 시간을 조수 웅덩이의 금과 틈 사이를 탐색함으로써 그는 대부분의 종에서 유치자가 완전히 눈에 보이지 않아 찾기 힘들다는 사실을 알았다. 종종 발견할 수 있는 가장 작은 개체들도 성장률을 산정해보면 착저한 지 7~8주가 지난 뒤였다. 도대체 그들은 초기 시간과 시일 동안 어디에 숨어 있을까?

엠렛은 딱지조개, 바다달팽이, 혹은 바다 성게의 성체 형태가 그렇게 미세한 규모로 기능할 수 있다는 사실에 혀를 내둘렀다. 결국 유생은 부분적으로나마 서로 다른 형태가 서로 다른 크기에서 좀 더 효율적으로 기능하기 때문에 진화했던 것으로 짐작된다. 하지만 만약 성체의 몸통 형태가 일부 유치자의 현미경 수준 정도만 되어도 제대로 기능한다면, 그것이 이 이론의 반증이 될 것이다. 엠렛은 이렇게 스스로 묻고 답한다. "눈으로 볼 수 있는 가장 작은 바다 성게는 무엇일까요? 그것은 실험실 접시에서는 답할 수 있겠지만, 그게 반드시 생태계적 대답이 되지는 않을 겁니다." 수족관에서 유치자를 기른다면 그들이 야생 자연에서 어떻게 살아가고, 주변 환경에 어떻게 대응하는지 아주 제한된 정

보만 줄 수 있을 것이다.[6]

앞서 에이미 모런이 지적했듯이, 이와 똑같은 제약이 유생에게도 해당된다. 그런데 과학자들은 아직도 실험실 유생으로부터 알아낼 수 있는 최선의 정보 앞에서도 갈팡질팡 헤매고 있다. 해당 연구 유기체를 포획 상태로 기르는 유생 생물학자들은 자신들이 바다의 환경을 정확히 재창조하고 있지 않음을 너무 잘 안다. 모런은 이렇게 말한다. "대개 우리는 그 유기체들에게 타히티섬의 조류를 섞은 아가미를 먹이로 줍니다. 자연 세상에서라면 절대 만나지 않을 것들이죠. 그리고 너무 밀집해서 키우고 있어요." 그 엄청난 양의 귀중한 정보가 이런 식으로 수집되었고, 이와 동시에 과학자들은 새로운 기술을 이용한 분야로 유생 연구를 밀어붙이려고 시도한다. 한편 연구자들은 "비정상적인" 실험실 환경에서 유치자를 키우려는 노력에 대해 여전히 조심스러워하고 미심쩍게 여긴다. 하지만 도대체 그들의 자연환경은 어떨까? "유치자가 어디에서 자기 생명 단계를 끝내는지 우린 아무것도 몰라요. 그걸 인정할 수밖에요." 모런의 대답이다.[7]

최근 몇 년간 수많은 생물학자가 이 역사적인 침묵을 포기하기 시작했다. 이들 신중한 연구자들은 학계 내 암묵적인 경고와 제약을 시인하면서 긴 세월에 걸친 수수께끼를 해결하는 데 유용한 통찰을 모으고 있는 중이다.

⊙ 수족관 쇼의 스타, 해바라기불가사리

암로 함둔 실험실에서 맞춤형 성게를 생산하는 데 사용한 크리스퍼 유전자 가위 기술은 정교한 분자생물학 기법이다. 정확한 위치에서 DNA를 자른 다음 새로운 유전자와 마커유전자를 주의 깊게 붙여 넣어야 한다. 함둔은 이렇게 말한다. "사람들은 그게 초점이 될 거라고 생각하겠지만, 사실상 그 일은 너무 쉬워요. 오히려 우리가 온 시간을 다 보내고 있는 것은 양식입니다. 지름이 겨우 1밀리미터밖에 안 되는 성게에게 뭘 먹여야 할까? 어떻게 하면 그 녀석을 기분 좋게 해줄까? 이런 걱정을 해요. 그냥 보면 작은 모래 알갱이 같잖아요."

성게의 유생, 플루테우스는 단세포 플랑크톤 조류를 먹이면 포획 상태에서도 쉽게 기를 수 있다. 플루테우스 유생은 섬모를 이용해 먹이를 수집하며, 성체 성게도 이 초식 습성을 유지한다. 사실 그들은 포식자에게 자기 개체군이 발각되지 않는다면, 다시마 숲 전체를 다 먹어 치우는 것으로도 유명하다. 하지만 어린 다시마 잎은 아주 작은 성게가 씹어 먹기에는 압도적으로 두껍고 질긴 편이다. 인간 세상의 아기가 젖이나 우유를 먹다가 고형 이유식으로 옮겨가는 것처럼, 이들 유치자에게도 과도기적 먹이 종류가 필요하다. 전통적으로 인간 부모는 자기 자식을 위해 음식을 약간 씹어서 주곤 했다. 그래서 함둔은 성게의 유치자에게도 이와 비슷한 해결책에 이르렀다.

"넷플릭스에서 발효식품에 대한 프로그램을 보다 생각하게 됐어요. 다시마를 분해해보자고요."[8] 플루테우스 유생이 먹는 플랑크톤 조류와 관련성이 높은 미세한 조류의 도움을 받아 다시마를 분해한다. 이 조류는 썩어가는 다시마 위에 걸린 얇은 막 안에서 자라며, 이 막은 성게의 유치자가 쉽게 찢어서 먹을 수 있다. 다시마는 분해되면서 어린 다시마 잎보다 더 부드러워져 더 쉽게 씹힌다. 얇은 조류 막과 분해되는 다시마 조합은 매우 중요한 중간자 먹이 단계를 제공한다. 땅 위에서 배설물과 사체의 분해를 촉진하는 곤충과 마찬가지로 이런 해양 유생도 죽음 순환 주기와 생명 순환 주기를 서로 연결하고 있다.

하지만 다른 여러 극피동물은 먹이 습성 면에서 이보다 더 중대한 도약을 해야만 한다. 초식에서 육식으로 바꾸어야 하기 때문이다. 이것은 생태학자 제이슨 호딘Jason Hodin이 해바라기불가사리를 배아에서 성체까지 키우기 위해 연구하면서 직면했던 어려운 문제이기도 하다. 호딘과 나는 존스홉킨스대학원을 함께 다녔다. 그래서 2021년과 2022년 겨울에 내 책을 최종 마무리하는 연구 출장을 갔을 때 프라이데이 하버에 있는 그의 현재 연구 실험실을 찾을 수 있어 너무 기뻤다. 많은 불가사리 종이 도저히 알 수 없는 소모성 질병으로 피부와 팔을 상실하고 급기야 녹아 죽어버림으로써 종 전체가 황폐화되어 갈 때, 그도 해바라기불가사리에 초점을 맞추게 된다. 불가사리의 소모성 질병이 소소하게 급증한 시기는 1980년대로 알려졌지만, 사실 그 질병은 2013년 미국 동서 해안 양쪽을 파괴하기 시작했고, 2022년에 과학자들이 유럽의 사례를 보고했다. 그 치명적인 증상의 원인으로는 바이러스 감염, 박테리아 감염, 혹은 마이크로바이옴의 전반적인 불균형 등이 다양하게 거론되었다. 그 원인은 아직도 파악되지 않고 있는데, 질병의 확산을 제한하는 방법도 알지 못하며, 다른 유형의 동물에게도 영향을 끼칠 수 있는지 여부도 알 수가 없다. 그러나 불가사리 종 하나의 상실만으로도 생태계에 상당한 영향을 끼쳤다. 특히 해바라기불가사리는 성게의 중요한 포식자다. 북미 서부 해안에 사는 해바라기불가사리는 2013년 소모성 질병으로 거의 섬멸 수준이 되면서 성게 개체군이 갑자기 늘어났고, 이에 따라 다시마 숲이 엄청난 손실을 겪었다. 호딘의 해바라기불가사리 연구 목표는 그 상황을 이해하고 이상적으로라면 그 상황을 개선하는 것이다.

불가사리와 성게는 둘 다 발생학 연구의 대표적인 구성원이며, 그것

2020년 멸종 위기 종으로 등재된 해바라기불가사리(sunflower star)는 보통 유생 형태에서 팔이 다섯 개 달린 새끼로 변형하고, 여타 바다 불가사리와 달리 커가면서 팔을 더 만든다. 위의 사진은 팔이 10개 달린 새끼, 아래는 팔이 20개 달린 성체를 보여준다.

을 산란해 배아를 만드는 것이 발생학 연구의 정해진 일과다. 우리는 프라이데이 하버에서 스트라스만 교수 수업을 들을 때 그 일을 아주 여러 번 했다. 하지만 다른 발생학자나 유생 생물학자들과 달리 우리가 키우면서 변태를 거친 유치자를 항상 바다로 돌려보내곤 했다. 호딘은 해바라기불가사리 수정부터 두 살이 될 때까지 전 과정을 함께하면서 성공적으로 키워낸 최초의 연구자다.

그는 내 손바닥 정도 크기의 동물들로 가득 찬 수족관을 보여주었다. 그동안 갈고 닦은 동음이의어 말장난을 총동원하는 것도 잊지 않았다. "이것이 바로 우리 실험실 수족관 쇼의 스타, 해바라기불가사리야."[9] 그의 연구가 있기 전에는 이 정도 크기의 해바라기불가사리를 야생 자연에서 보면 나이를 대략 짐작만 할 수 있을 뿐이었다. 최대 열 살까지 추측이 난무하곤 했다. 하지만 이제는 이 크기까지 자라는 데 2년이면 된다는 사실을 알게 되었다. 아메리카동애등에 유충의 성장만큼 빠르지는 않지만, 아직 그 앞에서 잘난 체하고 지나갈 만큼의 개체는 없다. 게다가 해바라기불가사리는 파리보다 훨씬 더 몸집이 크게 자라고 있다.

우리는 밖으로 나가서 매번 새로운 순서의 새끼들을 만들기 위해 알과 정자를 공급하는 성체를 만났다. 그 탱크는 눈으로 뒤덮여 있어 보는 순간 잠시 놀랐다. 그런 다음 그곳 해변에도 눈이 와서 쌓였음을 기억해냈다. 해바라기불가사리가 이따금 찾아오는 일시적 한파에 대응하는 데 적합하지 않다고 생각할 만한 아무런 이유가 없다. 부모 불가사리는 각각 신호등만 한 크기인데, 내가 집어 들고 두 팔로 감싸면 다 찰 정도로 크다. 그들은 깨끗하게 비워진 홍합 껍데기 기질 위로 불규칙적으로 퍼져나간다. 그 모습이 아름답기도 하고 섬뜩하기도 하다. 이들의 이름은 겉모습 때문에 생긴 것이다. 여담이지만 화가 반 고흐 하면 특별히 다채로운 색상이 떠오르고, 가수 프린스 하면 퍼플이 생각나는 법이며, 파래는 거의 초록색을 띤 솜털을 갖고 있고, 배우 조지 클루니는 은회색 빛깔의 머리로 나이 들어가고 있다. 이처럼 사람이나 식물이나 외모에서 영감을 받아 이름이 만들어지기도 한다.

이렇게 빛나는 거대 불가사리를 응시하고 있을 때, 호딘은 생각에 잠긴 듯이 이렇게 말했다. "만약 네가 두 달 전에 왔다면 우리한테는 소모성 질병 같은 게 없다고 말해줄 수도 있었는데 말이야." 그 즈음 성체 한 마리가 팔 하나를 잃더니 곧바로 죽어버렸다. 그 일이 그냥 별개의 사건이었으면 하고 바랐지만 16일 후 그 질병이 퍼져나갔고, 결국 실험실에 있던 성체 아홉 마리를 잃고 말았다. 하지만 남아 있는 불가사리는 지금까지 몇 주 동안 건강한 상태를 유지했다.

나는 프라이데이 하버가 있는 섬 주변, 야생 자연에서도 최근에 소모성 질병 사례가 있었는지 물었다. "약간 증가했어. 누가 알겠어? 이게 어쩌면 불가사리 소모성 질환의 '변종'이 될지." 호딘은 당시 코로나 바이러스의 변종 오미크론이 급증한 양상과 비교하면서 다소 우울한 대답을 내놓았다. "그게 도대체 무엇인지 모르니까 너무 절망스러워. 바닷물을 테스트라도 해보았으면 좋겠어." 하지만 그게 박테리아 때문인지, 바이러스 때문인지, 아니면 완전히 다른 무엇 때문인지 아무도 모른다. 그러니 무얼 가지고 테스트를 할 수 있을까! 호딘은 그곳이 온갖 종류의 불가사리에게 전부 영향을 끼칠 수 있기 때문에 그 원인은 유동적인 것이 분명하다고 지적한다. 불가사리는 지구상에서 포유류보다 유전적으로 더 다양한 동물군이다. "다음 번 팬데믹은 인간의 반려동물을 죽인다고 상상해봐. 그럼 말도 죽겠지. 고래도 병이 들고."[10] 그 말을 들으니 갑자기 기분이 싸늘해진다.

호딘이 소모성 질환의 원인을 캐내는 노력만 하고 있는 것은 아니다. 오히려 그는 해바라기불가사리의 생명 순환 주기를 알아내는 데 관심을 갖고 있다. 아마도 그가 실험실에서 얻은 정보는 곧바로 야생 자연에 적용될 수 있을 것이다. 그리고 어쩌면 해바라기불가사리는 흰 전복과 콘도르처럼 야생 개체를 높이기 위해 대량으로 키울 수도 있을 것이다. 그는 이미 해바라기불가사리 유치자의 취약성을 발견하면서 그에 맞춘 해결책도 함께 발견했다.

프라이데이 하버 실험실은 바다에서 직접 바닷물을 끌어올려 수많은 미세 동물 손님들에게 공급한다. 이 가운데 탱크를 갈색 솜털로 뒤덮는 기회감염성 갈색 조류는 불가사리 유치자에게 독이 된다고 밝혀졌다. 호딘은 지금껏 해온 발생학 연구 훈련 탓인지 표백에 대해 혐오하는 편인데, 어쨌든 벌어진 상황을 바로잡으려면 그 감정을 극복해야만 했다. 그래서 현재 그와 팀원들은 정기적으로 보관 탱크를 표백하고, 그런 다음 깨끗이 헹구고 난 뒤 동물들을 안에 넣곤 한다. 표백은 호딘과 내가 훈련받고 공부한 '깨끗한 배아' 환경에서 절대 해서는 안 되는 일이었지만, 농업이나 어업 양식 시설에서 흔하게 사용되었다. 호딘의 연구팀은 컨테이너를 아주 잘 씻어내 가장 예민한 표백 테스트 키트에서도 항상 제로값이 나올 정도다. 물론 그보다 표백 냄새에 더 민감해서 표백 냄새를 맡을 수 있는 것은 인간의 후각이다. "당연히 지금은 냄새를 맡기가 어렵지." 그는 우리 둘이 마스크를 쓰고 있다는 사실을 가리키며 무미건조하게 내뱉었다.

연구자들은 독성 조류에 대응한 또 하나의 보호 층위로 유치자를 괴롭히지 않는 종류의 '프로바이오틱 조류'를 기르는 방법을 택했다. 좋은 미생물을 촉진시키는 이 조류는 성장 공간을 놓고 독성 종과 경쟁을 벌이다가 어느 정도까지 불가사리의 먹이가 될 것이다. 하지만 보통 해바라기불가사리 유치자는 조류를 먹지 않는다. 사실 그들은 포식자다. 틈만 보이면 가장 작은 개체도 서로를 맹렬하게 집어삼키고 만다.

여기서 '서로'는 아주 작은 유치자가 마음 놓고 먹을 수 있는 유일한 먹이 중 하나인 것 같다. 지금까지 호딘이 발견한, 형제간 포식을 대신할 최선의 방책은 아주 작은 성게 새끼를 먹이로 주는 일이다. 이로써 불가사리의 초기 생명 단계는 쉽게 눈에 보이지 않는 성질에도 불구하고 생태계에 심대한 영향을 끼칠 잠재성이 있음이 드러난다. 당초 해바라기불가사리가 성게 개체군을 생물학적으로 조절하는 귀중한 수단이라고 간주되었는데, 이제 그 초점은 성게 성체를 먹는 성체 불가사리로 옮겨간 것 같다. 만약 불가사리의 유치자도 성게의 유치자를 먹는다면 그 상호작용은 성체만큼, 아니 그보다 훨씬 더 중요하다.

흥미롭게도 호딘의 실험실에서 일부 해바라기불가사리 유치자는 살아남는 대신 더 이상 자라지 않는다는 사실을 발견했다. 그들은 여러 달 동안 몸집이 더 커지지 않은 상태로 살아갈 수 있는 것 같다. 그런데 유치자 상태로 더 좋은 주변 환경 조건을 기다리면서 시간을 보낼 수 있도록 성장을 지연시키는 능력을 가진 종이 그들만은 아니다. 악마 불가사리도 이와 똑같이 행동한다.

악마불가사리도 해바라기불가사리와 같이 초식 포식자다. 하지만 생태계에서 하는 역할은 성게와 더 유사하다. 앞서 언급했듯이 성게는 다시마 숲 전체에 위협이 될 수 있다. 이와 비슷하게 악마불가사리는 산호를 먹으며 해당 개체군이 주기적으로 양적 폭발을 할 때 산호초에 엄청난 타격을 입힌다.

다만 악마불가사리는 해바라기불가사리와 다르게 변태 시점에 유생에서 유치자가 되는 동시에 조류를 먹다가 곧바로 산호를 먹는 것으로 전환하는 것은 아니다. 악마불가사리의 소화계는 아직 산호에서 취할 수 있는 영양소를 처리할 수 없기 때문이지만, 이보다 훨씬 더 중요한 이유는 여전히 몸집이 작아서 자칫하면 산호 군락에 찔려 죽을 수도 있기 때문이다. 해바라기불가사리 유치자는 성게 유치자를 먹이로 찾아낼 수 있지만, 악마불가사리는 그에 상응하는 대안이 없다. 전체가 산호 군락이 되거나 산호가 없거나, 이 둘뿐이다.

그래서 악마불가사리 유치자는 해저에 착저할 때도 여전히 조류를 먹는다. 때때로 이 기간은 놀랄 정도로 길어질 수 있다. 호주 생물학자 마리아 번은 위장이 없는 성게 새끼를 연구했다. 그러다가 악마불가사리 유치자 무리를 6년간 채식 먹이를 주면서 살려 키웠다.[11] 악마불가사리는 불가사리 중에서도 유치자 시절에 조류를 먹는 것으로 두드러진 개체다. 하지만 번은 해바라기불가사리가 조류 미생물을 가벼운 먹이로 먹는 것처럼, 보충식으로 조류를 먹는 습성은 여러 다른 종에서도 흔한 일이라고 생각한다.

“유치자는 커다란 블랙박스예요. 우리가 그 녀석들을 ‘풀기 힘든 문제’ 상자 안에 넣어두잖아요. 그러면 계속 그 상태로 있을 뿐입니다. 그러니 이게 커다란 퍼즐 안에서 빠져버린 조각이라는 사실을 인식할 필요가 있어요. 유치자 단계에서 무슨 일이 벌어지는지 알아야만 비로소 성체 개체군을 다 이해할 수 있는 거예요.”[12] 번은 해양 무척추동물 중에서 유치자 대기 상태를 거치는 경우가 많을 것으로 생각한다. 그 기간은 주변 자원의 가용성과 기존 성체 개체군의 규모로 결정된다. 이는 앞서 소라고둥 새끼 사례에서 보았던 유생의 유연한 지속 기간과 비슷하다. 어쩌면 때가 무르익을 때까지 성숙을 지연시키는 일은, 유생 시절보다 성숙을 눈앞에 둔 어린 동물들에서 더 흔한 일이 될 수 있을 것이다.

⊙ 새끼 거미의 시력

실험실 환경에서 초식 해양 유생에게 먹이를 주는 일은 비교적 쉽다. 과학자들이 조류 키우는 기법을 완전히 이해하고 있기 때문이다. 몇 개의 비커에 담긴 조류, 얼마간의 햇빛, 그렇게 하면 점점 많은 조류가 퍼져나간다. 이것은 오히려 육상 생물학자가 더 큰 문제에 직면하는 매우 드문 상황 중 하나다. 애벌레 등의 초식 육상 유생은 너무 많은 양의 섬유질 먹이를 찾기 때문에 실험실에서 그 정도 양을 맞출 만큼 계속 키울 수가 없다. 곤충학자 네이트 모어하우스는 자신이 키우는 애벌레들이 먹을 양을 맞추느라 양배추와 케일을 상자째 사들이기 위해 정기적으로 대형 마트에 다녀오곤 했다. "거기 계산하는 직원들 사이에서 도대체 내가 그걸 어디다 쓰려고 하는지 서로 알아맞히는 내기를 했다고 해요. 그중 최고 대답이 뭔지 아세요? 내가 케일로 관장을 하는 사람이라고 했대요. 제가 말했죠. '아니, 저기, 아니에요. 저 그렇게 이상한 사람 아니에요. 애벌레한테 먹이로 주려고 사는 거예요.'" 그는 실험실에 있는 수천 마리의 유생에 대해 말할 때면 목소리가 다정해진다. "그 녀석들이 무리를 지어 그 채소를 씹고 있는 조용한 소리를 들을 수도 있다고요."[13]

하지만 나는 사뭇 다른 종류의 새끼 동물에 대한 이야기를 하려고 모어하우스에게 연락했다. 바로 새끼 거미였다. 모어하우스의 표현을 빌리자면 "작은 국수 가락 같은 녀석들"이다. 내가 이 새끼들에게 관심

새끼 거미는 인간의 아기나 다른 포유류 새끼처럼 몸집에 비해 눈이 굉장히 크다. 이 시기에 앞으로 평생 살아가는 데 필요한 모든 광수용체를 갖추어야 한다.

을 갖게 된 것은 그들이 아주 작은 크기로 부화하지만, 부화한 즉시 성체 형태의 몸통을 갖게 되고, 게다가 성체와 같은 환경에 대응해야 하기 때문이었다. 가까이서 바라보면 그들의 "국수 가락"이 전형적인 거미에서 볼 수 있듯 마디로 된 여덟 개의 다리라는 사실을 알 수 있다. 모어하우스와 연구생 존 고테John Goté는 이렇게 조그만 새끼들이 어떻게 그 작은 눈을 가지고 먹이를 사냥하는지 알고 싶었다.

거미는 인간과 마찬가지로 진정한 의미의 유생 단계가 없다. 유생 단계가 없으면 크기 면에서 성장할 기회가 없기 때문에 그들은 애초에 크기를 키워 새로운 몸을 만들어간다. 애벌레처럼 처음부터 필요한 모든 중요한 부분을 적합한 곳에 배치해 생애를 시작하는 것이다. 여기에는 광수용체라고 불리는 눈의 빛 감지 세포도 포함된다. 인간의 아기와 새끼 거미는 몸의 크기에 비해 상대적으로 거대한 눈을 갖고 있는데, 이는 광수용체를 갖추기 위해서다. 하지만 그렇다고 성인이나 성체와 같은 시력을 갖진 못한다. 신생아들은 눈의 형태는 완벽하지만 잘 볼 수가 없다. 시각 신호를 처리하는 뇌의 능력이 아직 발달 중이기 때문이다. 초기 시력의 제한된 능력에 맞추어 대개 아기용 인형도 간단하고 고대비 모드의 선명한 디자인으로 만든다. 그러나 인간 아기와 달리 거미는 태어나자마자 스스로 사냥해서 먹어야 할 책임이 있다. 그렇게 작은 눈으로 어떻게 먹이를 찾아서 잡아챌 수 있을까? 이 질문에 답하기 위해 고테는 야생 자연에서 거미를 수집했다. 아니, 어쩌면 완전한 야생 자연이 아니었을 수도 있다. 그는 인근 지역 유기농 농장 온실 사이에서 "엄청난 거미 군집"을 발견했고, 거기에서 실험실로 옮겨 알을 낳을 수도 있는 많은 거미를 모을 수 있었다. 일단 부화가 시작되자 형제간 포식 상황이 긴급히 해결할 사안이라는 사실을 알게 되었다. 그래서 그는 새끼 거미들을 최대한 빨리 분리했다. 그들은 타고난 포식자여서 서로 죽일 수 있을 뿐 아니라 자기들과 몸집이 비슷하거나 훨씬 더 큰 귀뚜라미도 잡을 수 있었다.

고테가 직면한 가장 큰 과제는 새끼 거미의 시력을 연구하기 위해 검안경 안에 그들을 배치하는 것이었다. 더디고 미세한 작업을 한 끝에 새끼 거미의 시력은 빛을 모으고 움직임을 감지할 수 있도록 "완벽하게 최적화되어" 있음을 알아냈다. 본질적으로 새끼 거미는 성체 거미의 눈이 할 수 있는 모든 일을 할 수 있는 것 같다. 하물며 눈을 제대로 쓰려면 빛이 조금 더 필요하다는 통보도 해준다. "일단 빛을 희미하게 줄이면, 그때가 바로 새끼에게 문제가 생기기 시작하는 순간입니다." 인간의 아기 시력도 빛이 적은 환경에서 제한된다. 이에 연구자들은 규칙적으로 야외의 밝은 빛에 노출하면 아이의 눈에 도움이 되고, 근시가 될 가능성을 줄여준다는 사실을 알아냈다.[15]

나는 새끼 거미도 잠재적으로 성체와 비슷한 욕구가 있는지 궁금해서 혹시 그들이 성체와 비교해 더 밝은 낮 시간에, 그리고 더 밝은 서식지에서 사냥하는 일을 꺼리는지 물었다. 고테는 그 점은 잘 모르지만 앞으로 연구하고 싶다는 의사를 표현했다. 사실 실험실에서 새끼 거미를 노련하게 잘 다루는 일이 너무 까다롭긴 하지만, 야생 자연에서 그들을 찾아내 관찰하는 게 훨씬 더 어려운 일이다.

육지든 바다든 대부분의 무척추동물 새끼를 현장 조사하는 일은 그 동물의 아주 작은 크기 때문에 늘 좌절되곤 한다. 일단 자연 현장에서 찾아내는 일 자체가 어렵고, 설사 찾아낸다 해도 그런 상황에서 평소 사용하는 표준 연구 도구를 어떻게 적용할 수 있을까? 삿갓조개Hawaiian limpet는 주로 해변의 맨 가장자리, 파도가 거의 부딪치지 않는 바위 위에 산다. 전형적으로 그처럼 매우 덥고 건조한 환경은 삿갓조개에게는 하나의 도전 과제 같다. 과학자들은 성체 삿갓조개가 그 서식 환경에 어떻게 대응하는지 알아내기 위해 해당 종을 둘러싼 대기와 바위 온도를 측정하고, 그들 내부의 화학적 성질을 연구해 그들이 어떤 전략으로 스스로 열에 굽혀 건조해지는 것을 막는지 알아내려고 했다. 그러나 모래알갱이만 한 삿갓조개 새끼의 크기 자체가 그런 연구에 관련된 모든 것을 더욱 어렵게 만든다. 그렇게나 작은 유기체에서 어떻게 온도를 측정할 수 있을까? 그 바위 표면에 그들과만 관련 있는 미세 기후가 따로 있을까? 그들의 몸은 너무 작아서 탐침이나 탐촉자를 끼워 넣을 수 없으며, 혹시 거기서 화학물질을 추출하는 게 불가능하지 않다 해도 사실상 너무 힘든 일이다.

과학자들이 수년 동안 무척추동물 새끼를 블랙박스 밖으로 꺼내려고 무진 애를 쓰고 있지만, 실제로 야생 자연에서 상대적으로 연구하기 쉬운, 몸집이 훨씬 큰 새끼를 생산하는 종에게서 유용한 맥락을 얻을 수 있다. 바로 조류다.

⊙ 청소년 조류

야생 생물학자 조 버넷이 설명해준 것과 같이, 연구자들은 새끼 콘도르가 부화하는 시점부터 계속 온갖 세부사항을 아주 많이 관찰해왔다. 갓 부화한 새의 핑크색 머리는 새끼로 발달하면서 점점 까만색으로 변하고 솜털이 자라난다. 성체에 접근하면서 피부 색깔은 다시 붉은 오렌지색으로 변하고, 무엇보다 버넷이 자신 같다고 농담하듯 대머리가 된다. 예전부터 죽은 동물을 먹이로 사냥하는 조류가 전형적으로 대머리가 되는 상황에 대해, 그들이 죽은 동물을 먹으려고 머리를 박아 고정할 때 그 동물의 살점과 내장이 깃털에 걸리는 걸 막아준다고 설명하곤 했다. 하지만 몇 년 전, 흰목대머리수리 연구를 통해 그보다 더 중요한 장점이 밝혀졌다. 바로 체온을 조절하는 능력이었다. 머리가 벗겨진 피부는 깃털을 분리하지 않고도 열을 더 빠르게 주변 환경과 교환할 수 있다. 흰목대머리수리는 너무 열이 오르면 열을 식히기 위해 머리와 목을 밖으로 쑥 내밀고, 추워지면 열을 보전하기 위해 머리와 목을 둥글게 만들 수가 있다.[16]

어린 콘도르는 머리가 벗겨지면 두 가지 면에서 장점이 있는 것 같은데, 어째서 두개골 깃털이 다 빠질 때까지 수년이나 걸리는 것일까? 한 가지 가능성은 콘도르에게는 대머리가 사회적 행위와 연결되어 있다는 점이다. 성체 콘도르의 피부는 상호작용을 하는 동안 붉어지다가 옅어진다. 어린 콘도르는 부모와 주로 상호작용하므로 해당 종의 다른 구성원과 복잡한 신호를 주고받을 필요가 없다. 그러다 점차 성숙해지면 깃털이 없고 알록달록한 머리를 통해 감정을 표현하고, 성숙한 콘로드 생활에 필수적인 의사소통을 하는 것이다. 그런데 이 점은 지금까지는 가설에 불과하다. 콘도르 연구자들이 해당 종의 생존에 크게 중점을 두면서 그들의 장기적인 행동 연구를 시행할 만한 기회가 없었기 때문이다.

눈에 띄는 깃털 변화 현상은 다른 많은 조류의 새끼 시절에도 일어난다. 콘도르의 경우처럼 우리는 지금도 그 이유를 모른다. 심지어 플라밍고처럼 겉으로 확실하게 보이는 경우에도 마찬가지다. 성체 플라밍고의 유명한 핑크색은 카로티노이드가 풍부한 먹이 때문에 발생한다. 그러나 그들의 화려한 깃털은 단순한 부작용 그 이상이다. 플라밍고는 햇볕으로부터 자신을 보호할 수 있는 카로티노이드를 우선적으로 저장하며, 밝은 색깔을 짝짓기 신호로 활용한다. 한편 새끼 플라밍고는 흰색으로 태어나 재빨리 회색이나 갈색으로 어두워진다. 그전까지는 새끼들이 충분한 카로티노이드를 섭취하면 곧바로 깃털이 핑크색이 된다고 생각했다. 하지만 더 면밀히 관찰해보니, 새끼들은 네 살

새끼 플라밍고는 귀엽긴 하지만 미성숙한 성체처럼 보이기도 한다. 하지만 그들은 그들만의 역할에 잘 적응했다. 보온을 위해 솜털로 뒤덮여 있고, 위장할 수 있도록 흰색과 회색 보호색을 띠며, 부모에게서 나는 소낭유를 삼킬 수 있도록 짧은 일자형 부리를 갖고 있다.

에서 여섯 살이 될 때까지 어두운 색깔의 깃털을 유지했다. 증거에 따르면 새끼들 스스로 번식할 준비가 될 때까지 성체와 같은 깃털 색 변화를 미루는 것이 이롭다는 점이 밝혀졌다. 그렇지 않으면 성체들이 새끼들에게 좀 더 공격적으로 행동할 것이기 때문이다.[17] 이 점은 더 많은 사회적 상호작용을 할 준비가 될 때만 대머리가 되는 콘도르와도 크게 다르지 않다. 그리고 두 개체는 서로 비슷한 연령 범위에서 각각의 변화가 일어난다.

인간처럼 콘도르도 발육이 빠른 개체와 늦은 개체가 있다. 전형적으로 콘도르는 네 살에서 여섯 살 무렵에 사람으로 치면 사춘기에 접어드는데, 어떤 개체는 여덟 살이 되어야 성숙한 콘도르가 된다. 이 전이 동안에 어린 콘도르는 계속 부모의 보살핌을 받는 혜택을 누린다. 이제는 부모가 먹이를 직접 물어다주는 대신 전체 무리에게 새끼를 소개해주고, 상호작용하는 방법을 가르치고, 수직 체계 안에서 그들의 위치를 알려준다. 버넷은 사회생활에 참여할 수 있는 자신감과 기술은 "비행하는 것만큼 중요하다"고 말한다. "새끼 콘도르는 언제든 완벽하게 날아다닐 수 있어요. 하지만 만약 매우 사회적인 군집성 종 안에서 무리와 함께 날아가는 방법을 모른다면 끝난 거예요. 그러면 제대로 날지 못할 수 있어요."[18]

생애 초기 단계 이후에도 계속 부모에게 직접적인 먹잇감을 의존하는 종은 콘드로만이 아니다. 새끼 전갈은 어미의 등 위에 매달리는 데 필요한 특별한 발이 있는데, 스스로 걸어 다니기 시작한 후에도 안전상의 이유로 주기적으로 어미에게 돌아오곤 한다. 이와 비슷하게 어미의 육아낭을 떠날 정도로 충분히 몸집이 커진 유대동물 새끼들도 한동안은 육아낭을 계속 찾아올 것이다. 수컷 침팬지와 범고래 모두 새끼 시절은 물론 심지어 성체가 되어서도 지원을 받기 위해 어미에게 여전히 의존한다.

하지만 역시 독립해야 하는 격렬한 욕구가 존재한다. 콘도르는 짝지을 준비가 되면 부모를 떠나 엄청나게 멀리까지 이동한다. 새끼 무리들은 날아서 함께 죽은 동물 먹이를 찾기 시작하고, 결국 서로 짝이 된다. "내가 처음 집을 나섰을 때 버지니아에서 캘리포니아까지 약 5000킬로미터를 운전했어요. 그래서 이 새들이 왜 그렇게 하는지 이해가 되더라고요. 그 녀석들도 어쩐지 서먹서먹하고 불편한 10대 청소년과 같은 거예요. 동물을 의인화하지 말라고 하는데, 어쩔 수가 없어요."

인간이 아닌 개체의 발달을 설명하면서 청소년기와 사춘기 같은 단어를 쓸 때, 나도 확실히 의인화하고 있다는 죄책감이 들긴 한다. 하지만 이런 사고방식이 양방향으로 작용할 수도 있지 않을까? 콘도르와 거미가 우리와 얼마나 비슷한지 이해하는 것 외에도 우리가 그들과 얼마나 비슷한지 비로소 알게 된다. 우리가 우리 아이들, 혹은 후손들의 기쁨과 도전을 바라보면서 동료 동물들과 공유하는 발달의 양상을 인식할 때, 우리 자신으로부터 조심스러운 거리를 유지할 수 있다. 사실 유아기부터 성숙기까지 이어지는 힘겨운 투쟁은 개코원숭이부터 벌레까지 동물계 전체에서 공유되는 일이다.

11

우화
17년을 기다리는 매미

매미 울음소리
우리에게 아무런 신호가 되지 못해
그들이 곧 죽을 거라는 사실 외엔.

– 마쓰오 바쇼, 〈매미 울음소리〉 중에서

나는 2020년 2월에 이 책을 집필하자는 계약서에 서명했다. 짐작하겠지만, 이 말인즉 내가 원하는 만큼 연구를 위한 출장을 갈 수가 없었다는 뜻이다. 샌디에이고에 새끼 성게를 보러 간 것, 프라이데이 하버에 새끼 해바라기불가사리를 보러 간 것 외에는, 바로 앞 장까지 나온 모든 관대한 과학자들과 새끼 동물들을 영상과 사진, 그리고 전화로 만났다. 어떤 면에서 우리 모두가 난각 안의 배아가 된 것 같은 기분이었다. 모든 환경적 정보 투입은 여행 금지와 사회적 거리두기라는 보호막을 통과하면서 여과되었다. 우리의 행동과 발달 궤적은 더 넓은 세상에서 진행되고 있는 온갖 것의 영향을 받았지만, 우리의 물리적 환경은 극도로 제한되었다.

그러다 2021년 봄에 극적인 기회가 찾아왔다.

15개월간의 전 세계적인 팬데믹 이후, 나는 기꺼이 내 표피에서 기어 나와 나무로 올라가 소리칠 만반의 준비가 되어 있었다. 그때 미국 동부에 엄청난 수의 매미가 정확히 내가 바라는 행동 양식 그대로 할 예정이라는 사실을 알았고, 그 어마어마한 장관이 내가 두 번째 코로나 백신을 맞고 나서 2주 후에 시작된다는 예보를 들었을 때, 최대한 빠른 비행기를 예약하지 않을 수 없었다.

내 고향 캘리포니아를 비롯해 전 세계 대부분의 지역에서 여름철 매미 울음소리는 특유의 배경이 되는 소음이다. 그 곤충 자체로는 어디 있는지 찾기가 힘들다. 하지만 여느 매미와 다른 종류가 미국 동부에 서식한다. 이 매미는 17년마다 집단으로 우화해 포식자를 배불려 식곤증에 빠뜨리고, 비행기 엔진 소리를 짝짓기 울음소리로 착각해 공항으로 몰려든다. 사람들의 반응은 짜증부터 공포까지 다양하다. 메릴랜드의 곤충학자 게이 윌리엄스Gaye Williams는 이렇게 말했다. "이제 말로 사람들을 설득해 진정시키는 데 지쳤어요." 언젠가 한번은 가정마다 야외 결혼식 때문에 걱정하는 전화를 받아 처리하는데 얼마나 넌더리가 났는지, "그러면 하객들에게 새우를 다져 만든 소스를 대접하세요. 그러면 거기에 매미가 빠졌는지 아닌지 분간할 수 없을 테니 말이에요!"라고 말할 정도였다.

하지만 그 독특한 생물학적 현상은 그 우화를 목격하기 위해 수천 킬로미터씩 이동하는 매미 추적자들, 곤충 관련 인재들을 양산하기도 했다. 이제 나도 그들 중 하나다.

◎ 우리만큼 긴 어린 시절

나를 매료시킨 것은 바로 매미의 생명 주기였다. 성충 매미들은 눈길을 끄는 막대한 숫자로 언론의 헤드라인을 장식하지만 몇 주가 지나면 모두 죽고 만다. 하지만 매미는 변태하기 전에 오랜 새끼 시절을 보내는데, 이는 인간의 아동기와 청소년기에 비교할 만한 기간이다. 매미의 생명 주기는 하루살이의 생명 주기에 17을 곱한 것과 같다. 하루살이가 새끼로 보내는 일 년이 매미에게는 17년이 되고, 하루살이가 성충으로 보내는 하루가 매미에게는 17일이 된다(대략 1주나 2주가 된다). 또한 하루살이처럼 매미도 유충이 아니라 약충으로 태어난다. 애벌레, 구더기, 땅벌레, 그 외 진짜 곤충 유충은 보통 벌레를 닮는 편이다. 반면 약충은 형태 면에서 더 곤충 같은 모습을 보인다. 다리가 여섯 개에 겹눈과 더듬이가 있고, 당연히 주변 환경에 뚜렷하게 적응한다. 하루살이 약충은 아가미를 갖고 태어나지만 매미 약충은 진짜 나무뿌리를 찾아 땅 밑을 팔 수 있는 발톱을 갖고 태어난다. 그들은 나무뿌리를 하나 발견하면 향후 17년 동안 그 나무를 붙잡아 수액을 빨아먹고, 자라고, 털갈이를 하다가 태어난 곳에서 몇 미터 떨어지지 않은 곳에 굴을 판다. 거기에 들어가 17년간 땅 밑에서 지냈으니 그들이 땅 위 세상에서 들은 마지막 뉴스가 조지 W. 부시의 재선이었다는 농담이 있을 정도다. 하지만 실제로 그들이 그렇게 세상에서 완전히 고립된 것은 아니다. 매미 약충은 변화하는 나무 수액에서 계절을 느끼고 땅속의 모든 온도 변화를 감지한다.

땅 밑에는 항상 매미 약충이 대기하고 있다. 그들은 우화하는 연도에 기초해 로마 숫자로 기록한 다음 일정 단위의 무리로 분류된다. 2021년 5월, 17년 주기 매미 중 가장 큰 무리인 브루드 10brood X 약충이 변태를 위해 흙에서 기어 나오기 시작했다. 이 시점에서 그들은 땅 파기용 발톱을 한 쌍의 날개로 바꾼다. 수컷의 경우, 이것은 어떤 고성능 스포츠카와도 경쟁할 수 있는 사운드 시스템이 된다. 사람이 가까이 다가가면 스스로 조용해지는 수줍은 캘리포니아 매미와 달리 동부해안 매미는 잠재적 위협으로부터 시끄러운 소리를 감추는 노력을 아예 하지 않는다. 그들의 생존 전략은 단지 그와 같이 엄청난 수로 나타나면 포식자들에게 전부 잡아먹히지 않을 수도 있다는 일말의 가능성뿐이다. 그들이 만들어내는 시끄러운 소리는 삑삑 비명을 지르는 쇳소리, 울부짖는 큰 소리, 둥둥 북 치는 소리, 윙윙거리는 소리로 묘사되곤 한다. 종종 비행접시와 벌목용 사슬톱 소리에 비교되기도 한다. 사실상 그것은 짝짓기 교접의 소리, 더 정확하게는 교접에 앞선 전희의 소리다. 일단 짝짓기가 끝나면 소리를 내지 않기 때문이다. 짝짓기를 한 뒤 나뭇가지에 알을 낳고 나면 7월쯤 성충 매미는 모두 덜컥 죽어버리고, 결국 분해되어 자손에게 먹이가 될 바로 그 나무에 양분이 되어준다.

매미 새끼가 가을에 부화하면, 일단 크기가 너무 작아서 아무리 전체 개체 수가 많아도 사람의 관심을 끌지 못한다. 하지만 관련되는 포식자의 주목을 끌게 된다. 개미와 거미는 당장에라도 덥석 잡아챌 준비를 한다. 이 몇 주간의 부화 기간은 모든 굶주린 작은 육식동물들에게 매미 새끼 뷔페를 제공하는 것과 같다. 유감스럽게 들리겠지만, 이것은 더 큰 포식자로 옮아가는 생태계 내부의 숨겨진 에너지 부양책이다. 약충의 유일한 보호책은 땅 밑에 숨는 것이다. 그래서 그들은 나무로 기어 내려가는 데 시간을 낭비하지 않는다. 그냥 자유롭게 중력이 작용해 땅 밑으로 떨어지게 한다.

맨 먼저 그들은 풀뿌리를 먹다가 몇 주 지나면 일반적으로 부모가 그들을 알로 낳아준 바로 그 나무의 뿌리를 먹기 시작한다. 물론 울창한 숲에서 몇몇 나무의 뿌리는 서로 얽혀 있어서 진짜 그 나무가 아닐지도 모른다. 이 땅속 서식지는 포식자와 몹시 추운 온도에서 지켜주는 은신처다. 두꺼운 흙 담요는 절연체 역할을 하기 때문에 지표면에 눈이 온다 해도 새끼들을 아늑한 온도 13도로 유지해준다. 그러고 보면 새끼 동물들은 심해 열수분출공부터 땅속 굴까지 지구상의 모든 잠재적 인큐베이터를 잘 이용하도록 진화한 것 같다.

나는 우리의 관심을 끈 성충의 요란한 행동(날아다니는 것, 소리 지르는 것, 몸을 나사처럼 비틀어 돌리는 것)과 우화 시점을 결정하는 조용하고 부지런한 유충의 행동이 서로 너무 대조적인 양상에 깜짝 놀랐다. 시간과 온도를 놓치지 않고 주의를 기울이는 쪽은 바로 약충이다. 아주 어렸을 때, 약충의 땅속 활동은 시간과 온도에 완벽하게 동기화되지 않는다. 어떤 매미 약충은 다른 개체들보다 탈피와 탈피 사이 시간이 빨라지면서 허물을 벗기도 한다. 하지만 어쨌든 한 무리 안의 모든 약충은 마지막 탈피 시기까지 함께 도달하며, 그런 다음 정확히 지표 밑에서 4년을 기다린다. 이들을 보니 새끼 조류들이 떠오른다. 그들은 서로 알을 낳은 시점이 여러 날 차이가 나면서도 동시에 부화할 수 있도록 조정하기 위해 난각을 통해 서로 소통할 수 있다. 이러한 새끼 조류 사이의 소통은 진동과 소리의 조합으로 전달되지만, 매미 약충이 어떻게 시간을 조정하고 추적하는지에 대해선 여전히 아무것도 모른다. 그 과정은 너무 느릿느릿하게 일어나기 때문에 실험을 시행하는 것도 사실상 불가능하다.

하지만 변덕스러운 기후는 우리에게 때때로 자연스러운 자연의 실험을 제공한다. 그리하여 매미 약충이 매년 나무 수액 흐름의 변화에 따라 세월의 흐름을 추적한다는 사실을 알려준다. 브루드 14brood XIV는 2008년에 신시내티에서 우화할 예정이었다. 하지만 2006년 12월과 2007년 1월에 연례 없는 온화한 겨울이 찾아와 단풍나무가 일찍 싹을 틔웠다. 그러다 2월의 얼음장 같은 추위가 이르게 싹이 난 나뭇잎을 모조리 죽여버리는 바람에 그 나무들은 여느 때처럼 4월에 적당한 봄이 찾아왔을 때 처음부터 다시 활동해야만 했다. 그래서 2007년에 브루드 14 매미들이 예상보다 이른 시점에 우화한 모습을 보였다. 잘못 찾아온 봄을 맞이한 매미 약충이 한 해가 지났다고 잘못 계산한 탓이었다.[1]

흥미롭게도 매미 약충이 항상 일 년 단위로 계산하는 것은 아니다. 만약 잘못 찾아온 봄이 생애 주기 가운데 초반 5년 동안에 발생하면 우화 시기는 일 년이 아니라 4년이 더 빨라진다. 수많은 매미 무리를 살펴본 결과, 초반에 '일 년이 추가되면' 탈피도 한 번 더 거치고, 결국 땅 밑에서 다시 4년을 쉬게 되는 것이다. 매미 전문가 진 크리츠키Gene Kritsky는 이렇게 설명한다. "아무래도 우리 생각에는 4년 증가분에 맞추어 켜지는 생체 스위치 같은 게 있는 것 같아요." 미국에 서식하는 주기 매미 무리들은 전부 17년 아니면 13년을 땅속에서 보낸다. 여기도 4년 차이가 난다. 그리고 만약 원래 주기를 벗어나 우화하면 항상 일 년 아니면 4년씩 빨라지거나 늦어진다. 이들에게 4년 주기 전환은 추가 일 년보다 훨씬 더 유전자에 뿌리 깊게 배어든 것 같다. 피지에 서식하는 주기 매미들은 단순히 8년 주기로, 인도에서는 4년 주기로 우화하기 때문이다.

크리츠키는 신시내티에서 연구를 수행하고 있었기 때문에 직접 만날 순 없었다. 게다가 2021년의 우화는 워싱턴 DC에 집중되어 있었다. 줌을 통해서 매미를 보러 간다고 말하자 그가 당장 물었다. "그러니까 비행기를 타려고요?"

나는 분명한 어조로 대답했다. "네, 비행기를 타고 가려고 합니다."

"어이, 진짜 용감한데요."[2]

팬데믹 시절에 비행기를 타고 이동하는 데는 걱정할 만한 이유가 차고 넘쳤다. 하지만 내 관심사는 오로지 날씨와 매미의 상황에 대해서만 맴돌았다. 먼저 너무 늦게 도착할까 봐 걱정이었다. 만약 대부분의 매미가 우화를 다 끝낸 뒤에 도착하면 어쩌지! 그 곤충의 변태를 놓치면 안 된다는 일념뿐이었다. 그 무렵, 깜짝 추위가 찾아왔다. 게다가 돌아오는 비행기표는 제 날짜에 반드시 출발해야 하는 취소 불가능한 것이었다. 그러니 이번에는 반대로 매미 울음소리가 넘치는 그 장관이 진짜로 시작되기도 전에, 그러니까 우화도 못 보고 집으로 돌아가야 하는 상황이 생길까 봐 또 걱정이었다.

마침내 출발하는 날이 찾아왔다. 전날 밤 잠을 설친 탓에 두 눈은 벌겋게 충혈되었다. 내가 워싱턴 레이건 공항에서 나만의 출입국 우화 과정을 마치고 코로나 대비용 개인 보호 장구를 벗어버렸을 때, 매미 울음소리가 내 귀를 괴롭히진 않았다. 아, 그리 늦진 않았구나. 그제야 마음이 놓였고, 아주 짧지만 앞으로 머물게 될 새로운 환경에서 한껏 즐기기로 결심했다. 대기의 열기가 훅 느껴졌고, 내 가슴속에선 낙관과 긍정의 마음이 물결쳤다. 나는 푸른 나뭇잎과 붉은 벽돌을 지나쳐 차를 몰면서 내 고향의 갈색이나 황금색과 전혀 다른 워싱턴의 색조를 감상했다.

드디어 내가 머물게 될 친구네 집 마당에서 처음으로 매미를 만났다. 낯선 곳에 와서 사상 처음으로 눈곱만 한 생물학을 알아챌 수 있는 광경이라니, 이보다 더 황홀한 전율은 없다. 그러다 갑자기 여기저기에서 매미가 보이기 시작했다. 처음에는 변태가 끝나고 버려진 텅 빈 허물을 언뜻 보았는데 점점 수십 개씩 눈에 띄었다. 몸집이 큰 한 마리가 시끄럽게 소리를 내며 마당을 가로질러 휭 날아가는 모습을 포착하곤 이렇게 생각했다. '파리라고 하기엔 너무 크고 나비라고 하기엔 딱히 나비 모양이 아닌데. 그럼, 저게 매미구나!'

나는 몸을 굽혀 아주 조용한 성충 매미를 바라보았다. 내가 그렇게 보고 있으니 그 녀석은 금방 일어서더니 마당을 가로질러 날아갔다. 날아가는 모습을 보니 노련한 기술보다는 열의에 더 가까웠다. 비비추에 불시착한 또 한 마리를 지켜보았다. 비비추 줄기 사이에 몸통을 거꾸로 고정한 상태였는데, 그러다 어찌어찌 겨우 자유롭게 꿈틀대기 시작했다. 그들은 매우 시끄럽고, 어쩐지 어색하고 꼴사나운 조종사였지만 그런대로 기능하고 가동되기는 했다. 나는 더 많은 성충을 보았고, 점점 더 많은 개체를 보게 되자 그걸 잡아서 다루는 일은 어이없을 정도로 너무 쉬웠다. 내가 맨 처음 집어 든 매미는 빠져나가고 싶은 마음이 없었는지 뾰족한 발을 내 손가락에 꽉 붙이고는 미동조차 하지 않았다. 몇 초 후에 그 매미의 날개 네 개 가운데 두 개가 서로 붙어 있다는 것을 알아챘다. 그때 처음으로 매미가 탈피하고 있는 모습을 눈앞에서 보았다.

⊙ 위험, 그리고 막대한 무리

나는 주변을 걸어 다니면서 충격적일 정도로 어마어마한 수의 매미 대학살 아수라장을 목격했다. 온통 매미 몸통 파편들이었다. 한 매미는 머리가 잘린 채 여전히 실룩거리며 움직이고 있었다. 개미 떼에 질식되어 마구 으깨진 매미들도 있었다. 최근에 탈피한 매미인지 날개는 오렌지색에 접혀 있었고, 몸통은 흰색에 머리는 어디로 갔는지 빠져 있는 것도 있었다. 매미 머리는 매미에게서 얻을 수 있는 가장 손쉽고 영양분이 많은 조각이다. 그래서 포식자들은 한꺼번에 막대한 숫자의 매미 무리가 찾아오면 적당히 가려서 잡아먹을 수 있다.

매미 성충이 알 낳는 것을 방지하려고 그물을 쳐서 싸놓은 나무 한 그루를 지나갔다. 대부분의 암컷이 알을 낳을 준비를 하려면 아직 며칠은 더 있어야 하지만, 이 나무의 주인은 나뭇가지를 죄다 손상시키고 파괴할 수 있는 알이 대대적으로 밀어닥칠 때를 미리 대비하고 있었다. 부모 쇠똥구리가 땅을 파고 어미 말벌이 애벌레 속에 알을 집어넣듯이, 매미 어미들은 나무 안에서 새끼를 위한 집을 찾는다. 나무껍질 밑이 가장 안전한 천국이다. 포식자로부터 숨을 수 있고, 나무의 생체 조직을 통해 수분을 유지할 수 있기 때문이다. 하지만 거기에 접근하려면 만만찮은 공학적 시도를 해야 한다. 암컷 매미들은 금속재로 보강한 산란관으로 그 시련에 잘 대처한다. 그것은 모든 곤충의 외골격과 똑같은 키틴질로 만들어졌지만, 톱질 동작이 일어나는 끝 지점의 키틴질은 망간과 아연이 가득 퍼져 있다.[3]

수백만 마리의 매미가 각각 수백 개의 알을 낳기 때문에 환경에 상당한 영향을 끼칠 수 있다. 앞에서 말한 금속성의 산란관이 나무 속 깊숙이 파고 들어가면 전체 나뭇가지가 갈색으로 변하고 시들해진다. 이를 가리켜 '자연낙지flagging 현상'이라고 부른다. 인간은 역사적으로 그것이 해로운 일이라고 생각했다. 그런데 연구에 따르면 적어도 몇 종의 나무는 방어용 화학물질로 대응하지만, 나머지 종은 그처럼 자연스러운 가지치기를 당한 이후에도 무성하게 자란다고 보고되었다. 크리츠키는 그의 집 인근에서 어느 해 우화 시기 동안 매미의 산란관으로부터 "극심한 피해"를 받았지만 다음 해에 곧바로 다시 생기를 찾은 나무 이야기를 해주었다. "마치 나무 몸통이 달린 눈덩이 같더라고요."[4] 인간은 오랫동안 매미에게 혐오감을 느꼈다. 심지어 공공연히 무척추동물 애호가인 나조차 곤충이 그렇게 대놓고 억수로 쏟아지는 세상을 헤집고 다니는 것이 다소 깜짝 놀랄 일이었음을 시인할 수밖에 없다. 하지만 그렇게 많이 짓밟히고 잘려나간 매미 아수라장을 지나가면서 내가 느낀 주된 감정은, 그렇게 난도질되지 않았으면 살아 있었을 그 곤충에 대한 측은지심이었다.

나는 사람들이 다니는 길 여기저기에 어지럽게 흩어진 매미 약충 한 마리를 보면서 이렇게 물었다. "어이, 친구, 너는 왜 변태를 하지 않았니?" 또 다른 약충은 날개가 너무 구겨져서 도저히 날 수 없는 상태라 겨우겨우 기어 다니는 모습이었다. 그 날개는 마땅히 확대되어야 할 발생 시기에 그러지 못했던 것인데, 이제는 정말 제대로 펼 수 없게 된 것이다. "아, 불쌍한 날개 같으니. 너한테 어젯밤은 너무 추웠나 보구나. 나도 추웠거든. 친구가 뜨거운 물병을 가져다줘서 괜찮아졌지만 말이야."

그 순간 곤충학자 게이 윌리엄스가 전화로 매미의 변태에 대해 들려준 설명이 떠올랐다. "일단 변태가 시작되면 그건 어쩌면 엄청난 산고를 거치는 분만과도 같습니다. 어떻게 막을 도리가 없어요."[5] 이제 땅속에서 막 나온 매미 약충은 극도의 뒤틀림을 거치면서 꽉 붙들고 있을 만한 장소를 반드시 찾아야 한다. 표피는 등에서부터 갈라지고, 그것은 빠져나가기 위한 작업을 시작한다. 이렇게 상상해보라. 여러분은 어깨와 엉덩이뼈 사이에서 지퍼로 열리는 전신 점프 수트를 입고 있는데, 열린 틈으로 몸 전체를 끌고 빠져나와야 한다. 게다가 그 점프 수트는 발과 손, 머리와 얼굴을 온통 뒤덮고 있고, 맨 아래에서 안구까지 몸의 모든 윤곽선마다 꽉 달라붙게 만들어놓았다.

“세상의 모든 절지동물에게 그때가 생애 가장 위험한 순간입니다.” 윌리엄스가 덧붙였다. 만약 몸의 어느 부분이라도 옛날 허물에 들러붙는다면, 그 동물은 살 가망이 없다. 이 말을 들으니 조류가 부화할 때의 치명적 사망률이 떠올랐다. 껍질을 깨고 스스로 빠져나올 수 없는 새끼는 그 안에서 죽어간다. 이렇게 아주 작은 매미의 비극적인 상황은 쉽게 찾을 수 있다. 그렇게 죽어가는 개체는 숲속으로, 나무 속으로 숨기 위해 날아갈 수가 없기 때문이다. 하지만 사방팔방 다니면서 나뭇잎을 좀 더 유심히 살펴보니 완벽하게 탈피를 끝낸 새내기 성충도 많이 보였다. 이제 그들은 조용해졌다. 기다려본다. 조용하다. 이제 매미의 안쪽은 너무 부드러워져서 소리를 낼 수가 없다. 그들의 외골격은 이미 딱딱해졌지만 내골격은 적당히 시끄러운 소리를 내려면 역시 딱딱해져야 한다. 대체 그건 어떤 걸까? 바깥은 딱딱하고 안쪽은 부드러운 느낌이라니!

저녁에 가족들한테 마당에 있는 매미 허물을 보여주려고 영상 통화를 했다. 우리 아이들이 텅 빈 허물을 감탄하며 바라보고 있을 때, 이제 막 땅속에서 나와 기어 올라가는 약충을 하나 발견한 나는 흥분해서 그만 소리를 질렀다. 나는 그 약충을 아이들한테 보여주고, 그런 다음 사진을 찍기 위해 들어 올렸다. 약충 한 마리가 흙먼지 위로 터덜터덜 걸어가는 모습을 지켜보려고 쪼그려 앉았을 때, 바스락거리는 소리가 들려 고개를 들어보니 거기에 한 마리가 더 있었다. 또 어떤 움직임이 눈에 들어와서 봤더니 또 한 마리가 있었다. 그제야 내가 매미 약충 밭에 앉아 있다는 걸 알아챘다. 모두가 오랜 허물에서 벗어나기에 좋은 자리를 찾아 느릿느릿 움직이는 중이었다. 땅 위 곳곳에는 여러 구멍과 탈출구 자국이 남아 있었다. 그들은 이미 수주 전부터 땅을 파내려가 그 안에서 딱 맞는 시기가 찾아오기를 기다렸던 것이다. 빈 구멍 안에 내 새끼손가락을 찔러보았다. 구멍 안의 사방 벽은 단단하고 건조했다.

나는 나무에서 덤불숲, 그리고 울타리를 오가며 어둠 속에 그대로 서 있었다. 그러면서 약충들이 차례대로 17년 새끼 시절의 마지막 잔재에서 자유롭게 풀려나려고 애쓰는 모습을 지켜보았다. 그들이 정말 성공적으로 탈피를 할 때, 그 변형은 놀랍기 그지없다. 오랜 허물 안에서 단단히 말려 있었던 날개가 완전히 부풀어 오르더니 윌리엄스의 표현을 빌리자면 "샤워 커튼처럼 차르르" 내려왔다.[6]

그러면 소리는 어떻게 되었을까? 다음 날, 밖으로 나가자마자 매미 울음소리 공격을 받았다. 매미의 합창이 시작된 것이다. 높고도 끈질긴, 극도로 집중된 웅웅거림이었다. 이따금 배경 소음이 되기도 하지만, 블록 하나만 더 걸어가면 또다시 매미로 그득 찬 나무 아래를 지

왼쪽 그림처럼 매미 약충이 외골격에서 풀려나려면 먼저 발을 단단히 고정시켜야 한다. 가운데 그림에서 붉은 눈 바로 아래 까만 점은 농축 색소로, 점점 몸통 전체로 흩어지면서 성충이 되면 완전히 까만색으로 착색된다. 오른쪽 그림처럼 이보다 더 재빠른 발달 진행으로 매미 날개는 더 확대되는데, 이는 피를 끌어올려 시맥(翅脈)으로 넣어주면서 이루어진다.

나가고 있었다. 그러니 그 소음은 그저 배경이 아니라 정확히 전경으로 찾아왔다. 어쩌면 매미와 함께 그 소리에 맞추어 내가 진동하고 있는 기분이 들었다. 오랫동안 이곳에 사는 한 주민은 아동극장에서 일하는 사람이었는데, 지난번 우화 기간 중에는 무대에서 배우들이 음악을 들을 수가 없고, 관객들이 배우의 소리를 들을 수가 없어서 프로그램을 취소해야만 했다고 말해주었다. 그러면서 이렇게 덧붙였다. "한창 매미가 나오는 성수기에는 밖에 나와 자동차 타이어만 봐도 온통 매미 천지예요. 매미를 다 쓸어내든지 아니면 그냥 차에 시동을 걸고 나가는 수밖에 없죠, 뭐."

워싱턴의 곤충학자 댄 그루너Dan Gruner를 찾아갔을 때, 그는 아무리 매미가 많아도 차를 움직이기 전에 타이어에 붙은 매미를 항상 다 떼어낸다는 사실을 알고 무척 감동을 받았다. 사실 내가 찾아갔을 당시에도 그는 보도에서 매미를 집어 들고 나무 위에 올려놓느라 분주했다. 그걸 보고 감탄하듯 말을 꺼내자 그는 진지한 어조로 이렇게 답했다. "저는 항상 매미를 구합니다. 오늘 아침에 여섯 살짜리 이웃집 아이들이랑 함께 걸어가고 있었어요. 아이들 질문에 대답도 해주고, 매미를 땅에서 집어 나무 위에 올려주는 방법을 알려주었어요. 그러면 매미를 살릴 수 있다고요. 그래봤자 아주 크게 변하는 건 없겠지만요."[7] 이런 경우 개별 동물을 구조하는 것은 앞서 한 마리 한 마리가 다 중요한 콘도르처럼 해당 종을 보존하는 것과는 무관하다. 그저 그루너와 내가 공감하듯 우리가 살고 싶은 세상의 모습을 만들어가는 것에 가깝다. 아이들이 놀이터에서 매미를 잡아 다리를 부러뜨리는 그런 전형적인 잔인함이 아니라, 고사리손으로 작은 매미를 구조하는 선택을 하는 그런 세상 말이다.

나는 그루너에게 약충이 어떻게 시간의 흐름을 표시하느냐는 해묵은 질문을 던졌다. 그는 계절의 변화가 유전자 표지를 통해 천천히 작용하는 것 같다고 넌지시 말했다. 이는 유전자 메틸화가 작용하는 또 하나의 사례가 될 수 있지만, 아직까지 검증되지 않은 개념으로 남아 있다.

사실 아직도 매미의 생명 주기에 수반되는 너무 많은 수수께끼가 풀리지 않은 채 그대로다. 그루너에 따르면, 모든 사람이 우화를 촉발시키는 "마법적이고 신비한" 온도가 섭씨 18도(화씨 64도)라고 말한다고 한다. 하지만 바깥 온도가 섭씨 18도라는 사실을 매미가 어떻게 아는 걸까? "매미는 모르죠." 그루너가 싱글벙글 웃으며 답했다. 그 수치는 1968년에 나왔는데 이후로 그 연구는 한 번도 반복된 적이 없다. 그루너와 연구생들은 좀 더 상세한 그림을 볼 수 있는 데이터를 수집하기 위해 부지런히 땅의 온도를 추적해오고 있는 중이다.

온도와 우화 사이의 관련성은 단순히 학계의 주제만은 아니다. 만약 약충이 온도 신호에 반드시 의존한다면, 교외와 숲속 사이의 온도 차이는 비동시성asynchrony, 시기 맞춤 오류를 초래할 수도 있다. 다시 말해 같은 무리의 매미라도 어떤 장소에서는 좀 더 일찍 우화하고 또 다른 장소에서는 더 늦게 우화하게 된다는 뜻이다. 이는 순전히 대규모 숫자로 압도적 포식자에게 의존하는 종에게는 위험한 가능성이다. 만약 우화가 너무 여기저기에서 이루어진다면 포식자는 결코 한 번에 포만감에 이르지 못할 것이기 때문이다.

매미 서식지를 비교하기 위해 우리는 그루너의 집 뒤쪽 울타리를 훌쩍 뛰어넘었다. 반대편 숲 지역으로 이어진 산길은 내가 느끼기에도 조금 전까지 우리가 있었던 교외 정원과 도로보다 확실히 더 서늘했다.

그 산길을 따라 여러 개의 약충 구멍이 보였지만 성충은 거의 보이지 않았다. 확실히 여기서는 아직 우화가 대폭 늘어나지 못했던 것이다. 그루너는 나를 두꺼운 낙엽층으로 둘러싸인 나무로 데리고 갔다. 그러더니 약충이 파내려간 굴의 연장선이나 흙 탑을 보려면 낙엽을 어디쯤에서 끌어올려야 하는지 알려주었다(어째서 단지 몇 개 굴만 흙 탑 안에 늘어서 있는지 또 하나의 수수께끼다. 한 가지 가설은 그렇게 해야만 약충이 흐르는 물과 비에 쓸려가지 않고 보호받을 수 있다는 것이다). 흙 탑이나 굴 안에서 약충은 전혀 보이지 않았는데, 그루너에 따르면 낮 동안에 더 깊이 숨어 있다고 한다. 분명히 느릿느릿 움직이는 멍청한 우리를 피하려고 그랬던 것이다.

내가 떠나기 전, 그루너는 자기 집 현관문에 걸려 있는 화분에서 우는비둘기 둥지를 보여주었다. 그는 몇 주 동안 둥지 주변에 조심스럽게 물을 주고, 심지어 알을 품는 어미가 먹이를 찾아 잠시 나간 사이 둥지 안에 있는 옅은 색 알의 사진도 찍을 수 있었다. 여타 조류와 달리 우는비둘기는 곤충을 먹이로 먹지 않는다. 그러므로 어미는 매미 철에 매미를 거하게 먹지 않아도 된다. 오히려 우는비둘기는 곤충과 공통점이 있다. 바로 인간이 지배하는 환경에 번식 습성을 적응하는 능력이다. 그 결과 가로수가 즐비한 도로에 매미가 차고 넘쳐도 우는비둘기는 사람이 사는 집에 둥지를 튼다.

⊙ 멍청한 사람들

그루너와 헤어지고 나서, 메릴랜드 아나폴리스에 같이 가자고 친구 로라를 꾀었다. 곤충학자 게이 윌리엄스를 직접 만나고 싶었다. 특히 그녀가 전화로 설명해준 "매미 암소 조각상ci-cow-das"을 직접 보고 싶었다. 메릴랜드 농무부 건물 차도 옆에 커다란 암소 조각상이 두 개 있는데, 현재 브루드 10을 기념하기 위해 매미 모습의 옷차림으로 장식되어 있다고 했다.

윌리엄스는 매미 우화 시기, 정부기관에서 일하는 곤충학자의 이분법을 그대로 구현한다. 농무부 소속 정부 관리 입장에서 매미에 대해 말하는 것조차 신물이 날 지경이지만, 곤충학자로서는 해도 해도 할 말이 끝이 없다. 과거 우화가 일어날 때는 시민들이 하도 민원 전화를 하는 통에 몸이 너덜너덜해질 지경이었다. 그럼에도 불구하고 윌리엄스는 이렇게 말했다. “저는 너무 신나요. 티셔츠에 매미 그림도 출력하고 있어요. 매미 종이접기도 다시 해보고요.”[8] 주변에 수백만 마리의 매미가 있어도 그녀는 유독 색깔 변이가 있는 매미를 찾는 데 아주 열심이다. 자주 나타나는 붉은 눈 말고도 희귀한 형태는 파란 눈알이나 갈색 눈알을 갖고 있다. 그러면서 2004년에 발견한 희귀한 매미를 얼마나 애정을 담아 기억해내는지 모른다. “그 매미 날개 안의 시맥이 전부 까만색이더라고요. 까만 콜벳 스포츠카처럼 몸통이 엄청 뜨거웠어요.”(그녀가 그것처럼 “뜨거웠다(hot)”는 게 무슨 뜻인지 알아채는 데 1초 정도 걸렸다.)

윌리엄스는 매미의 미래에 대해 은근히 우려를 표했다. “2004년 이후로 끔찍하게 많은 일이 생겼어요. 알다시피 기후변화 관련 이야기도 딱히 루머라고 할 순 없고요.” 인간이 땅을 개발하는 단계가 달라질 때마다 각각 서로 다른 결과가 발생했다. 초기 유럽인 정착기 동안에 숲이 다 잘려나가 농장으로 대체되면서 어마어마한 수의 나무가 없어졌다. 매미에게는 이로울 게 하나도 없었다. 요즘은 사람들이 농장을 주택과 쇼핑 건물로 바꾸는 경향이 더 많아지면서 장식이나 그늘용 나무가 덩달아 늘어났다. 그늘용 나무는 매미에게 정말 요긴하다. 하지만 인간은 한 나무를 17년 동안 한 자리에 그대로 둔다고 약속할 수 없다. 만약 우화와 우화 사이에 교외의 나무 한 그루가 잘려나가면, 그 나무 뿌리 수액을 먹고 살던 모든 약충이 거의 확실히 죽을 운명에 처하게 된다.

2004년 윌리엄스는 어느 가정집에서 특이한 나무 한 그루를 발견했다. 그 나무는 거의 비명에 가까운 매미 소리로 꽉 차 있었다. 그 아래에서 녹음 볼륨 측정을 해보니 105데시벨이 나왔다. 그것은 소위 암석을 뚫고 발파 구멍을 만드는 착암기보다 더 시끄러운 수준이었다. 그때의 경험을 그녀는 이렇게 설명했다. "정말 고통스러웠어요. 귀마개를 껴야만 했고요. 어느 시점이 되니 피부로 스멀스멀 오싹하니 불쾌감이 들기 시작했어요."[9] 하지만 그러한 곤충의 소음 한가운데서 인간이 아무리 불쾌하다고 해도 정작 그 나무의 운명을 생각하니 또 다른 종류의 오싹한 불쾌감이 밀려왔다. 그 집의 주인은 세상을 떠났고 그 집도 팔렸다. 그리고 새 집주인은 잔디밭을 만들려고 그 나무를 잘라내고 말았다.

워싱턴 DC에서 아나폴리스까지 가는 벨트웨이에 교통 체증이 심한 시간에 딱 걸렸을 때, 기꺼이 동행한 로라에게 특히 고마운 마음이 들었다. 결국 우리의 전진은 완벽한 멈춤을 기반으로 한다. 교통 체증이라면 알 만한 로스앤젤레스 사람으로서 그 정도쯤은 괜찮았지만, 아무것도 모르는 외지 사람으로서 현지인에게 내비게이션을 넘겨주는 게 맞다고 생각했다. 윌리엄스가 왜 그렇게 오래 걸리는지 궁금해서 전화했을 때, 로라는 나 대신 전화를 받아 알려주는 길을 끈기 있게 받아 적었다. 그 속에 교통 체증에 대한 온갖 재미있는 비판부터 자기 집 개가 자꾸만 매미를 잡아먹고 싶어 한다는 것까지 흥겨운 이야기꽃이 피었다.

마침내 아나폴리스에 도착해 매미 장식을 한 암소 조각상을 보고 완전히 반해버렸다. 암소 등 뒤에는 커다란 투명 날개가 붙어 있었고, 코에는 까만 스타킹을 덮어놓았으며, 눈 위에는 빨간색 작은 유리잔을 달아놓았다. 윌리엄스는 2004년에 처음으로 이런 이벤트를 시도했다. "그때는 이런 작은 유리잔도 없었어요. 그래서 큰 걸로 썼죠." 여하튼 이 간단한 문장보다 "17년이 지났다!"를 더 잘 표현해주는 것은 없다.

윌리엄스는 여기저기를 안내해주면서 잔디밭에는 들어가지 못하게 했다. 확실히 그곳은 진드기 천국이었다. 농무부 소속 잔디가 진드기 천지라니 얼마나 웃기던지! 내가 피식거리며 웃는 동안, 로라는 진드기를 잡아먹을 수 있게 주머니쥐를 조금 풀어놓으면 어떻겠느냐며 실용적인 제안을 했다. 그러자 윌리엄스가 이 진드기는 너무 작아서 주머니쥐가 먹을 수 없을 정도라며 반대했다. 역시 유충에 사로잡힌 연구자인 나는 나중에 그 문제를 조사해보자는 메모를 남겼다. 집으로 돌아와 살펴보니, 주머니쥐가 진드기를 잡아먹는다는 개념은 2009년에 과학자들이 다리가 여덟 개 달린 성충이 아니라 다리가 여섯 개뿐인 진드기 유충 한 무리를 서로 다른 포유류에게 던져주었던 한 연구에서 비롯된 것이었다. 과학자들은 그로부터 4일이 지난 후 각 동물과 한 울타리에 있던 진드기 유충이 몇 마리나 남았는지 세어보았다. 그리고 남아 있지 않은 진드기는 포유류에게 잡아먹혔다고 결론을 내렸다. 이 계산으로 주머니쥐는 진드기 유충의 약 90퍼센트를 먹었다는 놀라운 통계 수치가 나왔다![10] 하지만 후속 연구에서는 많은 진드기가 미처 발견되지 못했을 것이라는 점을 밝혀주었다. 게다가 야생 주머니쥐의 위 내용물을 검사했을 때 진드기 성충이나 유충은커녕 진드기 조각조차 발견되

지 않았다. 세상에, 결국 주머니쥐는 진드기를 마구 해치우는 슈퍼히어로가 아니었던 것이다.[11]

매미 암소 조각상 뒤, 우리가 서 있는 자리에서 진짜 매미들의 합창을 유심히 듣고 있을 때, 윌리엄스는 무표정한 얼굴로 주변을 관찰했다. "고음이 생생하네요." 하지만 그녀도 나와 마찬가지로 그 소리가 심하게 크지 않다는 점에 실망했다. 내가 집으로 돌아오고 며칠 후, 드디어 매미 소리가 100데시벨 이상을 기록했다는 소식과 함께 의기양양하게 쓴 그녀의 이메일을 받았다. 우리는 매미와 예술을 사랑하는 마음으로 유대감을 형성한 사이였으므로, 그녀가 내 공책에서 보고 무척 좋아해주었던 매미 스케치를 첨부해 답신을 했다. 그러자 이번에는 그녀가 아리송한 제안을 하나 보내왔다. "굿윌 스토어에 가서 밝은 색깔의 면 티셔츠를 찾으세요. 그리고 나한테 집주소를 알려주세요. 그러면 좋은 일이 있을 거예요."

그런 기회를 놓칠 사람은 없다. 나는 밝은 회색 셔츠를 골라 답했다. 그리고 얼마 후 상단에는'제1세대 XThe First Gen X'라는 글자, 하단에는 까만색과 오렌지색 매미 한 마리가 예쁘게 실크스크린 인쇄된 셔츠가 집에 도착했다.

⊙ 포식자와 기생충

그 지역에서 매미를 실컷 먹어 치우는 잡식성 동물들을 살펴보면서 한 가지 의문을 품었었다. 그러면 인간은 어떨까? 앞에서 살펴본 대로 곤충 단백질은 다른 여러 선택사항보다 지속 가능성이 더 높은 식량원이 될 수 있다. 그리고 수많은 현대 산업화 사회에서 매미에 대한 혐오감이 있음에도 불구하고 그것은 아주 오랫동안 전 세계 많은 지역에서

애용하는 주식이었다.

워싱턴의 일정이 거의 끝나갈 무렵, 한 친구가 '팝업 매미 야외 요리 파티' 행사가 바로 시작된다며 급히 알려주었다. 그것은 유명 셰프이자 지속 가능한 음식 분야의 선구자인 분 라이Bun Lai가 준비한 행사였다. 장소를 보니 내가 머물고 있는 곳에서 몇 분 걸리지 않았다. 그 순간 잠시 내 평생의 채식주의와 작가로서 최대한 깊이 매미에 대한 경험에 푹 빠지고 싶은 욕망이 서로 싸움을 벌였다.

결심했다. 이제 매미를 먹어볼 때가 왔다.

내 여행의 마지막 날, 기가 막히게 더운 봄날이었다. 나는 에어컨을 켜고 차를 몰고 가고 싶은 마음이 굴뚝같았지만, 그 대신 그곳의 습한 열기를 느끼면서 매미 소리를 감상하려고 창문을 내렸다. 가로수가 늘어선 이쪽 블록에서 다음 번 블록까지 차를 타고 내려가는데 매미 소리가 파도처럼 쓱 올라왔다가 조금씩 희미해져 갔다.

공원에 도착해 이 행사를 알려준 친구와 그 친구의 아이들, 라이의 친구들, 그리고 이 지역에서 우연히 알게 된 다양한 지인을 비롯해 다정한 사람들을 발견했다. 캠핑 상담 전문가이자 운동 코치인 어느 청년은 중학교 시절 겪은 2004년 우화를 기억했다. 그는 자신에겐 그루너처럼 매미를 사랑하는 멘토가 없었다며 씁쓸하게 자기 경험을 이야기했다. "그때 매미 앞다리 두 개를 떼어버리면 머리도 죽어버리는지 알아내려고 했어요. 이건 내가 가르치는 아이들한테는 절대 말하지 않는 사실입니다."

비록 매미를 먹으려고 거기에 모인 것이지만, 우리 사이엔 그곳에 모인 사람들에 대한 거의 경외심에 가까운 정다움과 온화함이 가득했다. "이것은 신성한 경험입니다." 라이는 이렇게 말하면서 활짝 웃었다.

그 말은 농담 같지만 어쩌면 진실일지도 모른다. "일본에서는 사람들이 정말로 곤충을 다 받아들입니다. 우리는 반려동물처럼 곤충과 함께 지내곤 했어요. 우리 집엔 장수풍뎅이도 있었어요. 그건 수박을 먹더라고요. 나는 말 그대로 곤충을 먹는 게 아니라 곤충을 사랑하면서 성장했습니다."

현재 라이는 곤충 단백질을 지속 가능한 식사 행위로 이행하는 여러 가지 접근 방식 중 하나로 생각한다. 그는 종종 외래 유입종을 먹는 것에 초점을 맞추는데, 물론 매미는 여기에 포함되지 않는다. 하지만 그는 하나의 출발점으로 대단한 매미 구경거리와 함께 좀 더 환경적으로 화합할 수 있는 음식이라는 이름으로 우리의 미각을 관습에서 벗어난 다양한 입맛에 열어보자고 말하고 있었다. 오늘은 매미, 그리고 내일은 아마 아메리카동애등에 유충이 될지도 모르겠다.

라이는 피크닉용 테이블에 작은 스토브를 올리고 그렇게 튀겨낸 매미로 스시를 만들기 위한 모든 준비를 해놓았다. 나는 앞 사람들을 따라서 접시에 해초를 놓고, 밥과 아보카도 몇 개를 올리고, 죽은 매미 두 마리를 조심스럽게 선택했다. 그걸 먹으면서 내가 한 마리 새가 된 듯 상상했다. 그건 내가 가장 좋아하는 아보카도 스시에 약간의 소금과 바삭거림이 추가된 맛이 났다.

너무 많아서 내가 완전히 파악할 수조차 없는 동물의 풍요로움에 둘러싸인 채, 평생 처음으로 일부러 동물을 먹어보는 진짜 생생한 경험과 초현실주의 같은 시간에 푹 빠졌다. 그 공원에서는 매미의 밀도가 그다지 압도적이지 않았지만 수백만, 아니 수십억 마리가 무리를 지어 합창하는 매미 소리를 귀 기울여 들었다.

그게 끝이 아니었다. 야외 요리 파티를 마치고 돌아오는 길, 목적지에 도착하기도 전에 너무나 두꺼운 매미 층에 서 있게 되었음을, 그래서 내가 그것을 밟지 않고는 혹은 매미가 내 발을 밟지 않고는 움직일 수 없음을 알게 되었다. 그곳은 다른 친구의 집이었다. 그녀도 발생생물학자였는데 정말 유머감각이 뛰어난 사람이었다. 그녀의 아이 두 명도 뒷마당에서 나와 함께 어울렸다. 나는 아이들에게 암수 매미를 구별하는 방법을 알려주고, 윌리엄스가 나한테 알려준 것처럼 수컷 매미를 놀라게 해서 알람처럼 까악까악 소리를 내게 하는 방법도 말해주었다(이보다 매미 한 마리를 귓가에 올려놓고서 그 녀석이 그렇게 불편한 자세로 잡혀버린 것에 분노해 까악까악 소리를 낼 때, 그 녀석 집게발이 볼을 살짝 만지거나 머리카락을 살며시 잡는 부드러운 느낌만큼 좋은 건 없다).

내가 어쩌다 겨우 해보고, 어쩌다 눈으로 본 그날의 모든 것에 너무 흡족한 마음으로 다음 날 집으로 돌아왔다. 여전히 머릿속에는 주기 매미 현상에 대한 생각으로 가득했다. 어떤 종은 해바라기불가사리가 성게 개체 수를 조절하는 것처럼 생태계에 엄청난 영향을 준다. 아마 매미는 그 정도로 중요하진 않을 것이다. 하지만 어떻게 인간이 생태계의 중요도에 순위를 매길 수 있을까? 아직도 과학자들은 매미의 다양한 생명 단계와 그들을 둘러싼 다른 동물, 식물, 균류, 미생물 사이의 새로운 관련성을 찾는 중이다. 성체의 몸통은 퇴비가 되어 땅을 비옥하게 만든다. 새끼가 땅을 파는 것은 흙 속으로 공기를 통하게 한다. 나뭇가지에 알을 낳는 것은 나이 든 나무에 활기를 되찾아준다. 한편 보통 때 애벌레를 먹는 조류는 매미로 갈아탄다. 처음에는 그 점이 애벌레에게 좋은 이야기로 들리지만, 사실 풍부한 애벌레 개체군에게 애벌레를 잡아먹고 숫자를 줄여주는 조류가 없다면 평상시보다 애벌레 안에 알을 채우려는 더 많은 기생말벌이 몰려올 것이다. 그루너와 연구생들은 이런 사례에 해당하는지 확인하기 위해 기생동물에게 잡힌 애벌레 수효를 계산해왔다.

그루너는 자신의 연구에서 파생되는 포식 행위에 정통하고 친숙하지만, 온화한 성정 때문에 집에서 함께 살고 있던 새가 그 영향을 받을 때면 여전히 슬퍼한다. 내가 집으로 돌아오고 며칠 후 그가 편지를 보내왔다. "비둘기한테 무슨 일이 일어났었나 봐요. 둥지를 다 비워서 가보니 땅에 알껍데기가 있더라고요. 내가 우는비둘기 녀석에게 애착이 생기고 잘되었으면 하는 마음이 너무 깊었나 봐요. 현관문에 있는 그놈의 화분을 볼 때마다 마음이 착잡하네요." 나는 그 말을 듣고 조금 눈물을 흘렸다. 아마 제대로 우화하지 못하고 허물 안에 그대로 붙어 있거나, 짓눌려졌거나, 잡아먹힌 매미 약충을 보면서 내가 느꼈던 불쌍한 마음과 복합적으로 작용한 것 같았다.

그래도 삶은 언제나 계속된다. 나중에 그루너가 우편으로 연구 논문을 보냈는데, 그 위에 이렇게 적힌 포스트잇이 붙어 있었다. "추신, 캐롤라이나굴뚝새 한 마리가 그 화분에 찾아왔는데 새끼들이 보여요. 우는비둘기가 떠나면서 다 잃어버린 줄 알았는데 아니었어요."

지금 세상의 동물 대부분은 배아 아니면 유생이다. 그리고 대부분의 배아나 유생은 성체까지 생존하지 못할 것이다. 이것은 생태 발생생물학의 가장 혹독한 진실이자 현실이다. 나는 새알 안에서 죽어간 모든 배아를, 그리고 다른 유생을 포함해 플랑크톤 바이러스 생명체에게 잡아먹힌 모든 해양 유생에 대해 곰곰이 생각한다. 매미 우화를 보러 간 나의 경험은 자연 세상의 죽음이 곧 보편성임을 다시 한번 강조해주었다.

1800년 과학자 벤저민 베너커Benjamin Benneker는 매미 성체에 대해 이렇게 썼다. "그들은 하늘의 혜성처럼 우리 곁에 찾아와 잠시 머물다 간다. 비록 그 삶이 짧다 해도 그들은 즐거워한다. 그래서 지상에 나온 첫날부터 죽을 때까지 노래하거나 크게 소리를 내기 시작한다."[12]

혜성 비유는 참으로 적합하다. 우리가 볼 수 없을 때도 혜성은 여전히 우주를 여행하면서 계속 존재하기 때문이다. 매우 풍요로운 성체를 직접 관찰한 경험은 오히려 눈에 보이지 않지만 엄연히 땅 밑에 존재하면서, 부모의 어떤 안내와 보살핌도 없이 묵묵하게 다음 17년 동안 자신의 길을 꾸준히 세어 가는 수많은 새끼에게 새로운 경외심을 일깨워주었다. 황금 같은 매미 풍년을 기상나팔처럼 들었던 시간을 뒤로하고, 나의 자식들이 있는 집으로 돌아왔다. 내가 여전히 아이들 커가는 모습을 함께 지켜보고, 아이들이 이렇게 조금씩 성장하면서 바로 내 곁에 있다는 사실이 새삼 고맙고 감사했다.

맺는 글

새끼들에게 은근히 의지하는 우리

네 아이들은 너만의 아이들이 아니야.

그들은 삶, 그 자체를 열망하는 우리 삶의 딸과 아들이지.

- 칼릴 지브란, 〈아이들에 대하여〉 중에서[1]

내가 사람들에게 새끼 동물에 대한 책을 쓰고 있다고 말했을 때, 다들 어린이 책이라고 추측하는 눈치였다. 우리 애들을 포함해 이 책에 관심을 가진 아이들로부터 이 책을 떨어뜨려 놓을 의도는 전혀 없지만, 책의 길이와 어휘로 보면 전형적으로 어른 책에 더 가깝다는 사실을 눈치챌 것이다. 그렇다 하더라도 전적으로 그 주제만을 다루는 것은 거의 불가능했다. 그래서 각각 가장 취약한 상태와 가장 활발한 상태의 새끼 동물들을 보여주는 데 목적을 두고 대표적인 종과 이야기를 제시했다. 내 목적은 사람들이 예전부터 이미 알고 있는 것보다 훨씬 더 크면서도 동시에 훨씬 더 작은 세상을 활짝 열어주는 것이었다.

지구상의 모든 동물이 스스로를 단일세포 상태로 축소함으로써 재생산하고 번식한다는 사실을 생각하면 매번 놀라고, 더구나 그 놀라움은 결코 멈출 수가 없다. 소라고둥부터 콘도르까지 저마다 모든 몸통 형태는 스스로를 새로운 존재로 만들어낼 방법을 찾는다. 그 과정은 완전히 무에서 시작하는 게 아니라 내부와 외부의 신호와 관계를 서로 조합하면서 일어난다. 알과 배아는 이 세상 곳곳의 여러 작은 지역 환경 속에 숨어 있다. 집 안 벽에 숨은 거미알부터 비온 뒤 공원 웅덩이 속의 모기알, 바다 해류와 심지어 바람을 타고 춤추는 온갖 알까지 그 면면도 다양하다. 개별 종의 미래는 공기, 물, 먹이, 그리고 공생 파트너에게 접근할 수 있는 이런 연약한 새끼들이 얼마나 충분히 많은가에 달려 있다.

새끼 한 마리 한 마리는 세상이라는 천을 뚫고 한 땀 한 땀 바느질하는 작은 바늘과 같다. 그렇게 그들은 미세한 세상과 거대한 세상을, 가까운 세상과 머나먼 세상을, 그리고 미래 세상과 과거 세상을 함께 연결해준다.

⊙ 평생 삶 전체를 관통하는 자연과 양육

1932년 훗날 유전학의 창시자가 된 발생학자 토머스 헌트 모건은 이렇게 썼다. "내가 지금에 와서 개인의 성격이 그의 유전 기질과 환경이 동시에 낳은 산물이라고 계속해서 반복 설명할 필요가 없다."[2] 90년이 지난 지금, 나 역시 그 논점을 계속 이야기할 필요가 없다. 그건 과학이 전혀 발전하지 않아서가 아니다. 정확히 말하자면, 내가 여기서 반복 설명하고 있는 유전학과 환경, 두 가지 요인에 대해 우리는 아주 많은 사실을 이미 배워 알고 있기 때문이다.

과학 분야 사이에 대중적 인기가 시계추처럼 끊임없이 왔다 갔다 하며 변화하기 때문에 주기적으로 그 점을 잊지 않게 계속 상기시키는 노력이 꼭 필요하다. 유전학에 대한 모건의 복음주의적 열성의 결과, 유전적 결정론은 열렬한 추종자를 얻었다. 그리고 환경이 발생에 미치는 영향은 깡그리 잊혔다. 유전자에 대한 숭배가 함께 일어났고, 그것은 정보기술과 복잡하게 얽히게 되었다. 컴퓨터가 사상 처음으로 유전자 배열 순서를 밝히는 게 가능해졌고, 그 덕에 더 많이 더 빠르게 그 일을 할 수 있게 되면서 우리는 유전자 자체를 설명하기 위해 컴퓨터식으로 비유하기에 이르렀다. DNA는 신체의 '조직'으로 운영되는 '코드'가 되었다. 해당 은유는 그것만의 사용법이 생겼지만, 우리가 더 많이 알게 될수록 그것은 더욱더 부정확하게 보인다.

스콧 길버트가 제안한 대체 은유는 이렇다. "각 통생명체적 유기체를 하나의 연주로 보는 것이다. 우리는 하나의 음악 작품(유전자), 그 유전자를 해석하는 방법을 상속받는다. 그리고 즉흥연주를 하는 방법은 그 음악 작품을 불완전한 상태로 존재하게 해야 한다. … DNA는 똑같더라도 각각의 연주는 다르다. 일란성쌍둥이는 똑같은 음악 작품을 서로 다르게 연주하는 개체들이다."[3]

컴퓨터 프로그램은 "운용하다가 끝날" 수 있지만 음악 연주는 평생 지속할 수 있다. 발생 사례에서도 그 점은 동일하다. 곤충학자 제프 톰벌린은 이렇게 말한다. "나는 지금 마흔아홉 살이지만 지금도 하나의 개체로서 계속 발달하고 있는 중입니다. 제가 그대로 멈춰 정적인 존재가 아니라는 개념이 마음에 쏙 들어요. 내가 항상 변화하고 있다는 거잖아요."[4]

변태는 성체 동물에게서도 발생할 수 있다. 하나의 몸에서 또 하나의 몸으로 변하는 것이다. 동물 중에서 내부와 외부 여러 요인의 결합을 통해 성체로서 성별을 바꾸는 종도 많다. 번식 전략에 따라서 암컷이든 수컷이든 몸집이 더 큰 성별로 변하는 것이 이로울 수 있다. 그래서 동물은 자라면서 성별을 바꾸는 것이다. 흰동가리 번식에서 알 숫자는 제한적 요인이며, 몸집이 더 큰 암컷이 월등히 더 많은 알을 만들 수 있다. 따라서 가장 몸집이 큰 흰동가리는 암컷이 되며, 만약 암컷 한 마리가 죽으면 가장 몸집이 큰 수컷이 암컷으로 변한다(스포일러가 있으니 주의하시길! 영화 〈니모를 찾아서〉 오프닝 장면 후에 니모의 아빠, 말린은 사실 니모의 엄마가 되었어야 한다). 한편 블루헤드 놀래기 번식은 수컷이 방어하는 영역으로 구성된다. 몸집이 큰 수컷은 더 많은 영역을 방어할 수 있다. 따라서 몸집이 큰 수컷이 죽으면 암컷이 수컷으로 변한다. 그러한 변화는 단순히 번식기관을 전환하는 것뿐 아니라 몸의 형태, 색깔, 그리고 행동까지 바꾸어야 하므로 상당한 변화를 동반한다.

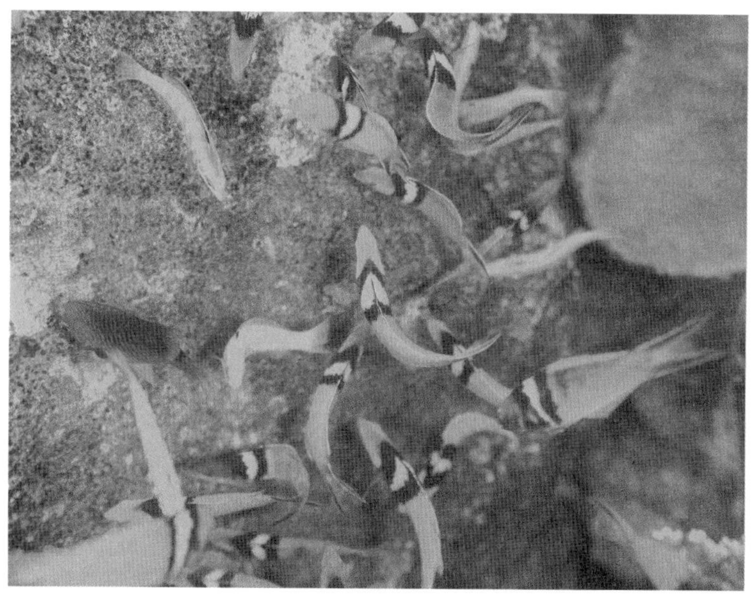

블루헤드놀래기는 암수 모두 노란색의 작은 물고기로 생애를 시작한다. 그러다 서식 영역이 열리면 노란색의 수컷이나 암컷(주로 암컷)이 녹색과 파란색이 섞인 커다란 수컷으로 영구적으로 성전환을 이룬다.

성체의 번식 변화는 물고기에게만 국한된 것은 아니다. 칠레산 넙적굴Chilean oyster은 수컷으로 성적 성숙을 시작해 물속에 정자를 뿌린다. 그러다 나이가 들면서 암컷으로 변태하고, 그렇게 변한 암컷은 더 어린 수컷이 뿌린 정자를 모은다. 이는 칠레산 넙적굴의 세상에서 절대적으로 지켜지는 나이 든 암컷과 젊은 수컷의 관계성이다. 암컷이 알을 수정하기 위해 이 정자를 사용한 후에는 아가미 주름 안에서 수정란을 보살핀다. 그러니까 아가미가 애주머니로 급격히 변화되는 것이다. 나는 임신 말기에 내부 장기가 전체적으로 압박하는 탓에 깊이 숨 쉬는 게 어려웠다. 그래도 나의 폐나 위나 입을 아기를 기르는 목적을 위해 변형할 필요 없이 아기를 기르는 데만 특화된 특정 기관을 따로 갖고 있었다는 사실에 감사한다.

우리 인간도 성인기에 이미 관련 증거가 많아 잘 설명되는 발달 변화를 겪는다. 이를테면 완경 같은 경우다. 완경은 성호르몬의 상당한 변화와 여성 생식 주기의 중단을 뜻한다. 서구 과학과 의학에서 완경은 전형적으로 노화 혹은 노쇠 현상과 한데 묶였다. 하지만 완경의 진화 개념이 제시되면서 오히려 재생산 성공을 높이기 위한 적응 형태라는 설명도 등장한다. 이 점은 역설적으로 보일 수 있지만, 암수 어느 성별이 더 많은 손자와 손녀를 안겨줄 것인가에 기초해 자식의 성별 비율을 조정하는 어미 말벌을 떠올려보라. 번식의 목적은 단지 내 자식이 아니라 길이길이 이어질 후손들이다. '할머니 가설'*은 인간의 아기와 어린이들이 할머니에게서 추가로 보살핌을 받으면 생존할 가능성이 더 높아진다고 설명한다. 이는 자기 자식의 자녀에게 시간과 에너지를 쏟기 위해서 본인의 재생산 투입을 중단하는 인간의 진화에 더 우호적일 수 있다. '어째서 완경이?'라는 의문은 여전히 결말이 없는 문제로

남아 있지만 그 가능성은 흥미롭다.[5]

완경으로 인한 호르몬 변화는 여러 가지 건강 문제와 연결되면서 치료가 필요한 병리학적 취급을 받았다. 하지만 만약 그것을 자연스러운 발달 과정으로 보면서 기존 관점을 바꾸면 어떨까? 우리는 살아가는 동안 내내 뼈 물질을 부수고 다시 지으면서 꾸준히 뼈대를 재구성한다. 완경에서 이 균형 변화는 부서지는 쪽으로 향하면서 골다공증을 유발한다. 하지만 생쥐 실험에서 이 뼈 손실을 역전시키기 위해 특정 박테리아를 선보인 이후 인간에게 적용한 조절 연구에 따르면, 인체에 이로운 미생물의 성장을 촉진하는 특정 프로바이오틱이 확실히 완경으로 인한 뼈 손실을 막아준다.[6]

여기서 의학 치료제로 프로바이오틱을 떠올린다면 완경을 질병으로 보기 쉽다. 한편 미생물은 초기 발달 시기를 함께했던 우리의 영원한 동반자이자 동료다. 그렇다면 발달의 후반 단계라고 해서 달라질 게 있을까? 왜 달라져야 하는 것일까? 따라서 우리는 프로바이오틱을 의학 치료제가 아니라 환경적 자원 투입으로 생각할 수 있다. 다시 말해 발달 전개에 따른 완경이라는 다음 단계를 위해 우리 몸이 찾아 나서서 통합하는 내부의 환경적 요소라는 뜻이다. 더 나아가 그것을 부분적 변태라고 생각할 수도 있다. 통생명체로서 스스로를 구성해 생명 주기의

* 최근 여러 연구를 보면 할머니가 오래 산 가족에서는 자녀가 더 빨리 결혼하고 그들이 낳은 자식도 건강하게 성장하는 비율이 높았다. 생물학적 사고방식에 따르면 인간의 존재 이유는 재생산, 즉 번식에 있다. 생명이 있는 모든 존재는 자기 자신이 아니라 다음 세대의 재생산을 위해 살아간다. 그래서 대부분 동물은 죽을 때까지 생식이 가능하다. 하지만 인간 여성은 쉰 살 전후에 완경을 맞이한다. 그리고 더 이상 생식을 할 수 없음에도 일흔 살 정도까지 생존한다. 재생산 능력이 사라졌음에도 그들이 여전히 살아남은 이유가 무엇일까? 이것은 생물학적으로 설명이 필요한 현상이었다. 이 수수께끼를 풀기 위해 제시된 것이 바로 할머니 가설이다.

한 부분에서 다음 부분으로 이동하는 것이다. 우리 생애를 통틀어 실행하는 우리 환경과의 끊임없는 대화를 고려한다면, 우리 스스로가 완결되었다고 감히 주장할 수 있는 특정 연령이 있어야 할 필요가 없다. 우리 각자는 평생 동안 지속되는 음악 작품을 연주하는 하나의 오케스트라다.

⊙ 새끼들에게 배우는 건강과 수명의 비밀

나는 모든 인간의 건강 문제가 단순하게 발달로 오해받는다고 주장하려는 게 아니다. 하지만 발달에 대해 알면 거의 모든 건강 문제를 이해하고 다루는 데 유용할 것이다. 가령 암은 어느 연령대 인간에게나 영향을 줄 수 있지만 나이가 들어감에 따라 좀 더 흔하게 나타난다. 어느 날《뉴욕 타임스》뉴스 헤드라인에 이런 간결하고도 함축적인 문구가 나왔다. "종양, 배아의 사악한 쌍둥이."[7]

악성 종양을 만들고 유지하는 세포 진행 과정은 배아의 발달 과정과 거의 똑같다. 발생 세포에게는 충분한 산소 공급이 아주 중요하다. 그래서 배아는 혈액이 필요한 곳으로 확실히 흘러갈 수 있도록 자동 안전장치를 갖고 있다. 종양도 똑같은 안전장치 메커니즘을 보여준다. 의학 치료가 종양을 질식시키려는 시도를 할 때 혈류를 자기 쪽으로 바꾸는 것이다. 그 점은 환자와 의사들에게 좌절감을 안겨주지만, 배아와 종양 사이의 유사성은 항암 약제로 향하는 길을 가르쳐줄 수도 있다. 1957년부터 1961년까지 극심한 단계부터 치명적 단계까지 수천만 건의 선천성 결손증을 유발한 약물 탈리도마이드Thalidomide는 과거 배아를 기형으로 만들었을 뿐 아니라 지금은 종양을 심각하게 망쳐놓고 있다.

불쾌하겠지만, 여기서 과학자들이 어떻게 성체 설치류에게 종양을 유발시키는지 이야기할 필요가 있겠다. 종양을 만들어내길 원하는 기관 안에 초기 설치류 배아를 이식한다. 여기서 다소 불쾌함을 덜어낼 수 있다면 바로 이 점 때문이다. 과학자들이 설치류 배아에 이식한 실제 종양으로 실험을 했고, 이 종양이 악성이 되지 않는다는 사실을 발견한 것이다. 배아는 단순하게 그 종양을 흡수하고 정상적인 발생을 계속 진행한다. 배아와 종양은 똑같은 언어를 말하지만, 배아는 제반 상황을 운영하는 방법을 알고 있는 것이다.

성인의 삶에서 종양이 나타난다면, 어떤 의미에서 그것은 배아 발달이 부적합하게 이루어졌다는 뜻이다. 우리가 맨 처음 몸을 만들 때 유용했던 유전자가 잘못된 시점에 다시 돌아올 때, 병리학적으로 변한다. 하지만 만약 종양이 배아의 몸 만들기 노하우를 다시 활성화할 수 있다는 점이 입증된다면, 그것은 논리적으로 다음 문제로 이어진다. "왜 우리는 재생할 수 없을까?" 나의 첫 발생생물학 교수였던 캐시 폴츠 Kathy Foltz는 이렇게 묻는다. "우리 간은 아주 잘하고 있어요. 만약 아주 젊은 사람이라면 손가락 끝조차 자기 역할을 잘 해내죠. 하지만 그것 빼고 나머지는 다 꽤 힘들어요. 그런데 우리가 암에 걸릴 수 있다면, 어째서 재생 상황은 가질 수 없는 걸까요?"[8]

많은 연구자가 언젠가는 우리가 해낼 수 있기를 희망한다. 발달에 대해 더 많이 이해하고 알게 되면 암 치료뿐 아니라 재생이라는 우리의 꿈에 대해서도 많은 정보를 알려줄 것이다. 어쩌면 손상된 부분을 다시 만들어낼 수 있는 지식에 접근하는 방법도 새롭게 배울 수 있을 것이다.

그런 점에서 보자면, 어째서 우리는 나이 들고 노화가 되어가는 것일까? 다른 동물의 발달을 살펴보면 노화 시계를 수일 동안, 한 계절

동안, 심지어 수년 동안 멈출 수 있다. 회충이 가사 상태의 다우어 유충을 생산하기 위해 사용하는 분자는 수명과도 연결된다. 과학자들은 특별히 오래 사는 벌레를 만들어내려고 이 분자 연결 관계를 활용했다. 스트라스스만의 바다달팽이와 호딘의 해바라기불가사리 등 많은 무척추동물은 매우 중요한 특정 시기에 생애 주기를 무한히 연장할 수 있다. 대개 이 시점은 변태 직전이나 직후다. 정말 놀라운 불멸의 해파리는 사실상 역변태를 해 환경 조건에 따라 생애 주기를 앞으로나 뒤로 움직일 수 있다. 이론상 해파리는 영구적으로 이렇게 할 수 있지만 과학자들은 실제로 그 기록이 어느 정도인지 알지 못한다(하지만 이들 해파리는 포식자, 병원균, 기생충, 오염 등 일상에서 생명을 위협하는 여러 죽음의 요소에 여전히 취약한 편이다).

수명과 연관된 발달상의 비밀을 품고 있는 것은 비단 무척추동물만은 아니다. 그린란드상어는 노화 인간이 직면하는 심장 질환과 암이라는 위험 요인이 발생하지 않은 채 수백 년을 살아간다. 그들은 모든 척추동물 중 성숙에 도달하기까지 가장 긴 시간이 걸린다. 무려 150년이다. 그들의 생물학이 인간의 잠재적 불멸로 가는 귀중한 실마리를 품고 있을 것 같지만, 우리 중에 어린아이의 상태로 한 세기와 반백년을 보내고 싶은 사람은 아마 없을 것이다.

인간을 제외한 나머지 동물계에서 우리의 마음을 애타게 하는 그 모든 감질 나는 가능성이 있으니 이제 우리는 정말로 궁금해해야 한다. 정말 인간은 다시 젊어질 수 있을까?

우리는 그것을 원할까?

⊙ 새끼들, 그냥 잘 돌봐주자

다들 어린 시절을 얼마나 잘 기억하는지 모르겠지만, 그 시절은 어느 정도 부당하고 가혹한 일이다. 새끼 동물은 서식지와 먹이에 관해 거의 선택사항이 없으며, 크기가 작아서 필연적으로 제약이 따른다. 동시에 포식자, 극한의 온도, 그리고 환경 독성에 더욱 취약하다. 게다가 성체는 서슴지 않고 새끼를 마음대로 다루거나 상황이 여의치 않으면 곧바로 잡아먹는다. 유충 시절에 박주가리를 먹는 제왕나비 등이 애벌레 피를 마신다거나, 구강 포란을 하는 물고기가 알을 집어삼키는 경우를 이미 살펴보았다.

공정하게 말하면, 우리 인간은 아이들을 소비하기보다 보호하려는 강한 충동을 갖고 있는 게 확실하다. 하지만 이 욕망은 종종 아이의 잠재력을 보호한다는 말로, 혹은 나중에 어른이자 미래의 자산으로 존중한다는 말로 포장되곤 한다. 존 F. 케네디가 한 유명한 말이 있다. "아이들은 세상에서 가장 귀한 자원이자 미래를 위한 최선의 희망이다." 이 말에는 아름다운 감성이 살아 있는데, 나는 여기에 한 가지를 보탰으면 한다. 아이들은 미래의 희망이라는 이유뿐 아니라, 그저 지금 여기에 살아 있다는 것만으로도 보호받을 가치가 있다.

이와 같은 보호가 모든 동물의 새끼들에게는 어떤 의미가 있을까? 아마 발생생물학에 관한 내 연구에서 불거진 가장 분명한 문제는 현대판 《침묵의 봄》*이다. 바로 내분비 교란 화학물질이 환경에 미치는 영

---

* 《침묵의 봄》은 해양생물학자 레이철 카슨이 1962년에 출간한 환경 생태 저서다. 살충제 등 과학기술로 인한 환경오염으로 생태계가 파괴되어 봄철에 새의 울음소리를 들을 수 없게 되었다는 내용 등을 담아 환경오염의 실태를 알린 책이다.

향이다. 이런 화학물질이 세상 곳곳에 산재해 그 상황이 더 압도적으로 보이는 것일 수도 있다. 하지만 더 나은 미래로 변화시키기 위해서는 정확히 어떤 화학물질이 어느 종에서 어떤 발달상의 문제를 일으키는지 알아야 하는데, 현재 그렇지 못한 형편이다. 우선 우리는 농업 유출수를 더 제대로 조절할 수 있다. 세상에서 가장 널리 사용되는 제초제 아트라진은 유럽에서는 이미 금지되었다(역설적이게도 맨 처음 그것을 제조한 스위스도 여기에 동참했다). 나머지 국가에서도 단계적으로 금지한다면 어떻게 될까? 그리고 더 새롭고 아직 연구되지 못한 제초제를 대체하지 못한다면 어떻게 될까?

BPA에 대해 격분한 결과, 이제 많은 상품이 'BPA가 없는' 화학물질을 사용한다고 광고한다. 사실 그것도 교란물질에 불과하겠지만 아직 점검되지 않았기 때문이다. 유럽은 신규 화학물질에 대해 "안전이 입증될 때까지는 위험한" 것으로 간주하는 정책을 펴고 있지만, 유감스럽게도 미국의 정책은 그 반대다. 이에 대해 스콧 길버트는 다음과 같이 무미건조하게 써놓았다. "살인 사건과 마찬가지로 그 상품은 합리적인 의심을 넘어 유죄가 판명되기 전까지는 무해한 것으로 상정한다." 부유한 기업이 증거의 부재에 기득권을 갖고 있을 때, 그러한 증거는 특별히 취득하기가 어렵다. 화학 산업의 힘이 막을 수 없을 것처럼 보일 수 있다. 하지만 스콧 길버트는 서로 사이가 좋지 않은 개별 주체라도 함께 나서서 반격하기 위해 연대할 수 있어야 한다고 계속해서 제안한다. "임신중지를 반대하는 종교에서도, 피임약을 처방하는 의학계도 건강한 가정에서 자라는 건강한 아기를 원한다고 주장한다. 이 목적을 달성하려면 양쪽에서 함께 내분비 교란 화학물질을 금지하는 입법을 홍보하고 지지할 수 있다."[9]

인간의 발달 과정은 나머지 동물계 발생 과정과 뚜렷하게 구별되지 않는다. 우리가 우리 자신과 아이들을 위해 안전한 환경을 만들려고 행동하면, 지구를 공유하는 무수한 종도 보호하게 된다. 변태를 거치지 않지만, 탄생에서 죽음까지 똑같은 팔다리와 기관을 유지하는 우리 인간이야말로 자연의 고유한 법칙이 아니라 특수한 예외에 해당한다. 그렇지만 아주 짧은 최초의 배아 시절은 나머지 동물계와 우리를 이어준다. 그리고 우리 모두는 발달 과정에서 똑같은 도전에 직면한다. 부모로서의 도전은 이것이다. 어떻게 하면 나중에 성인(성체)으로서의 독립적인 삶을 대비하면서 우리 아이들을 보살피고 길러낼 수 있을까? 아이(새끼)로서의 도전은 이것이다. 어떻게 하면 우리가 이미 가진 것을 최대한 활용하고 세상에서 우리만의 자리를 찾을 수 있을까?

아르민 모체크는 쇠똥구리가 저마다 상황에 맞추어 틈새를 잘 활용해 굴을 파는 현상에 대한 연구를 떠올리면서 생각에 잠긴다. "아마 세상의 모든 부모는 이걸 걱정하죠. 아이들이 필요한 것을 주지 못하는 것. 궁금할 겁니다. 아이들이 이걸 배우게 될까? 아이들이 어떻게 길을 찾아갈까? 지금 제 딸이 열아홉 살이고 아들은 열여섯 살이에요. 그리고 저는 그 녀석들이 얼마나 점진적으로, 하지만 꾸준히, 어쨌든 불가피하게 자기들이 처한 환경에 스스로 책임지고 행동하는 존재인지를 보고 대단하다는 생각을 하고 있어요. 아이들이 되고 싶어 하는 사람으로, 그 녀석들이 되고 싶어 하는 존재로 말입니다. 그 점이 저를 안심시켜줍니다."[10] 모체크의 아이들과 10년 차이로 한창 크고 있는 우리 아이들을 보면서 나는 이 말을 가슴속에 새긴다.

"저는 어린 친구들의 때묻지 않은 긍정과 낙관을 봅니다. 그리고 그걸 너무 사랑하고 북돋워주려고 노력하죠. 그게 저한테 인간 종에 대한

희망을 안겨주거든요. 저는 제가 부모라는 사실이 너무 좋아요." 곤충학자 제프 톰벌린의 말이다.[11]

나는 아이들을 키우면서 내가 가진 가장 귀중한 교훈 중 하나가 특이한 근원에서 유래했다는 사실을 발견했다. 그것은 바로 연기였다. 어릴 때 나는 연극 수업과 셰익스피어 여름 캠프를 다녔다. 우리는 대개 즉흥 훈련으로 연기 기술을 연습했다. 거기서 기본 규칙은 '그래'와 '그리고'다. 즉흥 게임을 할 때, 해당 장면 상대에게 절대 부정어로 반박해선 안 되며, 동의하고 협조하는 것을 거부해서도 안 된다. 상대가 주는 것을 그대로 받아서 쌓아나가는 것이다. 이 기억이 아이들과 나의 상호작용, 나 자신과의 상호작용, 그리고 다른 이들과의 상호작용에도 많은 것을 알려주었다. 그래서 나는 상대의 요구를 부인하거나 축소하지 않는다.

"그래, 가상 놀이를 해보자. 그리고 이제 집에 갈 시간이니까 차 있는 데로 가자. 나는 기차 엔진이 될 거야. 차표 원하는 사람?" 나는 우리 아이들이 그들 남매와 친구들과 하는 상호작용에서 이 방식을 강화시키려고 노력한다. "걔가 진짜로 고양이가 되고 싶다고 말하네. 그러면 너희 드래곤 게임에 그걸 포함시킬 방법을 생각해볼 수 있을까?"

아이들 놀이 방식이라고? 그래, 맞다. 그리고 그것은 과학을 하는 방식이며, 더 나은 세상을 만드는 방법이다. '그래, 그리고 게임'은 모든 것을 지나치게 단순화하고 지나친 엄격함을 유지하려는 우리의 성향을 참아내는 데 도움을 준다. 그래, 유전자는 중요해. 그리고 환경도 똑같이 중요해. 그래, 유기체는 서로 경쟁하지. 그리고 서로 협동하기도 해. 감히 생각하건대, 우리가 이 방식을 연습할수록 세상을 바라보는 우리의 시선은 더 풍요롭고, 더 진실에 가까워질 것이다.

감사의 말

먼저 부모님의 엄청난 헌신이 없었다면 제가 지금 이 세상에서 이 책을 쓸 수 없었을 것입니다. 부모님이 아랫세대 딸에게 내려주신 미토콘드리아와 젖부터 수많은 교훈과 사랑까지, 그 한없이 넓은 선물은 제가 지금까지 계속 사람으로 발달해가는 여정의 근본이었습니다. 또한 이와 똑같은 마음으로 우리 아이들, 어설라와 울릭에게도 감사합니다. 그 아이들은 저에게 인간의 초기 생애 단계, 아이들의 통찰과 호기심, 그리고 무엇보다 이 세상 모든 새끼 동물을 향한 공감을 가르쳐주었습니다.

함께 아이들을 키우면서 평생을 함께 살아갈 동반자, 앤턴은 둥지 안 어린 새들의 사진을 찍기에 너무나 좋은 긴 팔을 가졌답니다. 직관이 뛰어나고 오래 참아주는 사람이죠. 심지어 내가 기생 말벌에 깜짝 놀라 마구 말을 쏟아낼 때도 꾹 참아주었습니다. 그리고 늘 가장 좋은 차를 만들어줍니다.

많은 친구가 이 책을 쓰는 데 도움을 주었습니다. 특히 니나는 초고를 읽고 피드백과 용기를 함께 주었죠. 그리고 유머감각이 뛰어난 로라는 함께 매미에 푹 빠지는 경험을 했습니다. 또한 수십 명의 과학자가 시간과 지식을 나누어주었습니다. 그중에는 수십 년간 알고 지낸 사람도 있고, 아직 직접 만나본 적 없는 사람도 있습니다. 리처드 스트라스만, 페르난다 오야르준, 그리고 모든 '비교 무척추 발생학' 연구원들에게 무한한 찬사를 보냅니다. 그들 덕분에 이 책 속에 많은 영감을 담을 수 있었습니다. 스콧 길버트가 데이비드 에펠과 공동 저술한《생태 발생생물학》은 이번 프로젝트 전체를 꿰뚫는 기준이 되어 주었습니다. 그래서 이 자리를 빌려 두 분께 감사 인사를 드립니다. 크리스 로, 암로 함둔, 닉 시쿠마, 제이슨 호딘은 연구 실험실 방문을 기꺼이 허락해 주었으며, 다니엘라 자헤를은 집으로 초대해주기까지 했습니다. 그리고 많은 분이 화상 인터뷰를 통해서도 똑같이 너그럽게 대해주셨습니다. 시간대가 달라서 평소라면 만나지 않을 시간에도 기꺼이 응해주셨습니다. 여기서 모든 이름을 말씀드릴 수 없어 송구하지만, 함께해주신 모든 대화와 애정 어린 질정에 깊이 감사드립니다. 혹시 아직 오류나 실수가 남아 있다면 그건 전적으로 저의 몫입니다.

저의 멋진 에이전트, 스테이시 콘들라와 훌륭한 편집자, 매튜 로어와 니콜라스 시젝은 이 책의 다양한 발전 단계에 따라 양분을 주고 형태를 만들어나가는 데 도움을 주었습니다. 출판사 더 익스페리먼트 팀과 절묘한 표지 디자인을 해준 하비에르 라자로에게도 깊은 감사를 드립니다. 이 책 속의 시각 자료는 롭 랭과 그 외 수많은 화가와 사진가들의 재능과 배려 덕분에 실을 수 있었습니다. 감사합니다.

또한 제가 처음으로 유생에 대한 사랑을 싹틔웠던 풍요의 전당, 워싱턴주 프라이데이 하버의 헬렌 리아보프 화이틀리 센터에서 글을 쓰고 연구할 수 있는 기회는 참으로 행운이었습니다.

이 책은 탄생과 재생, 기쁨과 희망, 그리고 창조에 관한 이야기입니다. 그러니 어쩌면 약간 위선적이고 가식적으로 보일 수도 있겠으나 진심으로 우리 세상의 모든 아름다운 시작에 고마움을 전하고자 합니다. 쑥쑥 잘 먹는 낭배부터 지지배배 노래하는 어린 새, 그리고 갓 태어난 아기까지 세상의 모든 새끼들, 고마워요!

주

시작하는 글. 새끼 동물의, 새끼 동물에 의한, 새끼 동물을 위한 세상

1. W. Garstang et al., *Larval Forms, and Other Zoological Verses* (Chicago: University of Chicago Press, 1985).
2. S. Gilbert, interview with the author via Zoom, November 18, 2021.
3. J. M. Biesterfeldt et al., "Prevalence of Chemical Interference Competition in Natural Populations of Wood Frogs, Rana Sylvatica," *Copeia* 3(1993): 688–95.
4. M. F. Benard, "Warmer Winters Reduce Frog Fecundity and Shift Breeding Phenology, Which Consequently Alters Larval Development and Metamorphic Timing." *Global Change Biology* 21, no.3(2015): 1058–65.
5. D. J. Messmer et al., "Plasticity in Timing of Avian Breeding in Response to Spring Temperature Differs Between Early and Late Nesting Species," *Scientific Reports* 11, no.1(2021): 5410.
6. "The Salmon Life Cycle—lympic National Park," National Park Service, accessed March 22, 2022, nps.gov/olym/learn/nature/the-salmon-life-cycle.htm.
7. A. Purser et al., "Vast Icefish Breeding Colony Discovered in the Antarctic," *Current Biology* 32, no.4(2022): 842–50.
8. "POP2 Children as a percentage of the population," Childstats, accessed March 22, 2022, childstats.gov/americaschildren/tables/pop2.asp.
9. "Average age by country," WorldData.info, accessed March 3, 2022, worlddata.info/average-age.php.
10. S. F. Gilbert and D. Epel, *Ecological Developmental Biology: The Environmental Regulation of Development, Health, and Evolution*, Second Edition (New York: Oxford University Press, 2015).
11. 위와 같은 책.
12. 위와 같은 책.

13. "Temperature-Dependent Sex Determination: Current Practices Threaten Conservation of Sea Turtles," Science, accessed December 3, 2021, science.org/doi/abs/10.1126/science.7079758.
14. R. A. Relyea, "Predator Cues and Pesticides: A Double Dose of Danger for Amphibians," *Ecological Applications* 13, no.6(2003): 1515 – 21.
15. J. M. Kiesecker, "Synergism Between Trematode Infection and Pesticide Exposure: A Link to Amphibian Limb Deformities in Nature?" *Proceedings of the National Academy of Sciences* 99, no.15(2002): 9900 – 4.
16. Gilbert, 2015
17. "Fisheries & Aquaculture—ishery Statistical Collections fact sheets—lobal Capture Production," Food and Agriculture Organization of the United Nations, accessed December 3, 2021, fao.org/fishery/en/collection/capture.
18. D. J. Staaf et al., "Natural Egg Mass Deposition by the Humboldt Squid (*Dosidicusgigas*) in the Gulf of California and Characteristics of Hatchlings and Paralarvae," *Journal of the Marine Biological Association of the United Kingdom* 88, no.4(2008): 759 – 70.
19. T. Vendl, and P. Šipek, "Immature Stages of Giants: Morphology and Growth Characteristics of Goliathus Lamarck, 1801 Larvae Indicate a Predatory Way of Life (Coleoptera, Scarabaeidae, Cetoniinae)," *Zookeys* 619(2016): 25 – 44.
20. S. B. Emerson, "The Giant Tadpole of *Pseudis Paradoxa*," *Biological Journal of the Linnean Society* 34, no.2(1988): 93 – 104.
21. P. M. Stepanian et al., "Declines in an Abundant Aquatic Insect, the Burrowing Mayfly, across Major North American Waterways." *PNAS* 117, no.6(2020): 2987 – 92.
22. A. Lovas-Kiss et al., "Experimental Evidence of Dispersal of Invasive Cyprinid Eggs inside Migratory Waterfowl," *PNAS* 117, no.27(2020): 15397 – 99.
23. R. Collin et al., "World Travelers: DNA Barcoding Unmasks the Origin of Cloning Asteroid Larvae from the Caribbean," *The Biological Bulletin* 239, no.2(2020): 73 – 79.
24. D. M. Ripley et al., "Ocean Warming Impairs the Predator Avoidance Behaviour of Elasmobranch Embryos," *Conservation Physiology* 9, no.1(2021).
25. J. L. Savage et al., "Low Hatching Success in the Critically Endangered Kākāpō(*Strigops habroptilus*) Is Driven by Early Embryo Mortality Not Infertility," bioRxiv(2020).
26. L. Yang et al., "Biodegradation of Expanded Polystyrene and Low-Density Polyethylene Foams in Larvae of Tenebrio Molitor Linnaeus (Coleoptera: Tenebrionidae): Broad versus

Limited Extent Depolymerization and Microbe-Dependence versus Independence," *Chemosphere* 262(2021): 127818.

27. S. J. Song et al., "Naturalization of the Microbiota Developmental Trajectory of Cesarean-Born Neonates after Vaginal Seeding," *Med* 2, no.8(2021): 951-64.

1장. 알: 세상에 새알만 있는 건 아니야

1. Cadamole, "A Biologist's Mother's Day Song," last modified May 8, 2010, youtube.com/watch?v=osWuWjbeO-Y.
2. R. H. Harris and M. Emberley, *It's So Amazing!: A Book about Eggs, Sperm, Birth, Babies, and Families* (Somerville, MA: Candlewick Press, 1999).
3. "Leading egg producing countries worldwide, 2020," Statista, accessed May 18, 2022, statista.com/statistics/263971/top-10-countries-worldwide-in-eggproduction.
4. P. Sutovsky et al., "Ubiquitin Tag for Sperm Mitochondria," *Nature* 402, no.6760(1999): 371-72.
5. S. Breton et al., "The Unusual System of Doubly Uniparental Inheritance of MtDNA: Isn't One Enough?" *Trends in Genetics* 23, no.9(2007): 465-74.
6. W. Fan et al., "A Mouse Model of Mitochondrial Disease Reveals Germline Selection Against Severe MtDNA Mutations," *Science* 319, no.5865(2008): 958-62.
7. Cadamole, 2010.
8. O. A. Ryder et al., "Facultative Parthenogenesis in California Condors," *Journal of Heredity* 112, no.7(2021): 569-74.
9. A. Soubry, "Epigenetic Inheritance and Evolution: A Paternal Perspective on Dietary Influences," *Progress in Biophysics and Molecular Biology* 118, no.1(2015): 79-85.
10. M. A. Birk et al., "Observations of Multiple Pelagic Egg Masses from Small-Sized Jumbo Squid (*Dosidicus gigas*) in the Gulf of California," *Journal of Natural History* 51, nos. 43-44(2017): 2569-84.
11. E. E. Just, *The Biology of the Cell Surface* (Philadelphia: The Technical Press, 1939).
12. E. E. Just, "Cortical Cytoplasm and Evolution," *The American Naturalist* 67, no.708(1933): 20-29.
13. S. Gilbert, interview with the author via Zoom, November 18, 2021.
14. 위와 같은 인터뷰.
15. S. F. Gilbert and D. Epel, *Ecological Developmental Biology: The Environmental Regulation*

of Development, Health, and Evolution, Second Edition (New York: Oxford University Press, 2015).

16. I. Blickstein and L. G. Keith, "On the Possible Cause of Monozygotic Twinning: Lessons from the 9-Banded Armadillo and from Assisted Reproduction," *Twin Research and Human Genetics* 10, no.2(2007): 394–99.
17. S. Sumner et al., "Why We Love Bees and Hate Wasps," *Ecological Entomology* 43, no.6(2018): 836–45.
18. A. A. Forbes et al., "Quantifying the Unquantifiable: Why Hymenoptera, Not Coleoptera, Is the Most Speciose Animal Order," *BMC Ecology* 18, no.1(2018): 21.
19. M. S. Smith et al., "*Copidosoma floridanum* (Hymenoptera: Encyrtidae) Rapidly Alters Production of Soldier Embryos in Response to Competition," *Annals of the Entomological Society of America* 110, no.5(2017): 501–5. 20. S. H. Orzack and E. D. Parker Jr., "Sex-Ratio Control in a Parasitic Wasp, Nasonia Vitripennis. I. Genetic Variation in Facultative Sex-Ratio Adjustment," *Evolution* 40, no.2(1986): 331–40.
21. D. Millerand and S. Adamo, "Parasitic wasps turn other insects into 'zombies,' saving millions of humans along the way," The Conversation, accessed December 8, 2021, theconversation.com/parasitic-wasps-turn-other-insects-into-zombiessaving-millions-of-humans-along-the-way-170610.
22. S. F. Gilbert, *Developmental Biology*, 6th ed. (Sunderland, MA: Sinauer Associates, 2000).
23. 위와 같은 책.
24. R. Grosberg, interview with the author via Zoom, August 18, 2021.
25. F. Oyarzun, 2021, interview with the author via Zoom, March 15, 2021.
26. E. Metchnikoff. "Untersuchung Uber Die Mesodermalen Phagocyten Einiger Wirbel Tiere," *Biologisches Centralblatt* 3(1883): 560–65.
27. M. Polačik et al., "Embryo Ecology: Developmental Synchrony and Asynchrony in the Embryonic Development of Wild Annual Fish Populations," *Ecology and Evolution* 11, no.9(2021): 4945–56.
28. N. Hemmings, 2021, interview with the author via Zoom, October 6, 2021.
29. 위와 같은 인터뷰.
30. J. L. Savage et al., "Low Hatching Success in the Critically Endangered Kākāpō(*Strigops habroptilus*) Is Driven by Early Embryo Mortality Not Infertility," bioRxiv(2020).
31. Hemmings, 2021.

32. K. M. Warkentin, "How Do Embryos Assess Risk? Vibrational Cues in Predator-Induced Hatching of Red-Eyed Treefrogs," *Animal Behaviour* 70, no.1(2005): 59–71.
33. R. M. Kempster et al., "Survival of the stillest: predator avoidance in shark embryos," *PLOS ONE* 8, no.1(2013): e52551.

2장. 자원 공급: 동족 포식부터 바다 조류까지

1. R. Hayden, *A Ballad of Remembrance* (London: Paul Breman, 1962).
2. E. J. A. Cunningham and A. F. Russell, "Egg Investment Is Influenced by Male Attractiveness in the Mallard," *Nature* 404, no.6773(2000): 74–77.
3. A. Velando et al., "Pigment-Based Skin Colour in the Blue-Footed Booby: An Honest Signal of Current Condition Used by Females to Adjust Reproductive Investment," *Oecologia* 149, no.3(2006): 535–42.
4. R. Collin, interview with the author via Zoom, March 29, 2021.
5. R. Grosberg, interview with the author via Zoom, August 18, 2021.
6. F. X. Oyarzun and R. R. Strathmann, "Plasticity of Hatching and the Duration of Planktonic Development in Marine Invertebrates, *Integrative and Comparative Biology* 51, no.1(2011): 81–90.
7. F. X. Oyarzun, interview with the author via Zoom, March 15, 2021.
8. Grosberg, 2021.
9. 위와 같은 인터뷰.
10. C.-Y. Cai et al., "Early Origin of Parental Care in Mesozoic Carrion Beetles," *PNAS* 111, no.39(2014): 14170–74.
11. H. Vogel et al., "The Digestive and Defensive Basis of Carcass Utilization by the Burying Beetle and Its Microbiota," *Nature Communications* 8, no.1(2017): 15186.
12. A. P. Moczek, interview with the author via Zoom, September 24, 2021.
13. C. C. Ledon-Rettig et al., "*Diplogastrellus* Nematodes Are Sexually Transmitted Mutualists That Alter the Bacterial and Fungal Communities of Their Beetle Host, *PNAS* 115, no.42(2018): 10696–10701.
14. Moczek, 2021.
15. G. J. Dury et al., "Maternal and Larval Niche Construction Interact to Shape Development, Survival, and Population Divergence in the Dung Beetle *Onthophagus taurus*," *Evolution & Development* 22, no.5(2020): 358–69.

16. E. Snell-Rood, interview with the author via Zoom, August 19, 2021.
17. R. Osawa et al., "Microbiological Studies of the Intestinal Microflora of the Koala, Phascolarctos-Cinereus .2. Pap, a Special Maternal Feces Consumed by Juvenile Koalas," *Australian Journal of Zoology* 41, no.6(1993): 611.
18. F. Landmann et al., "Co-Evolution Between an Endosymbiont and Its Nematode Host: Wolbachia Asymmetric Posterior Localization and AP Polarity Establishment," *PLOS Neglected Tropical Diseases* 8, no.8(2014): e3096.
19. M. S. Gil-Turnes et al., "Symbiotic Marine Bacteria Chemically Defend Crustacean Embryos from a Pathogenic Fungus," *Science* 2246 (1989): 116 – 18.
20. T. J. Little et al., "Male Three-Spined Sticklebacks *Gasterosteus Aculeatus* Make Antibiotic Nests: A Novel Form of Parental Protection?," *Journal of Fish Biology* 73, no.10(2008): 2380 – 89.
21. K. Foltz, interview with the author via Zoom, March 29, 2021.
22. G. D. D. Hurst et al., "Male-Killing *Wolbachia* in Two Species of Insect," *Proceedings of the Royal Society B* 266, no.1420(1999): 735.
23. S. Leclercq et al., "Birth of a W Sex Chromosome by Horizontal Transfer of *Wolbachia* Bacterial Symbiont Genome," *PNAS* 113, no.52(2016): 15036 – 41.
24. T. B. Hayes et al., "Hermaphroditic, Demasculinized Frogs after Exposure to the Herbicide Atrazine at Low Ecologically Relevant Doses," *PNAS* 99, no.8(2002): 5476 – 80.
25. P. Salinas-de-Leon et al., "Deep-Sea Hydrothermal Vents as Natural Egg-Case Incubators at the Galapagos Rift," *Scientific Reports* 8, no.1(2018): 1788.
26. A. M. Hartwell et al., "Clusters of Deep-Sea Egg-Brooding Octopods Associated with Warm Fluid Discharge: An Ill-Fated Fragment of a Larger, Discrete Population?" *Deep Sea Research Part I: Oceanographic Research Papers* 135(2018): 1 – 8.
27. S. Baillon et al., "Deep Cold-Water Corals as Nurseries for Fish Larvae," *Frontiers in Ecology and the Environment* 10, no.7(2012): 351 – 56.
28. N. Roux et al., "Sea Anemone and Clownfish Microbiota Diversity and Variation During the Initial Steps of Symbiosis," *Scientific Reports* 9, no.1(2019): 19491.
29. L. A. Levin and G. W. Rouse, "Giant Protists (Xenophyophores) Function as Fish Nurseries," *Ecology* 101, no.4(2020): e02933.
30. L. S. Zacher and R. R. Strathmann, "A Field Experiment Demonstrating Risk on the

Seafloor for Planktonic Embryos," *Limnology and Oceanography* 63, no.6(2018): 2708–16.

31. A. Moran, interview with the author via Zoom, April 23, 2021.
32. 위와 같은 인터뷰.
33. 위와 같은 인터뷰.

3장. 포란과 부화: 데리고 다니거나, 앉아서 품거나, 통째로 삼키거나

1. R. Dove, *Mother Love: Poems* (New York: Norton, 1996).
2. P. Laval, "The Barrel of the Pelagic Amphipod *Phronima Sedentaria* (Forsk.)(Crustacea: hyperiidea)," *Journal of Experimental Marine Biology and Ecology* 33, no.3(1978): 187–211.
3. S. G. Nelson and C. O. Krekorian, "The Dynamics of Parental Care of *Copeina Arnoldi* (Pisces, Characidae)," *Behavioral Biology* 17, no.4(1976): 507–18.
4. J. Delia et al., "Patterns of Parental Care in Neotropical Glassfrogs: Fieldwork Alters Hypotheses of Sex-Role Evolution," *Journal of Evolutionary Biology* 30, no.5(2017): 898–914.
5. "'Rescuing' Baby Hummingbirds," Life, Birds, and Everything, last modified May 27, 2009, fieldguidetohummingbirds.wordpress.com/2009/05/27/rescuing-babyhummingbirds.
6. "Black Phoebe," All About Birds, The Cornell Lab, accessed December 14, 2021, allaboutbirds.org/guide/Black_Phoebe/overview.
7. "Understanding an Ecological Trap," NestWatch, accessed November 23, 2021, nestwatch.org/connect/blog/understanding-ecological-trap.
8. W.-S. Huang and D. A. Pike, "Climate Change Impacts on Fitness Depend on Nesting Habitat in Lizards," *Functional Ecology* 25, no.5(2011): 1125–36.
9. A. Petherick, "A Solar Salamander," *Nature*(2010).
10. R. Kerney, "Intracellular Green Algae (*Oophilia amblystomatis*) in a Salamander Host (*Ambystoma maculatum*)," *The FASEB Journal* 25, no.S1(2011): 420.2.
11. R. Collin, interview with the author via Zoom, March 29, 2021.
12. B. Robison et al., "Deep-Sea Octopus (*Graneledone boreopacifica*) Conducts the Longest-Known Egg-Brooding Period of Any Animal," *PLOS ONE* 9, no.7(2014): e103437.
13. M. W. Gray et al., "Life History Traits Conferring Larval Resistance Against Ocean

Acidification: The Case of Brooding Oysters of the Genus Ostrea," *Journal of Shellfish Research* 28, no.3(2019): 751–61.

14. R. Strathmann, interview with the author via Zoom, March 5, 2021.
15. M. Fernandez, interview with the author via Zoom, May 5, 2021.
16. 위와 같은 인터뷰.
17. Z. P. Burris, "Costs of Exclusive Male Parental Care in the Sea Spider *Achelia simplissima* (Arthropoda: Pycnogonida)," *Marine Biology* 158, no.2(2011): 381–90.
18. "The Long, Involved Process of Giant Water Bug Mating," The Dragonfly Woman, last modified November 7, 2011, thedragonflywoman.com.
19. C. R. Largiader et al., "Genetic Analysis of Sneaking and Egg-Thievery in a Natural Population of the Three-Spined Stickleback (*Gasterosteus aculeatus* L.)," *Heredity* 86, no.4(2001): 459–68.
20. R. Gloag, interview with the author via Zoom, August 26, 2021.
21. "California's Invaders: Brown-Headed Cowbird," accessed December 15, 2021, wildlife.ca.gov/Conservation/Invasives/Species/Cowbird.
22. Gloag, 2021.
23. 위와 같은 인터뷰.
24. 위와 같은 인터뷰.
25. 위와 같은 인터뷰.
26. 위와 같은 인터뷰.
27. A. P. Moczek, interview with the author via Zoom, September 24, 2021.

4장. 임신: 포유류만의 일이 아니야

1. W. Whitman, from *Leaves of Grass*, bartleby.com/142/103.html.
2. D. G. Blackburn, "Evolution of Vertebrate Viviparity and Specializations for Fetal Nutrition: A Quantitative and Qualitative Analysis: Viviparity and Fetal Nutrition," *Journal of Morphology* 276, no.8(2015): 961–90.
3. A. N. Ostrovsky et al., "Matrotrophy and Placentation in Invertebrates: A New Paradigm," *Biological Reviews* 91, no.3(2016): 673–711.
4. "Prolonged Milk Provisioning in a Jumping Spider," *Science* 362, no.6418(2018): 1052–55.
5. W. Osterloff, "Do Sharks Lay Eggs?," Natural History Museum, accessed December 12,

2021, nhm.ac.uk/discover/do-sharks-lay-eggs.html.

6. K. Sato et al., "How Great White Sharks Nourish Their Embryos to a Large Size: Evidence of Lipid Histotrophy in Lamnoid Shark Reproduction," *Biology Open* 5, no.9(2016): 1211-15.
7. D. G. Swift et al., "Evidence of Positive Selection Associated with Placental Loss in Tiger Sharks," *BMC Evolutionary Biology* 16(2016): 126.
8. P. R. Bell et al., "Oldest preserved umbilical scar reveals dinosaurs had 'belly buttons,'" *BMC Biology* 20, no.1(2022): 1-7.
9. Blackburn, "Evolution of Vertebrate Viviparity."
10. G. Quiros, "A Tsetse Fly Births One Enormous Milk-Fed Baby," last modified January 28, 2020, KQED, kqed.org/science/1956004/a-tsetse-fly-births-oneenormous-milk-fed-baby.
11. "Bursting with Babies: Bizarre Reproduction Contributes to Mite's Rapid Population Growth," *Entomology Today*, accessed June 1, 2022, entomologytoday.org/2017/05/16/bursting-with-babies-bizarre-reproduction-contributes-to-mitesrapid-population-growth.
12. S. Gilbert, interview with the author via Zoom, November 18, 2021.
13. 위와 같은 인터뷰.
14. 위와 같은 인터뷰.
15. A. R. Chavan et al., "Evolution of Embryo Implantation Was Enabled by the Origin of Decidual Stromal Cells in Eutherian Mammals," *Molecular Biology and Evolution* 38, no.3(2021): 1060-74.
16. P. A. Nepomnaschy et al., "Cortisol Levels and Very Early Pregnancy Loss in Humans," *PNAS* 103, no.10(2006): 3938-42.
17. S. A. Wahaj et al., "Siblicide in the Spotted Hyena: Analysis with Ultrasonic Examination of Wild and Captive Individuals," *Behavioral Ecology* 18, no.6(2007): 974-84.
18. H. J. Blom et al., "Neural Tube Defects and Folate: Case Far from Closed." *Nature Reviews Neuroscience* 7, no.9(2006): 724-31.
19. R. Morello-Frosch et al., "Environmental Chemicals in an Urban Population of Pregnant Women and Their Newborns from San Francisco," *Environmental Science & Technology* 50, no.22(2016): 12464-72.
20. S. F. Gilbert and D. Epel, *Ecological Developmental Biology: The Environmental Regulation*

of Development, Health, and Evolution, Second Edition (New York: Oxford University Press, 2015).

21. R. B. Lathi et al., "Conjugated Bisphenol A in Maternal Serum in Relation to Miscarriage Risk," *Fertility and Sterility* 102, no.1(2014): 123–28.
22. Gilbert, *Ecological Developmental Biology*.
23. A. Hamdoun, interview with the author via Zoom, July 22, 2021.
24. "What is CRISPR," New Scientist, accessed January 27, 2022, newscientist.com/definition/what-is-crispr.
25. Hamdoun, 2021.
26. 위와 같은 인터뷰.
27. T. S. Stappenbeck et al., "Developmental Regulation of Intestinal Angiogenesis by Indigenous Microbes via Paneth Cells," *PNAS* 99, no.24(2002): 15451-5.
28. S. Gilbert, interview with the author via Zoom, November 18, 2021.
29. K. Korpela et al., "Maternal Fecal Microbiota Transplantation in Cesarean-Born Infants Rapidly Restores Normal Gut Microbial Development: A Proof-of-Concept Study," *Cell* 183, no.2(2020): 324–34.
30. C. Bondar, *Wild Moms* (New York: Simon and Schuster, 2018).
31. A. Ardeshir et al., "Breast-Fed and Bottle-Fed Infant Rhesus Macaques Develop Distinct Gut Microbiotas and Immune Systems," *Science Translational Medicine* 6, no.252(2014): 252ra120.
32. A. Kupfer et al., "Parental Investment by Skin Feeding in a Caecilian Amphibian," *Nature* 440, no.7086(2006): 926–29.
33. R. Emlet, interview with the author via Zoom, April 2, 2021.
34. S. Suzuki et al., "Matriphagy in the Hump Earwig, *Anechura harmandi*(Dermaptera: Forficulidae), Increases the Survival Rates of the Offspring," *Journal of Ethology* 233, no.2(2005): 211–13.

5장. 부모 없는 새끼들: 달팽이는 어디에서 왔을까

1. K. Gibran, "The Farewell," poets.org/poem/farewell-2.
2. C. R. O'Neill and A. Dextrase, "The Introduction and Spread of the Zebra Mussel in North America," Proceedings of the Fourth International Zebra Mussel Conference, Madison, Wisconsin, March 1994: 14.

3. R. Emlet, interview with the author via Zoom, April 2, 2021.
4. F. S. Chia and J. G. Spaulding, "Development and Juvenile Growth of the Sea Anemone, *Tealia crassicornis*," *The Biological Bulletin* 142, no.2(1972): 206 – 18.
5. "Gypsy Moths," Smithsonian Institution, accessed June 1, 2022, si.edu/spotlight/buginfo/gypsy-moths.
6. H. Fuchs, interview with the author via Zoom, October 20, 2021.
7. L. Winhold, "Unionidae," Animal Diversity Web, accessed June 1, 2022, animaldiversity.org/accounts/Unionidae.
8. A. Lovas-Kiss et al., "Experimental Evidence of Dispersal of Invasive Cyprinid Eggs inside Migratory Waterfowl," *PNAS* 117, no.27(2020): 15397 – 99.
9. "Capitula on Stick Insect Eggs and Elaiosomes on Seeds: Convergent Adaptations for Burial by Ants," *Functional Ecology* 6, no.6(1992): 642 – 48.
10. L. S. Mullineaux, interview with the author via Zoom, September 3, 2021.
11. T. R. Anderson and T. Rice, "Deserts on the Sea Floor: Edward Forbes and His Azoic Hypothesis for a Lifeless Deep Ocean," *Endeavour* 30, no.4(2006): 131 – 37.
12. F. Pradillon et al., "Developmental Arrest in Vent Worm Embryos, *Nature* 413, no.6857(2001): 698 – 99.
13. C. M. Young et al., "Embryology of Vestimentiferan Tube Worms from Deep-Sea Methane/Sulphide Seeps," *Nature* 381, no.6582(1996): 514 – 16.
14. A. G. Marsh et al., "Larval Dispersal Potential of the Tubeworm Riftia Pachyptila at Deep-Sea Hydrothermal Vents," *Nature* 411, no.6833(2001): 77 – 80.
15. Fuchs, 2021.
16. R. Collin, interview with the author via Zoom, March 29, 2021.
17. D. Vaughn, D. and R. R. Strathmann, "Predators Induce Cloning in Echinoderm Larvae," *Science* 319, no.5869(2008): 1503.
18. K. A. McDonald and D. Vaughn, "Abrupt Change in Food Environment Induces Cloning in Plutei of Dendraster Excentricus," *The Biological Bulletin* 219, no.1(2010): 38 – 49.
19. R. Collin et al., "World Travelers: DNA Barcoding Unmasks the Origin of Cloning Asteroid Larvae from the Caribbean," *The Biological Bulletin* 239, no.2(2020): 73 – 79.
20. A. Hamdoun, interview with the author via Zoom, July 22, 2021.
21. A. Moran, interview with the author via Zoom, April 23, 2021.

22. 위와 같은 인터뷰.
23. W. Garstang et al., *Larval Forms, and Other Zoological Verses* (Chicago: University of Chicago Press, 1985).
24. D. Zacherl et al., "The Limits to Biogeographical Distributions: Insights from the Northward Range Extension of the Marine Snail, *Kelletia kelletii* (Forbes, 1852)," *Journal of Biogeography* 30, no.6(2003): 913–24.
25. M. Alvarez-Noriega, interview with the author via Zoom, April 15, 2021.
26. H. L. Fuchs et al., "Wrong-Way Migrations of Benthic Species Driven by Ocean Warming and Larval Transport," *Nature Climate Change* 10, no.11(2020): 1052–56.
27. Collin, interview with the author via Zoom, 2021.

6장. 그건 그냥 단계일 뿐이야: 어째서 새끼들은 외계인처럼 보일까

1. R. Graves, "The Caterpillar," Academy of American Poets, accessed June 1, 2022, poets.org/poem/caterpillar.
2. D. J. Staaf et al., "Natural Egg Mass Deposition by the Humboldt Squid(*Dosidicus gigas*) in the Gulf of California and Characteristics of Hatchlings and Paralarvae," *Journal of the Marine Biological Association of the United Kingdom* 88, no.4(2008): 759–70.
3. D. J. Marshall et al., "Developmental Cost Theory Predicts Thermal Environment and Vulnerability to Global Warming," *Nature Ecology and Evolution* 4, no.3(2020): 406–11.
4. D. J. Marshall, interview with the author via Zoom, September 23, 2021.
5. C. Goldberg, "Scientist at Work: Anne Simon; The Science Adviser to Whaaat?" *The New York Times*, January 6, 1998.
6. R. Emlet, interview with the author via Zoom, April 2, 2021.
7. F. X. Oyarzun, interview with the author via Zoom, March 15, 2021.
8. R. Strathmann, interview with the author via Zoom, March 5, 2021.
9. 하비 카프 저, 윤경애 역.《엄마 뱃속이 그리워요》, 한언출판사, 2011.
10. D. J. Marshall, interview with the author via Zoom, September 23, 2021.
11. S. F. Gilbert and D. Epel, *Ecological Developmental Biology: The Environmental Regulation of Development, Health, and Evolution*, Second Edition (New York: Oxford University Press, 2015).
12. 위와 같은 책.
13. A. P. Moczek, interview with the author via Zoom, September 24, 2021.

14. S. Gilbert, interview with the author via Zoom, November 18, 2021.

15. M. Byrne, interview with the author via Zoom, April 19, 2021.

16. T. J. Carrier et al., "Microbiome Reduction and Endosymbiont Gain from a Switch in Sea Urchin Life History," *PNAS* 118, no.16(2021): e2022023118.

17. J. W. Brandt et al., "Culture of an Aphid Heritable Symbiont Demonstrates Its Direct Role in Defence against Parasitoids," *Proceedings of the Royal Society B: Biological Sciences* 284, no.1866(2017): 1925.

18. Gilbert, 2021.

19. G. Sharon et al., "Commensal Bacteria Play a Role in Mating Preference of *Drosophila melanogaster*," *Proceedings of the National Academy of Sciences* 107, no.46(2010): 20051 – 56.

20. J. Morimoto, interview with the author via Zoom, October 8, 2021.

21. C. P. B. Breviglieri and G. Q. Romero, "Acoustic Stimuli from Predators Trigger Behavioural Responses in Aggregate Caterpillars," *Austral Ecology* 44, no.5(2019): 880 – 90.

22. J. H. Hunt et al., "Similarity of Amino Acids in Nectar and Larval Saliva: The Nutritional Basis for Trophallaxis in Social Wasps," *Evolution* 26, no.6(1982): 1318 – 22.

23. Y.-K. Tea et al., "Kleptopharmacophagy: Milkweed Butterflies Scratch and Imbibe from pocynaceae-Feeding Caterpillars," *Ecology* 102, no.12 (2021): e03532.

24. Z.-L. Cowan et al., "Predation on Crown-of-Thorns Starfish Larvae by Damselfishes," *Coral Reefs* 35, no.4 (2016): 1253 – 62.

25. S. Maslakova, interview with the author via Zoom, April 1, 2021.

26. G. von Dassow et al., "Hoplonemertean Larvae Are Planktonic Predators That Capture and Devour Active Animal Prey," *Invertebrate Biology* 141, no.1 (2022): e12363.

27. K. Takatsu and O. Kishida, "An Offensive Predator Phenotype Selects for an Amplified Defensive Phenotype in Its Prey," *Evolutionary Ecology* 27, no.1(2013): 1 – 11.

28. M. Weiss, interview with the author via Zoom, November 3, 2021.

29. Ibid.

30. M. R. Weiss, "Good Housekeeping: Why Do Shelter-Dwelling Caterpillars Fling Their Frass?" *Ecology Letters* 6 no.4 (2003): 361 – 70.

31. M. Abarca et al., "Host Plant and Thermal Stress Induce Supernumerary Instars in Caterpillars," *Environmental Entomology* 48, no.1 (2020): 123 – 31.

7장. 유생의 교훈: 진화와 발생은 서로에게 어떤 영향을 미쳤을까

1. W. Garstang et al., *Larval Forms, and Other Zoological Verses* (Chicago: University of Chicago Press, 1985).
2. H. de Vries, *Species and Varieties: Their Origin by Mutation* (Chicago: Open Court Publishing, 1904).
3. A. O. Kovalevskij, *Entwicklungsgeschichte des Amphioxus lanceolatus* (St. Petersburg Academie Imperiale des sciences, 1867).
4. E. Haeckel, *Generelle Morphologie Der Organismen. Allgemeine Grundzuge Der Organischen Formen-Wissenschaft, Mechanisch Begrundet Durch Die von Charles Darwin Reformirte Descendenztheorie* (Berline: G. Reimer, 1866).
5. W. Garstang, "The Theory of Recapitulation: A Critical Re-Statement of the Biogenetic Law," *Journal of the Linnean Society of London: Zoology* 35, no.232(1922): 81–101.
6. A. Ibrahim and M. Gad, "The Occurrence of Paedogenesis in *Eristalis* Larvae (Diptera: Syrphidae)," *Journal of Medical Entomology* 12, no.2 (June 1975): 268.
7. C. Jaspers et al., "Ctenophore Population Recruits Entirely through Larval Reproduction in the Central Baltic Sea," *Biology Letters* 8, no.5 (2012): 809–12.
8. T. H. Morgan, "The Rise of Genetics. II," *Science* 76, no.1970(1932): 285–88.
9. Garstang, *Larval Forms*.
10. W. McGinnis et al., "Homologous Protein-Coding Sequence in Drosophila Homeotic Genes and Its Conservation in Other Metazoans," *Cell* 37, no.2(1984): 403–8.
11. W. McGinnis et al., "Conserved DNA Sequence in Homoeotic Genes of the Drosophila Antennapedia and Bithorax Complexes," *Nature* 308, no.5958(1984): 428–33.
12. M. M. Muller et al., "A Homeo-Box-Containing Gene Expressed during Oogenesis in Xenopus," *Cell* 9, no.1(1984): 157–62.
13. M. Levine et al., "Human DNA Sequences Homologous to a Protein Coding Region Conserved between Homeotic Genes of Drosophila," *Cell* 38, no.3(1984): 667–73.
14. A. E. Carrasco et al., "Cloning of an *X. laevis* Gene Expressed during Early Embryogenesis Coding for a Peptide Region Homologous to Drosophila Homeotic Genes." *Cell* 37, no.2(1984): 409–14.
15. A. P. Moczek, interview with the author via Zoom, September 24, 2021.
16. E. M. Standen et al., "Developmental Plasticity and the Origin of Tetrapods," *Nature* 513, no.7515 (2014): 54–58.

17. W. P. Macdonald et al., "Butterfly Wings Shaped by a Molecular Cookie Cutter: Evolutionary Radiation of Lepidopteran Wing Shapes Associated with a Derived Cut/Wingless Wing Margin Boundary System," *Evolution & Development* 12, no.3(2010): 296–304.
18. S. F. Gilbert and D. Epel, *Ecological Developmental Biology: The Environmental Regulation of Development, Health, and Evolution*, Second Edition (New York: Oxford University Press, 2015).
19. A. P. Moczek et al., "When Ontogeny Reveals What Phylogeny Hides: Gain and Loss of Horns During Development and Evolution of Horned Beetles," *Evolution* 60, no.11 (2006): 2329–41.
20. T.-Y. S. Park and J.-H. Kihm, "Post-Embryonic Development of the Early Ordovician (ca. 480 Ma) Trilobite Apatokephalus Latilimbatus Peng, 1990 and the Evolution of Metamorphosis," *Evolution & Development* 17, no.5(2015): 289–301.
21. R. R. Strathmann, "Multiple Origins of Feeding Head Larvae by the Early Cambrian," *Canadian Journal of Zoology* 98, no.12(2020): 761–76.
22. R. Strathmann, interview with the author via Zoom, March 5, 2021.
23. T. Miyashita et al., "Non-Ammocoete Larvae of Palaeozoic Stem Lampreys," *Nature* 591, no.7850(2021): 408–12.

8장. 올바르게 키우기: 보존과 지속성

1. J. Burnett, interview with the author via Zoom, October 21, 2021.
2. "California Condor," California Department of Fish and Wildlife, accessed June 1, 2022, wildlife.ca.gov/Conservation/Birds/California-Condor.
3. Burnett, 2021.
4. W. Fialkowski et al., "Mayfly Larvae (*Baetis rhodani and B. vernus*) as Biomonitors of Trace Metal Pollution in Streams of a Catchment Draining a Zinc and Lead Mining Area of Upper Silesia, Poland," *Environmental Pollution* 121, no.2(2003): 253–67.
5. P. M. Stepanian et al., "Declines in an Abundant Aquatic Insect, the Burrowing Mayfly, across Major North American Waterways." *PNAS* 117, no.6(2020): 2987–92.
6. C. W. Twining et al., "Aquatic and Terrestrial Resources Are Not Nutritionally Reciprocal for Consumers," *Functional Ecology* 33, no.10(2019): 2042–52.
7. J. K. Tomberlin, interview with the author via Zoom, October 7, 2021.

8. J. K. Tomberlin and A. van Huis, "Black Soldier Fly from Pest to 'Crown Jewel' of the Insects as Feed Industry: An Historical Perspective," *Journal of Insects as Food and Feed* 6, no.1(2020): 1–4.
9. W.-M. Wu, interview with the author via Zoom, September 29, 2021.
10. A. M. Brandon et al., "Biodegradation of Polyethylene and Plastic Mixtures in Mealworms (Larvae of *Tenebrio molitor*) and Effects on the Gut Microbiome," *Environmental Science & Technology* 52, no.11(2018): 6526–33.
11. Wu, 2021.
12. J. Morimoto, "Addressing Global Challenges with Unconventional Insect Ecosystem Services: Why Should Humanity Care about Insect Larvae?," *People and Nature* 2, no.3(2020): 582–95.
13. T. B. Mccormick et al., "Effect of Temperature, Diet, Light, and Cultivation Density on Growth and Survival of Larval and Juvenile White Abalone *Haliotis sorenseni* (Bartsch, 1940)," *Journal of Shellfish Research* 35, no.4(2016): 981–92.
14. R. Collin, interview with the author via Zoom, March 29, 2021.
15. F. A. Fernandez-Alvarez et al., "Predatory Flying Squids Are Detritivores during Their Early Planktonic Life," *Scientific Reports* 8, no.1(2018): 3440.

9장. 변태: 변신, 하지만 카프카보다 더 행복한

1. R. Dove, *Mother Love: Poems* (New York: Norton, 1996).
2. S. Gilbert, interview with the author via Zoom, November 18, 2021.
3. S. Maslakova, interview with the author via Zoom, April 1, 2021.
4. N. Morehouse, interview with the author via Zoom, March 25, 2021.
5. Maslakova, 2021.
6. L. N. Vandenberg et al., "Normalized Shape and Location of Perturbed Craniofacial Structures in the Xenopus Tadpole Reveal an Innate Ability to Achieve Correct Morphology," *Developmental Dynamics* 241, no.5(2012): 863–78.
7. M. Weiss, interview with the author via Zoom, November 3, 2021.
8. 위와 같은 인터뷰.
9. R. B. Emlet and O. Hoegh-Guldberg, "Effects of Egg Size on Postlarval Performance: Experimental Evidence from a Sea Urchin," *Evolution* 51, no.1(1997): 141–52.
10. N. I. Morehouse et al., "Seasonal Selection and Resource Dynamics in a Seasonally

Polyphenic Butterfly," *Journal of Evolutionary Biology* 26, no.1(2012): 175–85.

11. Weiss, 2021.
12. 위와 같은 인터뷰.
13. K. Slama and C. M. Williams, "The Juvenile Hormone. V. The Sensitivity of the Bug, *Pyrrhocoris apterus*, to a Hormonally Active Factor in American Paper-Pulp," *The Biological Bulletin* 130, no.2(1966): 235–46.
14. S. H. Lee et al., "Identification of Plant Compounds That Disrupt the Insect Juvenile Hormone Receptor Complex," *PNAS* 112, no.6(2015): 1733–38.
15. M. F. Strathmann and R. R. Strathmann, "An Extraordinarily Long Larval Duration of 4.5 Years from Hatching to Metamorphosis for Teleplanic Veligers of *Fusitriton oregonensis*," *Biological Bulletin* 213, no.2(2007): 152–59.
16. C. Lowe, interview with the author via Zoom, April 5, 2021.
17. B. Gaylord et al., "Turbulent Shear Spurs Settlement in Larval Sea Urchins," *PNAS* 110, no.17(2012): 6901–6.
18. M. J. A. Vermeij et al., "Coral Larvae Move toward Reef Sounds," *PLOS ONE* 5, no.5(2010): e10660.
19. T. A. C. Gordon et al., "Acoustic enrichment can enhance fish community development on degraded coral reef habitat," *Nature Communications* 10, no.5414(2019).
20. M. G. Hadfield, interview with the author via Zoom, August 16, 2021.
21. 위와 같은 인터뷰.
22. 위와 같은 인터뷰.
23. N. J. Shikuma et al., "Marine Tubeworm Metamorphosis Induced by Arrays of Bacterial Phage Tail–Like Structures," *Science* 343, no.6170(2014): 529–33.

10장. 유치자: 아이도 어른도 아닌

1. L. Hughes, "Youth," poets.org/poem/youth-0.
2. S. Worcester and S. Gaines, "Quantifying Hermit Crab Recruitment Rates and Megalopal Shell Selection on Wave-Swept Shores," *Marine Ecology Progress Series* 157(1997): 307–10.
3. K. D. Fausch and T. G. Northcote, "Large Woody Debris and Salmonid Habitat in a Small Coastal British Columbia Stream," *Canadian Journal of Fisheries and Aquatic Sciences* 49, no.4(1992): 682–93.

4. D. Zacherl, interview with the author (Fullerton, California), July 20, 2021.
5. R. Emlet, interview with the author via Zoom, April 2, 2021.
6. 위와 같은 인터뷰.
7. A. Moran, interview with the author via Zoom, April 23, 2021.
8. A. Hamdoun, interview with the author via Zoom, July 22, 2021.
9. J. Hodin, interview with the author (Friday Harbor, Washington), December 29, 2021.
10. 위와 같은 인터뷰.
11. M. Byrne, interview with the author via Zoom, April 19, 2021.
12. 위와 같은 인터뷰.
13. Morehouse, N, interview with the author via Zoom, March 25, 2021.
14. J. T. Gote et al., "Growing Tiny Eyes: How Juvenile Jumping Spiders Retain High Visual Performance in the Face of Size Limitations and Developmental Constraints," *Vision Research* 160(2019): 24–36.
15. G. Lingham et al., "How does spending time outdoors protect against myopia? A review," *British Journal of Ophthalmology* 104, no.5(2020): 593–99.
16. J. Ward et al., "Why Do Vultures Have Bald Heads? The Role of Postural Adjustment and Bare Skin Areas in Thermoregulation," *Journal of Thermal Biology* 33, no.3(2008): 168–73.
17. J. A. Amat and M. A. Rendon, "Flamingo Coloration and Its Significance," *Flamingos: Behavior, Biology, and Relationship with Humans*, M. J. Anderson, ed. (Nova Publishers, 2017): 77–95.
18. J. Burnett, interview with the author via Zoom, October 21, 2021.

11장. 우화: 17년을 기다리는 매미

1. G. Kritsky, interview with the author via Zoom, May 13, 2021.
2. 위와 같은 인터뷰.
3. 위와 같은 인터뷰.
4. 위와 같은 인터뷰.
5. G. Williams, interview with the author via Zoom, May 10, 2021.
6. 위와 같은 인터뷰.
7. D. Gruner, interview with the author (Silver Spring, Maryland), May 21, 2021.
8. Williams, 2021.

9. 위와 같은 인터뷰.
10. F. Keesing et al., "Hosts as Ecological Traps for the Vector of Lyme Disease," *Proceedings of the Royal Society B: Biological Sciences* 276, no.1675(2009): 3911–19.
11. C. Hennessy and K. Hild, "Are Virginia Opossums Really Ecological Traps for Ticks? Groundtruthing Laboratory Observations," *Ticks and Tick-Borne Diseases* 112, no.5(2021): 101780.
12. G. Kritsky, *Periodical Cicadas: The Brood X Edition: Black and White Edition* (Ohio Biological Survey, 2021).

맺는 글. 새끼들에게 은근히 의지하는 우리

1. K. Gibran, "On Children," Academy of American Poets, accessed June 1, 2022, poets.org/poem/children-1.
2. T. H. Morgan, "The Rise of Genetics. II," *Science* 76, no.1970(1932): 285–88.
3. S. F. Gilbert and D. Epel, *Ecological Developmental Biology: The Environmental Regulation of Development, Health, and Evolution*, Second Edition (New York: Oxford University Press, 2015).
4. J. Tomberlin, interview with the author via Zoom, October 7, 2021.
5. A. Fraser et al., "The Evolutionary Ecology of Age at Natural Menopause: Implications for Public Health," *Evolutionary Human Sciences* 2(2020): e57.
6. P.-A. Jansson et al., "Probiotic Treatment Using a Mix of Three Lactobacillus Strains for Lumbar Spine Bone Loss in Postmenopausal Women: A Randomised, Double-Blind, Placebo-Controlled, Multicentre Trial," *The Lancet Rheumatology* 1, no.3(2019): e154–e62.
7. G. A. Johnson, "A Tumor, the Embryo's Evil Twin," *The New York Times*, March 17, 2014.
8. K. Foltz, interview with the author via Zoom, March 29, 2021.
9. S. F. Gilbert and D. Epel, *Ecological Developmental Biology: The Environmental Regulation of Development, Health, and Evolution*, Second Edition (New York: Oxford University Press, 2015).
10. A. P. Moczek, interview with the author via Zoom, September 24, 2021.
11. J. Tomberlin, interview with the author via Zoom, October 7, 2021.

찾아보기

BPA(비스페놀 A) 141~142, 336
DDT 12, 141, 230~231
DES 141~142
PLD 174~175, 238
《종의 기원》 212

ㄱ

가시두더지 14, 99, 149~150
개구리와 올챙이: 다윈코개구리 111; 임신 152; 진화 225~226; 패러독스 개구리 34; 포란과 부화 65, 111, 150, 204; 환경의 위험 25, 90
개복치 227
개체발생 213~214
거미 26, 294~297
게 98, 108~110, 204, 225, 271, 280~281
게이 윌리엄스 303, 311~313, 316~320
계통발생 213~214
고아 배아 70, 145, 193
곤충: 성별 결정 88~89; 수생 단계 219; 알 확산 165; 유생의 수명 202~203; 인간의 식량원 248~249, 320; 탁란 습성 120~122 ('변태', '유생' 참조, 개별 곤충 이름 참조)
공룡 71, 79, 121, 129
공생체(공생) 83, 86~89, 104, 107, 148
공통 조상 212
구스타프 파울레이 173,
굴 107~108, 283~284, 330
극피동물 265, 287
기생 17, 54~57, 112~122. 132~137, 148, 198, 204~205
기후 ('온도' 참조)
긴꼬리단풍조 116
긴꼬리도마뱀 104
꼼치 92~93

ㄴ

나방 ('애벌레' 참조)
나비: 기생 유충 122; 북방거꾸로여덟팔나비 265~266; 제왕나비 201; 호랑나비 222 ('애벌레' 참조)
나사 152
나새류 ('바다민달팽이' 참조)
난황 발생형 127, 129~130
내분비 교란 물질 140~142, 268~269, 335 ~336
네이트 모어하우스 260, 265~266, 294~295
뇌 13, 44, 125, 148, 221, 264~265
눈(거미) 294~296
니콜라 헤밍스 64~68, 139
닉 시쿠마 278

ㄷ

다니엘 자헤를 177
다시마 286~287
단위생식 46, 90
대립 유전자 217,
대벌레 165~166
대진화 210~228: 발생학과 진화 212~217; 상관 발달 221; 유생과 진화 223~228; 이보디보 211, 219; 정의 211; 툴킷 유전자 23, 217~220, 260
댄 그루너 314~316, 321~324
더스틴 마셜 184~185, 194
도롱뇽 106, 204
도마뱀 46, 98, 104
독수리 185~186

동족 포식 74~78, 127
드래곤피시 226
따개비 77, 212
딱새 100~102
딱정벌레: 갈색거저리 101; 골리앗꽃무지 34; 밀웜 245~248; 송장벌레 79, 121; 쇠똥구리 80~86, 120, 137, 222~223

ㄹ
레이철 콜린 172~173
렙토세팔루스 190~191
로렌 멀리노 166, 168, 170
로스 글로그 113~121
루디 셸테마 171~172
루이스 월퍼트 24
리처드 스트라스만 10, 51~52, 225
리처드 엠렛 153, 160, 265, 284

ㅁ
마리아 번 196, 293
마사 와이스 204~208, 262~264, 266
마이클 해드필드 274~277
만성조 99~100, 102~103, 182
말벌 54~57, 92, 122, 130, 198, 204~205
매미
머리 유생 224~225
멍게 213, 215, 226, 273
메구미 스트라스만 52, 270
메기 112
메틸기 139, 142
명주잠자리 201
모기 225~226
모방 114~117, 121, 166, 206, 268
모체 포식 128~130, 149, 152
무성생식 58, 172~173
문 168
문어 91, 98, 107, 183
뮐러 유충 189, 209
미리암 페르난데스 108~110
미생물 36, 78~89, 92, 148~151, 194~199, 292~ 293, 331
미친 모자장수 애벌레 205
미토콘드리아 44~45, 104
밀밥 81, 86, 149

ㅂ
바다거북 24, 43, 70, 230
바다달팽이 95
바다민달팽이 274~278
바퀴벌레 122, 126
박새 268
박테리아 87~88, 197~198, 245~247, 273~278
배불룩진드기 130~131
배설물(똥) 78~86, 137, 148, 165: 먹이로서의 배설물 253; 배설물의 추진 발사 207; 비료 243~244; 위장으로서의 배설물 206 ('미생물' '쇠똥구리' 참조)
배아 발생 41~69: 고아 배아 70, 145, 193; 종양과의 비교 332~334 ('포란', '확산', '알', '임신' 참조)
벌 46, 56~57
벌레: 갯지렁이 74~76, 81, 277~278; 관벌레 168~174, 196; 끈벌레 258~262; 밀랍나방 169; 밀웜 245; 비벌레 192; 심해 벌레 258; 장새류 272~273; 촌충 168, 188, 트로코포어 74, 169~170, 177, 189, 225, 261; 회충 63, 83, 168
벌새 98~100
벤저민 베너커 324
벨리저 177~179, 187, 189, 225, 261, 270, 275
변태 257~279: 변태와 박테리아 274~279; 변태와 착저 269~279; 변태와 환경 257~258, 267~269; 성별 변화 328~329; 역변태 334; 완전 변태 262~264; 은유로서

의 변태 14~18, 32~35; 정의 258; 파괴적 변태 259~262;
부계 포식 128
분 라이 321
붉은귀거북 90
블루헤드놀래기 329
빈클로졸린 142
빗해파리 164, 214~217
뻐꾸기 113~120

ㅅ
사춘기 257~258, 300~301
산소 104~112
산호 180, 193, 202, 273~278, 292~293
살충제 140~141, 198
삼엽충 224~225
삿갓조개 297
상관 발달 221
상리 공생체 83
상어 36, 68, 91~92, 127, 129, 334
새우 63, 87, 97, 251
생물발생법칙 213
생쥐 45, 142~143, 147~148, 219, 331
서식지: '환경' 참조
선구동물 62
섬모 170, 177~178, 186~191, 215, 225, 261
성(성별): 결정 57~58, 88~89, 328~329; 변화 328~329; 성별 비율 67; 염색체 88~89; 유형진화 214
성게 61, 144~147, 172, 174~175, 186, 188, 196~197, 259~260, 273, 284~287, 292~293
세티거 169, 276
소낭유 152, 299
소리 273, 303~306, 313, 318~320
수유 150~152
스베틀라나 마슬라코바 203, 259, 262
스콧 길버트 134~136, 257~258, 328, 336
시클리드 112
식물 씨앗 160~163
쌍둥이 ('형제자매' 참조)

ㅇ
아가미 포란 111
아기 새 115
아트라진 90, 107, 336
알: 기생 112~123; 난낭 75~77; 난황 16, 32, 44, 72~73, 127~132, 163, 170, 196, 265; 매미알 305~306, 310; 보급용 알 73; 복제 알 55; 수정란 세포 42~49, 52, 57, 59, 64, 129; 알 도둑질 111; 포식 68 ('배아 발생' 참조)
알렉산더 코발레프스키 213
암 59, 332~334
암로 함둔 144~147, 174, 285~256
애머시이트 226~227
애벌레 191, 204~209
앨리스터 하디 217
약충 219, 237~238, 240
어니스트 에버렛 저스트 49~50
어류: 알 내부 임신 127~129; 알의 유치원 283; 알 자원 공급 70~72, 87; 알 확산 163~165; 유생 15, 190, 274; 휴면기 63 (개별 물고기 이름 참조)
에른스트 헤켈 213
에밀리 스넬루드 85
에에미 모런 93~94, 175, 285
연어 19, 176, 230, 282
열수분출공 91, 167~171, 174
염색체 51, 88~89
영원과 214
오리 18~19, 73, 100, 113~114
온도: 기후변화 19, 90~91, 104~105; 온도와 매미 306, 315; 온도와 발달 91~92, 185; 온도와 성별 결정 90~91; 온도와 유생 확산 176~181; 온도와 자원 공급 84; 유치

자의 온도 적응 297
올빼미앵무새 66
완두수염진딧물 198
완전 변태 262
우는비둘기 316
우렁쉥이 ('멍게' 참조)
우웨이민 246~248
원숭이 151, 183
월바키아 87~89, 197
월터 가스탱 17, 177, 210, 213~214, 217, 226
위생 가설 195
유생(유충): 기생 121~122; 상호작용 199~204; 영 205; 정의 14~17, 190~191; 진화 35~37, 223~227 ('대진화' 참조); 파라라바 183, 252~253; 플랑크톤 160~161 ('변태', '확산' 참조)
유전학: 염색체 51; 경쟁/협력 58~59; 내분비 교란 물질 140~142, 268~269, 335~336; 미토콘드리아 44~45, 104; 수정과 DNA 44~45; 유전학과 배아 발달 134; 유전학과 환경 22,327~332; 이보디보 211, 219; 임신 142; 초기 연구 50~51; 툴킷 유전자 23, 217~220, 260; 후구동물 144~145
유치자 280~301: 불가사리 285~293; 새끼거미 294~297; 생명 주기 단계 18~21, 280~282; 서식지 282~284; 조류 298~301
유형진화 37, 214~217, 226~227
은색알락팔랑나비 206~209
인간 20~21, 62~63, 124~126, 136~137, 192~194, 213, 330~338
임신 124~154: 태반 125~127, 129~130; 질식분만 대 제왕절개 149

ㅈ

자손 인식 118
자원 공급 70~95: 기생 조류 새끼의 자원 공급 117~118; 미생물과 함께 자원 공급 78~86; 생존을 위한 자원 공급 70~72; 자원 공급을 위한 동기간 경쟁 72~78; 환경적 요인 90~95 ('모체 포식' '임신' 참조)
전갈 130, 300
전달체 143~147
전복 249~251
정액 44, 157
정자 44~50, 57~59, 64~65
젖 ('모체 포식' 참조)
제노피오포어 92~93
제이슨 호딘 287~291
제프 톰벌린 242~245, 338
조 버넷 231~236, 300
조개 261, 297
조류: 단위 생식 40; 배아 사망(률) 64~69; 살충제 141; 유치자 298~301; 포란과 부화 96~104, 112~123; 확산(알) 165
조성조 100, 114
조에아 203~204, 225, 280
조지 폰 다소우 203~204
종양 59, 141, 332
지아푸샹 161
진 크리츠키 307
진드기 319~320
진딧물 46
진화 20, 113~114, 185, 212~214 ('대진화' 참조)
진화적 발달(이보디보) 212, 218~219 ('대진화' 참조)
집게벌레 126, 153
찌르레기 113, 117

ㅊ

착저 269~279
찰스 다윈 57, 212
참치 15~16
척삭동물 20 ('대진화' 참조)

칠성장어 226~227

ㅋ

캐시 폴츠 333
캥거루 15~18, 97
콘도르 46, 230~236, 298~301
콩깍지고둥 270~271
콩벌레 197~198
크레이그 영 169~170
크리스 로 272
크리스퍼 145
큰가시고기 111
키위새 15~16
키포노테스 191

ㅌ

태반 125~127, 129~130
토끼 42, 86, 100
토머스 헌트 모건 51, 216, 327
톡소플라즈마 곤디 148
통생명체 194~198, 245, 247, 328. 331
툴킷 유전자 23, 217~220, 260
트로코포어 74, 169~170, 177, 189, 225, 261

ㅍ

파괴적 변태 259~262
파라라바 183, 252~253
파리: 아메리카동애등에 242~248; 임신 130; 절취기생 파리 122; 체체파리 15, 125; 초파리 199, 218, 220, 264; 하루살이 33, 219~220, 237~242
페르난다 오야르준 60, 75~76, 190
펭귄 118, 126
포란(부화) 96~123: 땅 위에서 98~104; 물속에서 104~112; 온도와 발달 90~91; 콘도르 관련 233; 탁란 112~122
포식: 알/유생 포식 66~68; 유생 대 유생 202~204; 조류의 포식 103, 235~236; 포식과 진화 216
포유류 (개별 동물 이름 참조)
폴립테루스 221
표류 역설 239
푸른발부비 72
풍진 147~148
프레더릭 니하우트 222
프로바이오틱(스) 149, 291, 331
플라스틱 소비 242~248
플랑크톤 유생 160~161
플루테우스 61, 186~190, 225, 259~260, 286

ㅎ

하이에나 78, 125, 138
해마 127~128
해삼 282
해파리 29, 97, 334
헤이헤이 67
형제자매(동기): 쌍둥이 소실 137~143; 일란성 쌍생아 53; 포란과 부화/기생 113~122; 형제 포식 296
호르몬: 내분비 교란 물질 140~142, 268~269, 335~336; 완경 330~331
혹스 유전자 218~219
홍합 45, 70, 164~165
확산 157~181
환경: 내분비 교란 물질 140~142, 268~269, 335~336; 자원 공급과 환경의 요인 90~95; 환경과 매미 317~318, 323~324; 환경과 발생생물학 11~14, 22~32; 환경과 변태 257~258, 268~269; 환경과 유전학 22, 327~332; 환경과 임신 132~154; 환경 적응 182~184, 223~224 ('온도' 참조)
후구동물 144~145
훔볼트오징어 27~31, 47, 105~106, 250~253
휘호 더프리스 211
휴면기 63
흰동가리 329

이미지 출처

p.15 Frank Baensch

p.16, 82, 164, 215 Rob Lang, Underdone Comics

p.18 Ederic Slater, CSIRO/Wikimedia Commons (왼쪽), cbstockfoto/Alamy Stock Photo (오른쪽)

p.30, 61, 95, 169, 178, 188, 189, 313 Danna Staaf

p.50 Marine Biological Laboratory

p.66 Theo Thompson/DOC (Department of Conservation, Te Papa Atawhai)

p.93 Greg Rouse

p.106, 128 Nature Picture Library/Alamy Stock Photo

p.109 Auguste Le Roux

p.116 Justin Schuetz

p.121 Darlyne Murawski

p.126 Fenlio Kao/Dreamstime.com

p.131 Nathan Banks, US Dept of Agriculture

p.150 Harry Vincent/Taronga Zoo

p.166 Thomas van de Kamp

p.186, 273 Michael J. Boyle

p.191 Linda Ianniello

p.192 Anita Slotwinski/TAFI/UTAS

p.200 Juliano Morimoto

p.206 Alan Henderson/Cover Images

p.224 Modified from: C. J. Stubblefield, "Notes on the development of a trilobite, *Shumardia pusilla* (Sars)," *Zoological Journal of the Linnean Society* 35 (1926): 345–72; B. G. Waisfeld et al., "Systematics of Shumardiidae (Trilobita), with new species from the Ordovician of Argentina," *Journal of Paleontology* 75 (2001): 827–59; G. Fusco et al., "Developmental Trait

Evolution in Trilobites," *Evolution 66* (2012): 314–29.

p.226 Carole Baldwin

p.227 Australian Museum/Wikimedia Commons

p.234 Kelli Walker/Oregon Zoo

p.237 Rostislav/Adobe Stock

p.243 Amy Dickerson

p.261 Svetlana Maslakova

p.276 Katherine Nesbit

p.288 Marlin Harms (위), Jerry Kirkhart (아래)

p.295 COMMON HUMAN/Adobe Stock

p.299 Eric Gevaert/Adobe Stock

p.329 Jeremy Brown/Dreamstime.com

어린것들의 거대한 세계

초판 1쇄 인쇄 2024년 10월 31일
초판 1쇄 발행 2024년 11월 13일

지은이 대나 스타프
옮긴이 주민아
펴낸이 최순영

출판2 본부장 박태근
지식교양 팀장 송두나
편집 박은경
디자인 윤정아

펴낸곳 ㈜위즈덤하우스 **출판등록** 2000년 5월 23일 제13-1071호
주소 서울특별시 마포구 양화로 19 합정오피스빌딩 17층
전화 02) 2179-5600 **홈페이지** www.wisdomhouse.co.kr

ISBN 979-11-7171-295-3 03400